科学计算与系统建模仿真平台 MWORKS 架构图

信息物理系统建模仿真通用平台 (Syslab+Sysplorer)
各装备行业数字化工程支撑平台 (Sysbuilder+Sysplorer+Syslink)
开放、标准、先进的计算仿真云平台 (MoHub)

Toolbox 工具箱

AI与数据科学	统计、机器学习、深度学习、强化学习
信号处理与通信	基础信号处理、DSP、基础通信、小波
控制系统	控制系统设计工具、基于模型的控制器设计、系统辨识、鲁棒控制
设计优化	模型试验、敏感度分析、参数估计、响应优化与置信度评估
机械多体	多体导入工具、3D视景工具
代码生成	实时代码生成、嵌入式代码生成、定点设计、计算器
模型集成与联合仿真	CAE模型降阶工具箱、分布式联合仿真工具箱
接口工具	FMI导入导出、SysML转Modelica、MATLAB语言兼容导入、Simulink兼容导入

基于标准的函数+模型+API 拓展系统

Sysbuilder 系统架构设计环境
需求导入　架构建模　逻辑仿真　分析评估

Syslab 科学计算环境
编程　数学　图形
Julia 科学计算语言

Sysplorer 系统建模仿真环境
物理建模　框图建模　状态图建模
Modelica 系统建模语言
工作空间共享　并行计算

Functions 函数库
曲线拟合　符号数学　优化与全局优化

Models 模型库
标准库：电、液、控、热、机、液、传...
同专业库：液压、传动、机电...
同元行业库：车辆、能源...

Syslink 协同设计仿真环境
多人协同建模　模型技术状态管理　云端建模仿真

工业知识模型互联平台 MoHub
安全保密管理

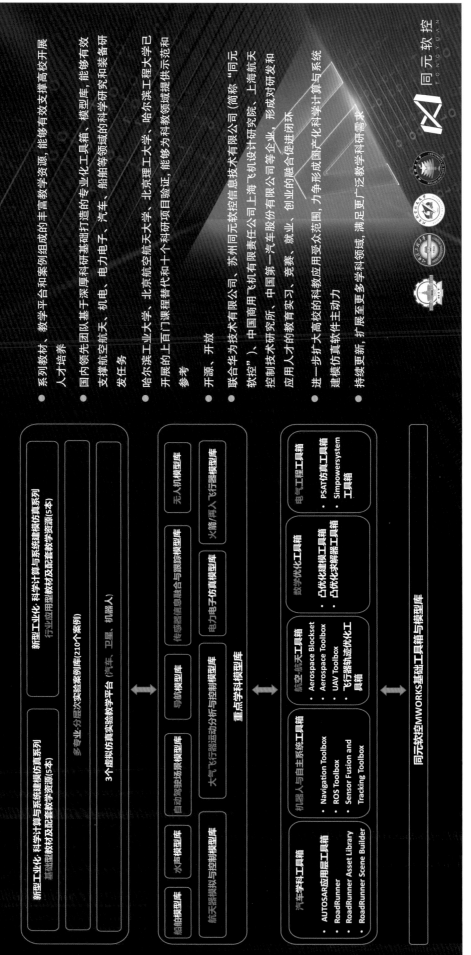

科教版平台（SE-MWORKS）总体情况

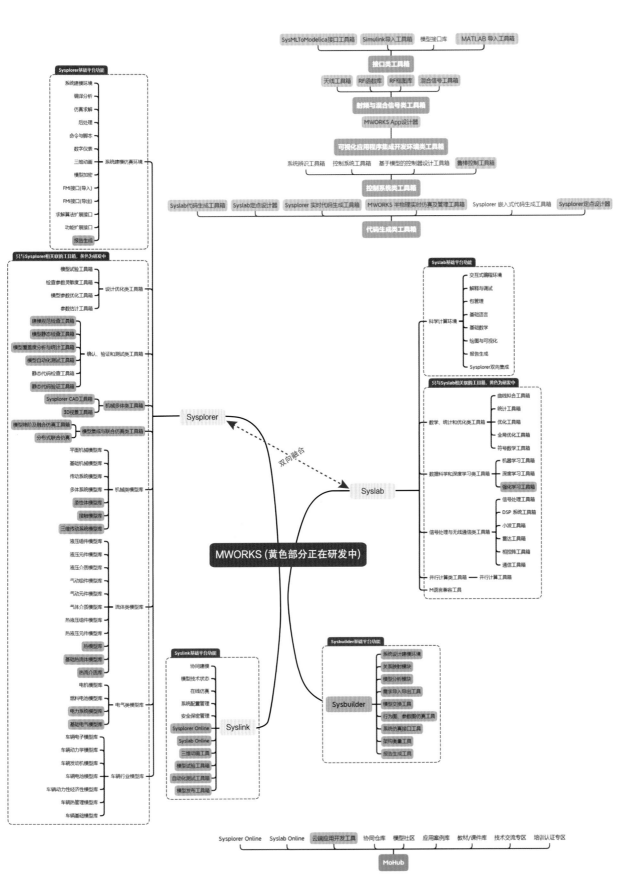

MWORKS 2023b 功能概览思维导图

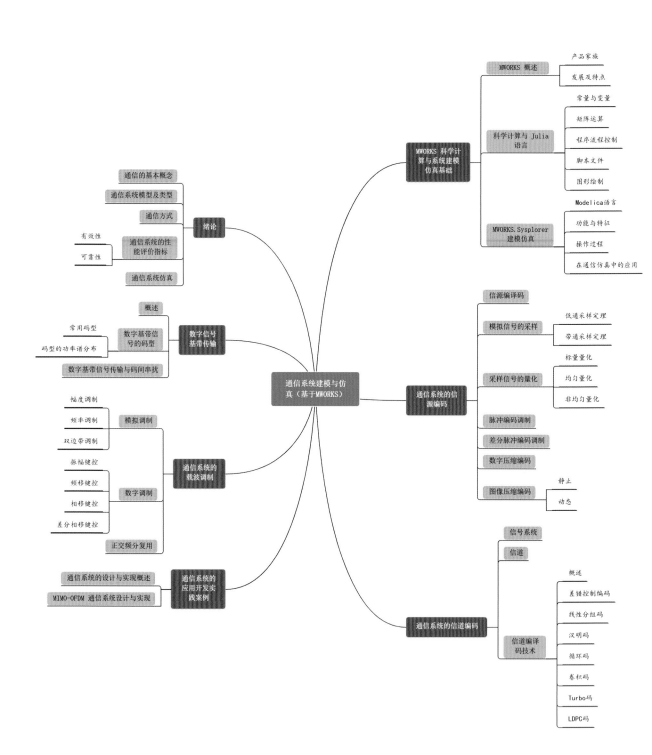

本书思维导图

新型工业化·科学计算与系统建模仿真系列

Communication System Modeling and
Simulation using MWORKS

通信系统建模与仿真

（基于MWORKS）

编　著◎李　伟　郑文祺　王开宇　冯光升　吕宏武
丛书主编◎王忠杰　周凡利

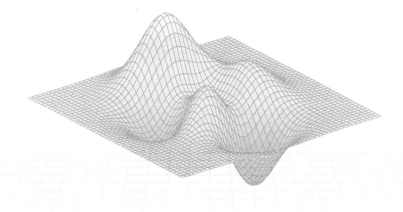

电子工业出版社
Publishing House of Electronics Industry
北京·BEIJING

内 容 简 介

本书以 MWORKS 2023b 为平台，以 MWORKS.Syslab 与 MWORKS.Sysplore 通信系统建模仿真工程案例为背景，通过专业技术与大量实例相结合的形式，加深读者对通信系统原理的理解。

本书共 7 章，内容包括：绪论、MWORKS 科学计算与系统建模仿真基础、通信系统的信源编码、通信系统的信道编码、数字信号基带传输、通信系统的载波调制、通信系统的应用开发实践案例。每章正文之前有内容提要，每章后附有本章小结和习题，以满足教学和自学的需要。

本书可作为高等学校通信、电子信息、计算机等专业本科生和研究生的教学用书，也可作为相关专业科研人员、工程技术人员的参考用书。

图书在版编目（CIP）数据

通信系统建模与仿真 ：基于 MWORKS / 李伟等编著.

北京 ：电子工业出版社，2024. 8. -- ISBN 978-7-121

-49047-7

Ⅰ．TN914

中国国家版本馆 CIP 数据核字第 2024WM6984 号

责任编辑：刘　瑀

印　　刷：河北鑫兆源印刷有限公司

装　　订：河北鑫兆源印刷有限公司

出版发行：电子工业出版社

　　　　　北京市海淀区万寿路 173 信箱　　邮编：100036

开　　本：787×1 092　1/16　印张：17.75　　字数：461 千字　彩插：2

版　　次：2024 年 8 月第 1 版

印　　次：2024 年 8 月第 1 次印刷

定　　价：69.00 元

凡所购买电子工业出版社图书有缺损问题，请向购买书店调换。若书店售缺，请与本社发行部联系，联系及邮购电话：（010）88254888，88258888。

质量投诉请发邮件至 zlts@phei.com.cn，盗版侵权举报请发邮件至 dbqq@phei.com.cn。

本书咨询联系方式：liuy01@phei.com.cn。

编 委 会

（按姓氏笔画排序）

主　任　王忠杰（哈尔滨工业大学）

　　　　周凡利（苏州同元软控信息技术有限公司）

副主任　冯光升（哈尔滨工程大学）

　　　　许承东（北京理工大学）

　　　　张　莉（北京航空航天大学）

　　　　陈　鄞（哈尔滨工业大学）

　　　　郭俊峰（苏州同元软控信息技术有限公司）

委　员　丁　吉（苏州同元软控信息技术有限公司）

　　　　于海涛（哈尔滨工业大学）

　　　　王少萍（北京航空航天大学）

　　　　王险峰（东北石油大学）

　　　　史先俊（哈尔滨工业大学）

　　　　朴松昊（哈尔滨工业大学）

　　　　曲明成（哈尔滨工业大学）

　　　　吕宏武（哈尔滨工程大学）

　　　　刘志会（苏州同元软控信息技术有限公司）

　　　　刘　芳（北京航空航天大学）

　　　　刘宏伟（哈尔滨工业大学）

　　　　刘　昕（哈尔滨工业大学）

III

杜小菁（北京理工大学）

李　伟（哈尔滨工程大学）

李冰洋（哈尔滨工程大学）

李　晋（哈尔滨工程大学）

李　雪（哈尔滨工业大学）

李　超（哈尔滨工程大学）

张永飞（北京航空航天大学）

张宝坤（苏州同元软控信息技术有限公司）

张　超（北京航空航天大学）

陈　娟（北京航空航天大学）

郑文祺（哈尔滨工程大学）

贺媛媛（北京理工大学）

聂兰顺（哈尔滨工业大学）

徐远志（北京航空航天大学）

崔智全（哈尔滨工业大学（威海））

惠立新（苏州同元软控信息技术有限公司）

舒燕君（哈尔滨工业大学）

鲍丙瑞（苏州同元软控信息技术有限公司）

蔡则苏（哈尔滨工业大学）

丛 书 序

2023 年 2 月 21 日，习近平总书记在中共中央政治局就加强基础研究进行第三次集体学习时强调："要打好科技仪器设备、操作系统和基础软件国产化攻坚战，鼓励科研机构、高校同企业开展联合攻关，提升国产化替代水平和应用规模，争取早日实现用我国自主的研究平台、仪器设备来解决重大基础研究问题。"科学计算与系统建模仿真平台是科学研究、教学实践和工程应用领域不可或缺的工业软件系统，是各学科领域基础研究和仿真验证的平台系统。实现科学计算与系统建模仿真平台软件的国产化是解决科学计算与工程仿真验证基础平台和生态软件"卡脖子"问题的重要抓手。

基于此，苏州同元软控信息技术有限公司作为国产工业软件的领先企业，以新一轮数字化技术变革和创新为发展契机，历经团队二十多年技术积累与公司十多年持续研发，全面掌握了新一代数字化核心技术"系统多领域统一建模仿真技术"，结合新一代科学计算技术，研制了国际先进、完全自主的科学计算与系统建模仿真平台 MWORKS。

MWORKS 是各行业装备数字化工程支撑平台，支持基于模型的需求分析、架构设计、仿真验证、虚拟试验、运行维护及全流程模型管理；通过多领域物理融合、信息与物理融合、系统与专业融合、体系与系统融合、机理与数据融合及虚实融合，支持数字化交付、全系统仿真验证及全流程模型贯通。MWORKS 提供了算法、模型、工具箱、App 等资源的扩展开发手段，支持专业工具箱及行业数字化工程平台的扩展开发。

MWORKS 是开放、标准、先进的计算仿真云平台。基于规范的开放架构提供了包括科学计算环境、系统建模仿真环境以及工具箱的云原生平台，面向教育、工业和开发者提供了开放、标准、先进的在线计算仿真云环境，支持构建基于国际开放规范的工业知识模型互联平台及开放社区。

MWORKS 是全面提供 MATLAB/Simulink 同类功能并力求创新的新一代科学计算与系统建模仿真平台；采用新一代高性能计算语言 Julia，提供科学计算环境 Syslab，支持基于 Julia 的集成开发调试并兼容 Python、C/C++、M 等语言；采用多领域物理统一建模规范 Modelica，全面自主开发了系统建模仿真环境 Sysplorer，支持框图、状态机、物理建模等多种开发范式，并且提供了丰富的数学、AI、图形、信号、通信、控制等工具箱，以及机械、电气、流体、热等物理模型库，实现从基础平台到工具箱的整体功能覆盖与创新发展。

为改变我国在科学计算与系统建模仿真教学及人才培养中相关支撑软件被国外"卡脖子"的局面，加速在人才培养中推广国产优秀科学计算和系统建模仿真软件MWORKS，提供产业界亟需的数字化教育与数字化人才，推动国产工业软件教育、应用和开发是必不可少的因素。进一步讲，我们要在数字化时代占领制高点，必须打造数字化时代的新一代信息物理融合的系统建模仿真平台，并且以平台为枢纽，连接产业界与教育界，形成一个完整生态。为此，哈尔滨工业大学、北京航空航天大学、北京理工大学、哈尔滨工程大学与苏州同元软控信息技术有限公司携手合作，2022年8月18日在哈尔滨工业大学正式启动"新型工业化·科学计算与系统建模仿真系列"教材的编写工作，2023年3月11日在扬州正式成立"新型工业化·科学计算与系统建模仿真系列"教材编委会。

首批共出版10本教材，包括5本基础型教材和5本行业应用型教材，其中基础型教材包括《科学计算语言 Julia 及 MWORKS 实践》《多领域物理统一建模语言与MWORKS实践》《MWORKS开发平台架构及二次开发》《基于模型的系统工程（MBSE）及 MWORKS 实践》《MWORKS API 与工业应用开发》；行业应用型教材包括《控制系统建模仿真（基于MWORKS）》《通信系统建模仿真（基于MWORKS）》《飞行器制导控制系统建模仿真（基于MWORKS）》《智能汽车建模仿真（基于MWORKS）》《机器人控制系统建模仿真（基于MWORKS）》。

本系列教材可作为普通高等学校航空航天、自动化、电子信息工程、机械、电气工程、计算机科学与技术等专业的本科生及研究生教材，也适合作为从事装备制造业的科研人员和技术人员的参考用书。

感谢哈尔滨工业大学、北京航空航天大学、北京理工大学、哈尔滨工程大学的诸位教师对教材撰写工作做出的极大贡献，他们在教材大纲制定、教材内容编写、实验案例确定、资料整理与文字编排上注入了极大精力，促进了系列教材的顺利完成。

感谢苏州同元软控信息技术有限公司、中国商用飞机有限责任公司上海飞机设计研究院、上海航天控制技术研究所、中国第一汽车股份有限公司、工业和信息化部人才交流中心等单位在教材写作过程中提供的技术支持和无私帮助。

感谢电子工业出版社有限公司各位领导、编辑的大力支持，他们认真细致的工作保证了教材的质量。

书中难免有疏漏和不足之处，恳请读者批评指正！

编委会

2023 年 11 月

前　言

MWORKS 是由中国的苏州同元软控信息技术有限公司（简称"同元软控"）推出的基于国际知识统一表达与互联标准打造的系统智能设计与验证平台，是 MBSE 方法落地的使能工具。其采用基于模型的方法全面支撑系统设计，通过不同层次、不同类型的仿真来验证系统设计。目前，MWORKS 在国内被高校师生、科研从业人员、工程技术人员广泛使用。本书通过大量的 MWORKS.Sysplorer 和 MOWKRS.Syslab 建模仿真案例，使读者更快速高效地理解通信系统建模仿真的原理。

本书着重介绍 MWORKS 通信系统建模的应用，通过理论与实际案例相结合的方式，详细介绍基于 MWORKS 的通信系统建模仿真设计方法。全书分为 7 章，第 1 章介绍通信的基本概念、通信系统模型及类型、通信系统仿真的方法等；第 2 章介绍 MWORKS 科学计算与系统建模仿真基础，包括 Julia 语言和 Modelica 语言，帮助首次接触 MWORKS 的读者清晰地认识 MWORKS 平台的功能和技术；第 3 章介绍通信系统的信源编码，涵盖信源编码的两个基本功能，即信源压缩编码和数字化；第 4 章介绍通信系统的信道编码，包括信道的概念、信道编译码技术及其应用；第 5 章介绍数字信号的基带传输，详细介绍数字基带信号的概念、数字基带传输系统的构成及数字基带传输与码间串扰；第 6 章介绍通信系统的载波调制，包括载波调制的概念、原理、类型和作用；第 7 章提供通信系统的经典应用开发实践案例，包括通信系统的设计与实现和 MIMO- OFDM 通信系统的设计与实现，供读者在前面章节的基础上，对建模和仿真技术加以综合运用和实践。本书前 6 章内容均通过 MWORKS.Syslab 函数或 MWORKS.Sysplorer 模块进行仿真，第 7 章的应用案例也提供了必要的程序框架和参考资料。

本书层次分明，以通信系统原理为主线，先让读者对通信系统有基本了解，再介绍 MWORKS 基础，让读者了解 MWORKS 平台的强大功能，最后详细介绍通信系统每个组成部分的建模仿真的原理及应用。书中包含大量浅显易懂的实例，帮助读者理解通信系统原理及进行仿真实践。此外，本书在每一章的最后都提供了习题，帮助读者巩固所学知识。

本书由哈尔滨工程大学计算机科学与技术学院教师编写。具体分工如下：第 1 章由郑文祺编写，第 2 章由王开宇编写，第 3 章由冯光升编写，第 4 章由吕宏武编写，第 5~7 章由李伟编写。本书由李伟负责总体筹划和统稿，郑文祺、王开宇、冯光升和吕宏武协助统稿并负责通信系统案例的设计及校对。

本书在编写过程中得到了同元软控、哈尔滨工业大学和电子工业出版社的帮助与支持，作者在此表示诚挚的感谢！还有很多同事和朋友以不同的形式提供了帮助，在此不一一列举，敬请各位谅解。

由于作者水平有限，加之时间仓促，书中难免有错漏之处，恳请广大读者批评指正。欢迎发邮件联系作者：wei.li@hrbeu.edu.cn。本书为教师提供相关教学资料，教师可登录华信教育资源网，注册之后免费下载。

编著者

目　　录

第 1 章
绪 论

通信是人类社会发展的重要组成部分，它可以让人们实现远距离的信息交流。随着科技的不断进步，通信技术也得到了极大的发展。从最初的烟火信号、飞鸽传书，到现在的移动通信、卫星通信等，通信技术已经变得非常普及和便捷。

通信系统建模仿真是通信技术领域中的重要研究方向，它可以帮助人们更好地理解和设计通信系统。通信系统建模是指将通信系统的各个组成部分抽象成数学模型，仿真则是指通过计算机模拟真实世界的通信环境和信号传输过程，以验证模型的正确性和优化系统性能。

本章将深入探讨通信系统建模仿真的相关技术和应用，介绍通信系统建模的基本原理和常用方法，以及仿真技术的理论基础和实际应用。通过对通信系统建模和仿真技术的研究，我们可以更好地理解和应用通信技术，进一步推动通信技术的发展和进步。

通过本章的学习，读者可以了解（或掌握）：
- ❖ 通信的基本概念。
- ❖ 通信的基本方式。
- ❖ 通信系统模型。
- ❖ 通信系统类型。
- ❖ 通信系统仿真。

学习视频

1.1 通信的基本概念 ///////////////

通信（Communication）是指信息发送者和接收者之间通过某种介质进行的信息传输。随着信息化与智能化技术的发展与普及，信息与通信逐渐成为现代社会活动的根基。信息只有通过传播交流才能发挥其价值，通信作为信息传输的手段，随着计算机技术与微电子技术的发展，逐渐数字化、高度化、宽带化、综合化。通信对人们生活的方方面面产生了重大的影响，如经济发展、生活方式等。

1.1.1 通信的发展

通信是当代生产力中非常活跃的技术因素，通信的主要目的是对信息进行传输。通信的发展可以追溯到人类社会的早期，最早的通信是通过声音和手势进行的，随着人类社会的不断发展，人们开始使用烟火、鼓声等方式进行通信。在古代，人们还使用飞鸽传书、驿站传输信息等方式进行远距离通信。

随着科技的不断进国际化步，通信技术也得到了极大的发展。19世纪末，电报技术的出现使信息传输速度得到了大幅提升。20世纪初，电话技术的发展使得人们可以通过电话进行语音通信。20世纪中期，无线电技术的出现使得人们可以通过无线电波进行远距离通信。20世纪末期，互联网技术的出现使得人们可以通过网络进行全球范围内的信息交流。

在现代，通信技术已经非常普及。人们可以通过手机、计算机等设备进行语音、视频、文字等多种形式的通信。同时，通信技术的应用也越来越广泛，涉及生产、生活、医疗、教育、金融等领域。总之，通信技术的发展是人类社会进步的重要标志之一，它不断地推动着人类社会的发展和进步。

通信技术的发展主要经历了三个阶段，分别是初级通信阶段（以1839年电报的发明作为标志）、近代通信阶段（以1948年信息论的提出作为标志）、现代通信阶段（以20世纪80年代以后诞生的互联网、光纤通信、移动通信等技术作为标志）。

与通信相关的技术发展的主要事件如下。

1837年，美国人塞缪尔·摩尔斯（Samuel Morse）利用自己设计的电码将信息转换成一段电脉冲发送到目的地，在目的地再将其转换为原来的信息，利用电信号作为传输信息的载体，开启了人类通信技术发展的新时代。两年后，塞缪尔·摩尔斯利用摩尔斯电码发出了人类历史上第一份电报，实现了长途电报通信。

1864年，英国物理学家詹姆斯·克拉克·麦克斯韦（J. C. Maxwell）提出了一套电磁理论，预言了电磁波的存在，提出电磁波与光都是以光速传播的。

1875年，德国人亚历山大·格拉汉姆·贝尔（A. G. Bell）发明了电话机，在波士顿与纽约之间进行了长途电话的实验，获得了成功。

1888年，德国物理学家海因里希·赫兹海因里希·赫兹（H. R. Hertz）发现了电磁波，证明了电磁理论。

1895年，意大利无线电工程师伽利尔摩·马可尼（Guglielmo Marconi）在英格兰与据芬兰之间进行了摩尔斯无线电信息通信的实验，为后来移动通信的发展奠定了基础。

到了 20 世纪 70 年代，贝尔实验室提出了蜂窝的概念。1992 年，欧洲移动运营商开启了移动通信的商用时代，其从一开始的 1G、2G 一直发展到今天的 5G 移动通信。

从发明电报开始，通信技术快速发展，从同轴电缆到光导纤维，从固定电话、卫星通信到移动手机，从模拟通信技术到数字通信技术。通信技术的每一次演进都极大提升了通信网络的能力，扩展了通信的业务。如今，通信技术已经渗透到人们工作与生活的方方面面，深刻改变了人类社会的生活形态。

1.1.2　消息、信息与信号

消息（Message）是信息的物理表现形式，在不同方面表示不同的含义。本书中，消息是指通信系统中传输的对象，它可以是语音、图像、视频、数据等。在通信中，消息需要被转换成信号才能进行传输。消息可分为连续的消息与离散的消息，连续的消息是指状态变化连续的消息，如语音、音乐等，而离散的消息是指状态变化不连续的消息，其状态是可数的，如符号、文字、计算机数据等。

信息（Information）是指消息中包含的内容，信息是消息的内在表现形式。如天气预报通过语音进行传输，即语音是消息，天气预报的情况是信息。在当今社会中，信息是人类交流的宝贵资源，有效地进行信息传输是至关重要的。在通信中，接收方需要对信号进行译码（解码）、恢复，才能得到原始的信息。

信号（Signal）是消息传输的载体，信号具有多个参量，如频率、相位、幅度等，消息携载在信号的参量上。消息与信号的转换通常通过各种传感器实现。例如，声音传感器可以将声波转换为音频电信号，温度传感器能将温度转换为温度电信号，日常生活中的摄像设备可以将图像转换为视频电信号。信号可用来表示图像、文字等信息，从表现形式上可分为模拟信号与数字信号。

其中，模拟信号（Analog Signal）的信号参量在时间上的取值是连续的，如电压、电流、电话发出的语音信号等。模拟信号有时候也可以称为连续信号，在这里，连续的含义是指信号载荷的参量连续变化，即在某一个范围内的取值是连续的，但在时间上不一定连续，图 1-1 所示为几种常见的模拟信号波形。而数字信号（Digital Signal）的信号参量在时间上的取值是离散的，如计算机的输出信号等。

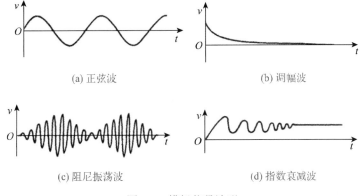

(a) 正弦波　　　　　　　　　　　　　　(b) 调幅波

(c) 阻尼振荡波　　　　　　　　　　　　(d) 指数衰减波

图 1-1　模拟信号波形

综上所述，消息与信号、信息之间既存在联系，又有差异，即消息是信息的物理表现形式，信息是消息的内涵，信号是消息的传输载体。

此外，通信也可分为模拟通信和数字通信。由于与模拟通信相比，数字通信具有更多的优点，包括更好的可靠性、抗干扰性及灵活性等。因此数字通信得到了迅速的发展，正朝着智能化、自动化、综合化的方向前进，为人们的生活和工作提供更加便捷、高效的服务。

1.2 通信系统

通信系统（Communication System）是用于完成信息传输过程的技术系统的总称，是指用于传输信息的一系列设备、技术和方法。通信系统的基本组成部分包括信源、信道、信宿。其中，信源是指信息的来源，它可以是语音、图像、数据等；信道是指信息在传输过程中所使用的载体，可以是电波、光波等；信宿是指用于接收和译码信息的设备。

现代通信系统主要借助电磁波在自由空间中的传播或在导引介质中的传输机理来实现。通信系统分为无线通信系统与有线通信系统。无线通信系统通过无线协议实现通信，可以根据传输的方法、频率，以及可传输的范围进行分类，但不同无线通信系统的基本组成没有太大差异。无线通信系统包括无线电通信系统、无线网络通信系统、移动通信系统等。有线通信系统是指利用光纤、金属等介质传输信息的系统，在有线通信系统中，声音、文字、图像等以光或电的形式传播。与无线通信系统不同的是，有线通信系统具有可靠性强、保密性强、不易受干扰等优点，但一般建设的费用较高。

通信系统的目标是在传输过程中尽可能地维持信息的完整性、可靠性和保密性。为了实现这个目标，通信系统需要采用一系列技术和方法，包括编码、调制、解调、差错控制和加密等。编码是指将原始信息转换成数字信号，以便于传输和处理。调制是指将数字信号转换成模拟信号，以适应信道传输的要求。解调是指将模拟信号转换成数字信号，以便于接收和处理。差错控制是指在传输过程中检测和纠正传输中出现的错误。加密是指确保信息的安全，防止对信息进行未经授权的访问和使用。

通信系统在现代社会中扮演着非常重要的角色。它为人们的生活和工作提供了高效、便捷的通信服务。通信系统广泛应用于电信、互联网、无线通信、卫星通信、电视广播等领域。随着技术的发展和创新，通信系统正在不断地向更快的速率、更广的覆盖范围和更高的可靠性发展。未来，通信系统将继续发挥其重要作用，为人类社会的进步和发展做出贡献。

1.3 通信系统模型

通信系统模型是指用于描述通信系统的一种抽象模型，通常采用信息论的方法进行描述。信息论是一种数学理论，用于研究信息的传输和处理。通信系统模型中的信源、信道和信宿可以被视为信息论中的三个主要元素：输入、信道和输出。

通信系统模型可用于分析和设计通信系统。通过对通信系统模型进行分析，人们可以确定通信系统的性能指标，如传输速率、误码率等。基于这些性能指标，人们可以选择适当的技术和方法来满足通信系统的要求。

通信系统模型也可用于教学和科研。通信系统模型是通信理论的基础，通过对通信系统模型的学习和研究，人们可以深入理解通信系统的工作原理和性能特点，为通信技术的发展和创新提供支持和指导。

总之，通信系统模型是通信系统理论研究和应用的基础，是通信技术发展的重要组成部分。

1.3.1 通信系统模型的组成

通信的基本形式是指在信源与信宿之间建立信道来实现信息的传输，但由于原始信息的多元性，信息的传输方式有多种形式，可根据信息传输的方式构成通信系统模型，如图 1-2 所示，通信系统模型一般由信源、发送设备、信道、接收设备、信宿五部分组成，其中信道可能受到噪声源的影响。

图 1-2 通信系统模型

1. 信源

信源是通信系统中的起点，指产生信息的设备或系统。信源产生的信息可以是语音、图像、数据等。

信源分为模拟信源与数字信源两种，模拟信源（如电话、摄像机等）输出连续的模拟信号，数字信源（如计算机等终端设备）输出离散的数字信号。模拟信源可以通过采样与量化操作转换为数字信源。在通信过程中，信源与信宿的不同会对信息传输的速率造成影响，不同的信源与信宿对传输系统的要求也不同。

2. 发送设备

信源产生的信息需要经过发送设备发送出去，发送设备包括编码器和调制器等。编码器的主要作用是将模拟信号转换为数字信号，并进行数据压缩、加密等处理，以提高传输效率和信息的安全性。调制器的主要作用是将数字信号转换为模拟信号，并进行调制，以适应信道传输的要求。调制器的主要参数包括频率、幅度、相位和调制方式等，不同的调制方式对不同的信道具有不同的适应性。

3. 信道

信道是信息在传输过程中所使用的物理介质，可以是电缆、光纤、无线电波等，如无线电话的信道就是电波传输时经过的空间，有线电话的信道是电缆。信道的主要作用是在信息的传输过程中提供传输介质，并对信息进行传输和传导。信号在信道中传输时，一般会受到干扰,产生损耗。信道的主要参数包括带宽、传输速率、信噪比、衰减和干扰等,这些参数对通信系统的性能和可靠性具有重要的影响。

4. 接收设备

信宿接收信息需要经过接收设备,接收设备包括译码器和解调器等。译码器的主要作用是将数字信号转换为原始信息的形式,并进行译码,以便于人们理解和使用。解调器的主要作用是将模拟信号转换为数字信号,并进行解调,以便于人们在接收端对信号进行处理。接收设备的性能对通信系统的可靠性和稳定性具有重要的影响。

5. 信宿

信宿是相对于信源而言的,信宿为信息传输的目的地,是信息传输过程中最后的环节,其功能与信源相反,即接收信息并将其还原成原始信息,同时对对自身有用的信息加以利用,直接或间接地为某一目的服务,在信息的再生产过程中,能起到巨大的反馈作用。信宿可以是人,也可以是电视机、计算机、雷达等设备。在信宿处,对接收到的信息需要进行译码和解压缩等处理,以便于人们理解和使用。信宿的性能对于通信系统的通信质量和效率有重要的影响。

1.3.2　模拟通信系统模型

在模拟通信系统中,模拟信号是指在通信过程中传输的原始信号,它并没有经过数字化处理,保留了原始信号的连续性和精度。模拟信号的特点是其数值是连续变化的,可以采用无限多个值来表示。模拟信号的频率和幅度可以随着时间的变化而变化,可以表示复杂的信息和信号特征。对模拟信号进行处理和传输需要使用模拟电路和模拟信号处理技术,涉及的设备有滤波器、放大器、调制器等。模拟信号可以表示不同种类的信息,如语音、图像、视频等。例如,在广播电视中,图像和声音以模拟信号的形式传输到接收设备。模拟信号可以通过模拟信号发生器产生,模拟信号的产生需要考虑频率、幅度和相位等参数,以便于在模拟通信系统中被传输和处理。

需要注意的是,在数字通信系统中,需要对模拟信号进行数字化处理,将其转换为离散的数字信号。数字信号具有一定的精度和采样频率,但无法完全反映原始信号的连续性,因此数字通信系统在信号传输和处理中存在一定的误差和失真。

模拟信号具有以下优点:

(1)模拟信号的分辨率比数字信号更准确,在理想的情况下,模拟信号的分辨率趋于无限;

(2)模拟信号在表现上更为直观,相对更容易实现;

(3)由于没有量化误差,模拟信号能更准确地描述真实物理量的具体值;

(4)在对信号的处理方法上,处理模拟信号的环节比数字信号更加简单方便。

模拟信号具有以下缺点:

(1)模拟信号本身较弱,更容易被杂讯影响;

(2)模拟信号无法进行远距离传输,只能在距离较近的设备之间传输;

(3)模拟信号的抗干扰能力较弱,在传输过程中容易受到各种噪音的干扰,从而使通信的质量与效率下降，极大地影响信号传输的准确性与完整性；

（4）模拟信号的保密性较差，信号传输的过程中容易被窃取，这使得模拟信号的传输在安全性方面较弱。

图 1-3 所示是模拟通信系统模型。

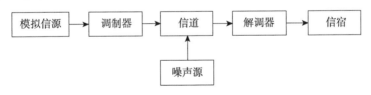

图 1-3　模拟通信系统模型

在模拟通信系统模型中，包含两种重要的变换。一是信息与基带信号之间的变换，完成这个变换的部分是模拟信源和信宿；二是基带信号与已调信号之间的变换，完成这个变换的部分通常是调制器与解调器。

模拟通信系统在历史上曾经占据通信领域主导地位，但随着数字化技术的迅速发展，现有的大多数模拟通信系统已逐渐被数字通信系统所取代，通信正朝着数字化的方向发展。

1.3.3　数字通信系统模型

在数字通信系统中，数字信号的特点是，其数值是离散的，只能取有限个值，这些值通常以二进制数的形式表示。数字信号的频率和幅度都是离散的，可以通过一定的采样频率和量化精度来表示。数字信号的处理和传输需要使用数字电路和数字信号处理技术，涉及的设备有滤波器、数字调制器、解调器等。

在数字通信系统中，数字信号可以表示不同种类的信息，如语音、图像、视频等。例如，在手机中，人的声音经过麦克风采集后，需要被转换为数字信号，然后通过数字通信系统进行传输，最终在接收端被译码和播放；在数字电视中，图像和声音也以数字信号的形式被传输给接收设备。

数字信号可以通过数字信号发生器产生，数字信号的产生需要考虑信号的采样频率、量化精度和编码方式等参数，以便于在数字通信系统中传输和处理。

数字信号具有以下优点。

（1）数字信号的抗干扰能力较强。数字信号的取值为离散值，在信号传输的过程中，当数字信号遇到持续的噪声干扰且信噪比恶化时，可在适当的位置采用判决再生的方法生成没有噪声干扰的信号。与模拟信号相比，数字信号可应用于长距离的信息传输。

（2）相比模拟信号，数字信号的加密处理在实现方面较为容易。经过数字变换后的信号可以用简单的加解密运算进行信号处理。

（3）数字信号能够适应多种通信业务要求，可应用于多种综合业务，可采用数字传输的方式，通过数字交换设备进行数字交换，实现传输与交换的综合。

（4）数字信号便于存储、交换，易于被计算机接收和处理。数字信号的二进制数形式与计算机中信号的形式一致，便于利用计算机实现存储与交换，联网后数字信号可使通信网络在计算机的管理维护下更加智能。

（5）数字信号可采用时分多路复用技术进行传输，通信设备便于集成化、微型化。

（6）数字信号的安全性、保密性比模拟信号更高。

需要注意的是，在模拟通信系统中，传输的是模拟信号，而在数字通信系统中，传输的是数字信号。数字信号虽然可以通过对模拟信号进行采样、量化和编码等处理得到，但数字信号的处理和传输需要使用数字电路和数字信号处理技术，以保证其质量和可靠性。

图 1-4 所示是数字通信系统模型。

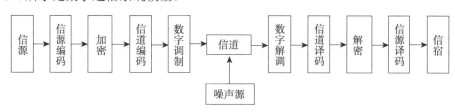

图 1-4　数字通信系统模型

信源编码（Source Coding）在数字通信系统模型中有两个基本功能，一是对数字信号进行压缩处理，即数据压缩，减少冗余，通过某种压缩编码技术对码元数目进行缩减，从而降低码元的比特率。二是将信源的模拟信号转换为数字信号，完成模数（A/D）转换，以实现数字化传输。

数字信号在传输的过程，往往由于各种原因（如噪声）在传输的数据流中产生误码。在信道编码（Channel Coding）环节将对码元进行相应的处理，对可能出现的差错进行控制，组成所谓的"抗干扰编码"。在信息的接收端，信道译码按照相应的逆规则进行，对错误进行纠正，从而提高信息传输的有效性与通信系统的可靠性。

在信息传输的过程中，加密（Encryption）是十分重要的环节，即为了保护正在传输信息的安全，为被传输的数字信号添加密码。而在信息的接收端，需要对接收到的数字信号进行解密（Decryption），从而得到原始信息。

数字调制是指将数字基带信号的频谱迁移到高频处，形成适合在信道中传输的带通信号。基本的数字调制方式有振幅键控（ASK）、频移键控（FSK）、相移键控（PSK）等，在信息的接收端，通过相干解调或者非相干解调可对数字基带信号进行还原。通过调制，可使信号特性与信道特性相匹配，在加/解密过程中提高信息传输的安全性。

1.4　通信系统类型

1.4.1　分类方式

1. 按信源分类

由 1.3 节的介绍可知，在通信系统中，可根据信源，即流通的信号类型划分通信系统类型，如模拟通信系统、数字通信系统等。如果在系统中流通的信号类型不止一种，则称该系统为混合通信系统。

2. 按信号特征分类

在现实的通信系统建模仿真操作中，人们通常不关心系统的内部构造及函数运行的原理，而关心通过给定的参数及输入函数，系统给出了什么样的输出，是否可以满足实验的要求。

对于给定的输入，如果参数不随着时间而变化，则称该系统为恒参系统，如果参数随着时间的变化产生变化，则称该系统为变参系统。

如果系统的参数随着时间的变化是确定的，则称该系统为确定系统，如果参数是服从随机分布的，则称该系统为随机系统。随机系统自身带有很强的随机性和不确定性。在通信系统建模仿真中，在数学上，模型的表示方法一般为系统的输入、系统的输出及系统固有的函数关系。

如果对于自变量的每个值，系统的输出仅仅取决于当前时刻系统的输入，则称该系统为无记忆系统，在无记忆系统中，系统的输出与以往的输入无关，如纯电阻系统。反之，如果系统具有保留或存储不是当前时刻输入的功能，即系统的输出可能为历史输入，则称该系统为记忆系统，又称动态系统，如电容系统。在数学上，无记忆系统的输入 $x(t)$ 和输出 $y(t)$ 的关系可表示为 $y(t)=f[x(t)]$，其中 t 表示时间。对于记忆系统，若输入和输出关于时间在取值上是离散的，则为离散记忆系统，系统的输入和输出的关系需用差分方程来表示；若输入和输出关于时间在取值上是连续的，则为连续记忆系统，系统的输入和输出的关系需用微分方程来表示，方程的系数即为系统的参数。

若系统只有一个输入和一个输出，则为单输入单输出系统（Single-Input Single-Output，SISO）或单变量系统，若系统有两个及以上的输入和两个及以上的输出，则称该系统为多输入多输出系统（Multi-User Multiple-Input Multiple-Output，MIMO）或多变量系统。对于记忆系统，若输入和输出中同时存在连续信号和离散信号，则需要同时用微分方程与差分方程进行表示。我们把表示系统状态的方程组称为系统的状态方程，如果微分方程或差分方程是线性的，则把它们称为线性状态方程。在数学中，通常用矩阵来表达线性状态方程。

3. 按网络层次分类

网络层：在通信模型中，最高层次为网络层。在网络层中，通信系统由传输系统、信号处理点（通信节点）及将这些节点连接起来的通信链路组成。在网络层中，对信息流的控制和分配是建模仿真的主要目标，通信信号的具体传输过程通常不被关心，网络层次设计和分析的主要工作是对传输协议的优化与验证。

链路层：链路层位于网络层下面，链路层的任务是对通信节点与传输信号进行具体化。通信链路由调制器、解调器、编码器、滤波器、放大器、传输信道、译码器等元素构成，这些元素在通信链路中负责信号的处理与传输。在链路层中，我们通常研究和考察信号的传输过程、信号处理所用的算法对传输质量的影响等，并不关心算法和传输过程中具体的实现方法是什么。在通信模型中，链路层的模型分析与仿真设计的主要任务是：设计编译码算法，分析算法对传输的可靠性、容量、错误率的影响，对算法的有效性进行调制。

电路层：在通信系统的设备方面，链路层中的元素可采用硬件实现，也可以采用软硬件结合的方法，形成软硬件的混合体，还可以仅采用具有相同功能的软件实体，而不仅仅采用纯硬件系统（如传统的电路）来实现。例如，对信号进行处理的数字电弧、模拟电路等，就是对链路层模型中元素的具体化，即电路层模型。对于电路实现，在通信模型中，人们通常更关心具体功能的实现，如电路硬件的设计、算法的分析及程序函数的设计等，而不关心通信系统的性能指标。

综上所述，在现代通信系统中，对网络层进行研究和建模仿真的目的是解决系统规划及通信网络全局的性能设计问题，具体为通信传输协议的设计与分析，协调网络数据流量、信息负载均衡，网络协议最大化等，但不关心通信节点之间的信号如何传输。而对链路层上的通信系统建模，节点传输的性能是要研究的主要问题，如调制解调方式、编译码问题、传输性能等，但不关心信号处理的具体实现。在电路层中，研究对象为信号单元的具体处理实现及优化，对于硬件、算法的采用都要进行考虑，包括指标要求及输出的波形实现，但不关心上层的系统性能指标。

对通信模型中的不同层次的模型，使用的建模和仿真技术也有所不同。

在网络层中，通常首先通过事件驱动的仿真软件对信息流及数据流在网络中的流动过程进行仿真，并根据仿真的结果对诸如响应时间、网络的吞吐量、资源利用率等指标进行估计，以此作为设计节点处理器速度、缓冲区大小及多种网络参数的依据。根据网络层模型的仿真结果，可以完成对通信协议及通信链路中的拓扑结构等的设计和验证的工作。

在链路层中，通常针对不同物理信道中的信息传输问题进行研究。其中，物理信道包含有线信道、光纤信道、自由空间等。对数字通信系统进行模型仿真的指标通常为传输的速率及位（比特）错误率等，对于模型中的模块，如调制器、解调器、滤波器、信道等，这里仅进行功能的描述。

在电路层中，通过对输入、输出信息的仿真来验证通信链路的设计是否满足仿真所要求的链路质量指标。通常使用模拟电路仿真语言 SPICE（Simulation Program with Integrated Circuit Emphasis）与数字系统仿真语言 HDL（Hardware Description Language）等，对电路系统的性能进行处理，验证其是否达到了链路层系统所要求的功能指标。例如，若链路层给出了滤波器的带宽等指标，则电路层需要通过仿真来研究设计的滤波器是否满足系统要求。

4. 其他常见的分类方式

根据传输方式、通信业务、复用方式、传输介质、工作波段等分类方式，可将通信系统分为多种类型，如表 1-1 所示。

表 1-1　通信系统的常见分类

分类方式	通信系统
传输方式	基带传输通信系统、带通传输通信系统
通信业务	电话通信系统、数据通信系统、卫星通信系统
复用方式	时分复用系统、码分复用系统、多路通信系统
传输介质	有线通信系统、无线通信系统，光纤通信系统
工作波段	长波通信系统、短波通信系统、微波通信系统

下面详细介绍几种常见的通信系统，主要有光纤通信系统、卫星通信系统、微波通信系统、数据通信系统、多路通信系统。

1.4.2　光纤通信系统

光纤即光导纤维，光纤通信系统（Optical-fiber Communication System，OCS）以光波为信息载体，以纯度极高的玻璃制成的光导纤维作为传输介质，经过光电变换，通过光将信息从一处传输至另一处。光纤通信系统主要由三部分组成，分别负责光的发送、光的接收与光的传输。在光的发送部分，有光源、光端机等，光的传输部分以光纤为载体，若进行长距离传输，光纤中的微弱信号通过中继器进行放大，形成一定强度的光信号。光检测器是光的接收部分的主要组成设备。光纤通信系统组成如图1-5所示。

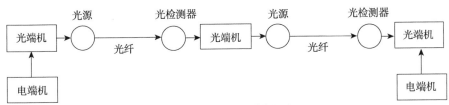

图 1-5　光纤通信系统组成

按照光纤波长，光纤通信系统可分为短波长光纤通信系统、长波长光纤通信系统与超长波长光纤通信系统；按照光线特点，光纤通信系统可分为多模光纤通信系统与单模光纤通信系统；按照信号传输的形式，光纤通信系统可分为光纤数字通信系统和光纤模拟通信系统，其他类型的光纤通信系统还有外差光纤通信系统、全光通信系统、波分复用通信系统等。其中，光纤数字通信系统传输数字信号，抗干扰能力较强；而光纤模拟通信系统传输模拟信号，适用于短距离传输和模拟电视图像信号的传输；外差光纤通信系统的光的接收部分灵敏度较高，但通信容量大，设备较为复杂；全光通信系统不需要进行光电转换，通信的质量较高；波分复用通信系统可在一根光纤上传输多个载波信号，通信质量好，成本较低。

1.4.3　卫星通信系统

通俗地讲，卫星通信系统（Satellite Communication System，SCS）以卫星作为中继转发微波信号，可实现在地球上（包括地面、低层大气中等）多个无线电通信站间进行通信。卫星通信实质上也是一种微波通信。卫星通信系统主要由空间分系统、跟踪遥测及指令分系统、通信地球站分系统等组成。其中，空间分系统组成如图1-6所示。卫星通信的目的是实现对地面信息的全覆盖，具有通信范围大的优点，即只要在卫星发射电波的覆盖范围内，任何两点之间都可以进行通信。卫星通信系统不容易受到自然灾害的影响，其可靠性较高，只要在地球站上设置电路即可开通。电路的设置较为灵活，可同时在多处接收信息，实现多址通信，同一信道可在不同方向进行多址连接。

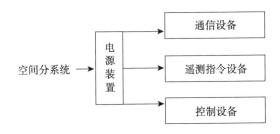

图 1-6　空间分系统组成

卫星通信系统可通过先进的空间与电子技术，解决信号传播时延带来的影响，保证其高度稳定与高可靠性地工作。

1.4.4　微波通信系统

微波通信系统（Microwave Communication System，MCS）由交换机、数字终端机、微波终端站、微波中继站、微波分路站等组成，利用波长在 1mm～1m 之间的电磁波——微波进行通信，具有传输容量大、通信质量好且可远距离传输的特点，普遍适用于各种专用通信网络。图 1-7 为数字微波通信系统基本组成。

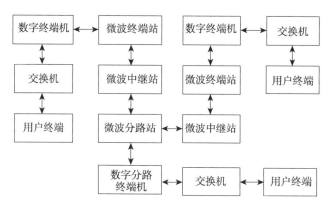

图 1-7　数字微波通信系统基本组成

1.4.5　数据通信系统

数据通信系统（Data Communication System，DCS）通过通信线路将分布在各地的数据终端设备与计算机系统连接起来，从而实现数据信息的传输、交换、存储和处理。数据通信系统是计算机与通信的集合，其将多个独立的计算机系统连接起来，便于计算机资源的共享。典型的数据通信系统由三部分组成，分别是中央计算机系统、数据终端设备、数据电路，如图 1-8 所示。

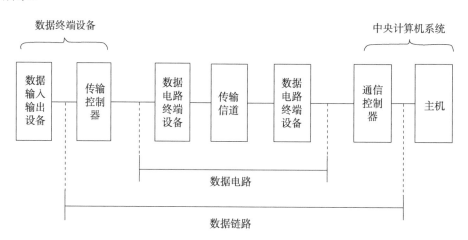

图 1-8　数据通信系统基本组成

数据通信系统根据处理数据形式的不同，可分为联机实时系统、远程批量处理系统和分时处理系统三类。

联机实时系统对由数据终端设备输入的数据在中央计算机系统上进行处理，并将处理结果直接返回数据终端设备，适用于对实时性要求较高的场景。联机实时系统能够处理随机产生的大量数据，适用场景如订票系统、气象观测系统、情报收集系统等。

远程批量处理系统获取结果的方式有两种，一是从中央计算机系统外围设备作业中获取，二是从数据终端设备向中央计算机系统投入作业从而获取。

分时处理系统根据中央计算机系统划分的时间片，使数据终端设备按照时间片的形式依次轮流使用中央计算机系统。其特点是一台中央计算机可以同时连接多个控制台，联机用户同时使用计算机，以会话形式控制作业的运行。

1.4.6　多路通信系统

多路通信指用一条公共信道建立两条或多条可独立传输的信道的通信方式，采用多路通信方式的系统称为多路通信系统（Multiplex Communication System，MCS）。为了充分利用信道，降低通信成本，增大传输容量，许多通信系统采用多路通信方式。在多路通信系统中，信道的发送端、接收端采用多路复用终端设备，在发送端的若干个端口处输入互不相关的各路信号，对信号进行适当的变换处理后将其合并送入信道。接收端将合成的信号还原为彼此互不干扰的各路信号，再由不同端口输出。在公共信道中，由于发送端设备输出的信号的参量有区别，因此各路信号在传输中互不干扰。根据频率和时间的参量不同，多路通信系统可分为频分多路通信系统、时分多路通信系统、码分多路通信系统，其中码分多路通信系统中的信号是由各路信号不同的码型结构序列组成的。

不同类型多路通信系统的特点如下：

（1）频分多路通信系统设备较简单，但对信道的线性要求较高，不需要严格同步，但需要避免产生非线性互调干扰；

（2）时分多路通信系统对信道的线性要求较低，但对同步系统的精度要求较高；

（3）码分多路通信系统的保密性较强，各路的连接变换较为灵活，同样对同步系统的精度要求较高，抗窄频带干扰能力较强。

1.5　通信方式

在选择通信方式时，一般从不同的角度考虑，通信方式一般有以下几种。

1.5.1　按照系统结构分类

根据系统结构，可将通信方式分为三种，分别是点对点通信、点对多点通信、多点之间通信。

其中，点对点通信又称专线通信。点对点通信可以实现网内任意两个用户之间的信息交换，在点对点通信中，只有 1 个用户可以发送信息，1 个用户可以收到信息。如今的点对点通信大部分是全双工通信。

点对多点通信用于在一个发送方与多个接收方之间进行通信。在点对多点通信中，发送方可以同时向多个接收方发送数据，而接收方可以从发送方接收到相同的数据。

多点之间通信又称网通信。在多点之间通信中，存在多个发送方与接收方，由发送方发送的数据包被链路上相应的多个目标设备接收和处理。

1.5.2　按照信息传输方向与时间分类

根据信息的传输方向与时间，可将通信方式可分为三种，分别是单工通信、半双工通信及全双工通信。

单工通信的信道是单向信道，指信息只能单方向进行传输。发送方与接收方的身份是固定的，发送方发送信息，接收方接收信息，信息的传输是单向进行的，单工通信的示例有无线广播通信、遥控器通信等。

在半双工通信中，同一时间内只允许一方发送信息、一方接收信息，即通信双方不能同时发送和接收信息，如对讲机之间的通信便是半双工通信。

在全双工通信中，允许数据在两个方向同时进行传输，发送方与接收方可以同时传输信息。全双工通信要求信道为双向信道，全双工通信的示例有电话线之间的通信、计算机与外接键盘的通信等。

1.5.3　按照数据信号序列传输的时序分类

按照数字信号序列传输的时序，可将通信方式分为串行通信与并行通信。

在串行通信中，数字信号序列按时间顺序在信道上一个接一个地传输，每一位数据占有固定的时间长度，适用于计算机与计算机之间、外设之间的远距离通信。在并行通信中，数字信号序列以成组的方式进行传输，且在多条信道上并行、同时传输。

数字通信一般采用串行通信的方式，因为并行通信对传输线缆的要求较高，线路成本也是串行通信的若干倍，同时，在传输频率方面，串行通信的表现更佳。

1.5.4　按照通信网络的形式分类

按照通信网络的形式，可将通信方式分为直通方式、分支方式和交换方式。

在直通方式中，终端之间的线路是专用的；在分支方式中，终端之间无法直通信息，必须连接中转站，经中转站转接后传输信息；在交换方式中，需要对终端之间的线路进行连接，通过程序进行数据交换，是通过终端之间的交换设备进行线路交换的一种通信方式，兼具实时与延时两种选择。

1.6　通信系统的性能评价指标

通信系统的性能评价指标主要分为两部分，分别是信息传输的有效性与可靠性。有效性是指传输一定的信息量所消耗的信道中带宽与时间的多少，可靠性是指信息传输的准确程度，因此，有效性与可靠性是相互矛盾的。在实际的通信系统应用中，通常在一定的有效性指标下，尽量提高通信系统的传输质量，或在一定的可靠性指标下，使信息的传输速率尽可能提高。在信道容量一定时，可靠性与有效性可以适当进行相互交换。

1.6.1　有效性

在通信系统的信源信号的传输中，传输所需宽带越小，频带利用率就越高，即通信的有效性越高，其中，信号的带宽与调制的方式有关。评估有效性指标的依据是信息的传输速率，传输速率可分为码元传输速率与信息传输速率。

1. 码元传输速率

码元传输速率（R_B）又称码元速率或传码率，单位为波特（Baud），是指每秒传输码元数目的多少。对于数字通信系统来说，频带利用率被定义为单位带宽内的码元传输速率，公式为

$$\eta = \frac{R_B}{B} \quad (\text{Baud/Hz})$$

或

$$\eta_b = \frac{R_b}{B} \; [\text{bit/}(\text{s·Hz})]$$

2. 信息传输速率

信息传输速率（R_b）又称信息速率和传信率，单位为位/秒（比特/秒）（bit/s 或 bps），是指每秒传输的信息量的多少。设码元长度为 T_B（s），则有

$$R_b = \frac{1}{T_B} \quad (\text{Baud})$$

当一个 M 进制码元携带 $\log_2 M$ 位的信息量时，码元传输速率与信息传输速率的关系如下：

$$R_b = R_B \log_2 M \quad (\text{bit/s})$$

或

$$R_B = \frac{R_b}{\log_2 M} \quad (\text{Baud})$$

1.6.2　可靠性

在通信系统正常工作时，用于评估系统可靠性指标的是差错率，差错率也有两种表示方法，分别是误码率与误信率。模拟通信系统的可靠性通常使用信息接收端输出信号与噪声功率比（信噪比，S/N）来度量，它可以表示信号经过传输后的保真程度与抗噪声能力。

1. 误码率

误码率（P_e）是指被错误接收的码元的数目在传输的总码元数目中所占的比例，通俗地讲，即在码元传输的过程中发生传输错误情况的概率，公式如下：

$$P_e = \frac{\text{错误码元数}}{\text{传输总码元数}}$$

2. 误信率

误信率（P_b）又称误比特率，是指被错误接收的信息的位数在传输总位数中所占的比例，即通信系统在进行信息传输时出错的概率，公式如下：

$$P_b = \frac{\text{错误位数}}{\text{传输总位数}}$$

1.7 通信系统仿真

1.7.1 通信系统仿真的概念和意义

现实中通信系统的组成与功能都相对复杂，在对原有的通信系统进行功能上的改造或升级时，一般需要先对其进行建模仿真，再在仿真模型的基础上对其进行设计与分析，并根据仿真的结果衡量方案设计的可行性，对方案的细节进行修改，调整参数配置与系统配置，以达到理想状态，从中选择最可行的方案应用到实际通信系统的改造中。

通过通信系统仿真，我们能将数字和经验模型深入结合，根据信号与真实设备的特点对通信系统进行设计与分析，能够更大限度利用现有的设计空间，进而降低设计与研发的成本。

1.7.2 通信系统仿真的一般流程

通信系统的仿真一般分为三个步骤，分别是仿真建模、仿真实验和仿真分析。通信系统仿真是一个螺旋式的过程，因此，每个步骤可能要进行多次才能确定最终的仿真结果，以下为通信系统仿真的具体工作。

（1）仿真建模，即根据实际的通信系统建立通信系统仿真模型的过程，是通信系统建模的关键步骤，因为仿真模型的质量与后续的仿真结果的优劣是直接关联的，所以应在建模时确保数据与结构的真实性和准确性。

（2）仿真实验是以系统技术、数学理论及应用理论等为基础，以计算机与各种物理效应设备为工具，进行的一系列针对仿真模型的测试。在仿真实验的过程中，通常需要对模型的输入信号的参数值进行多次修改，分别观察与分析仿真模型在不同输入信号下表现出来的结果与性能。在进行仿真实验时，通常选择具有代表性的输入信号，以便能够从多角度更加全面地分析仿真模型的性能。

（3）仿真分析是通信系统仿真的最后一步。经过仿真建模仿真实验后，我们获得了充足的系统数据，在仿真分析的过程中，通过对这些原始系统数据进行分析与处理，我们可获得衡量系统性能的尺度，如最大值、最小值、方差、标准差等，从而得出对仿真模型性能的全面评价，进而将其应用到实际的通信系统中。

需要注意的是，即使对以上每个步骤的操作都严格把控，仿真的结果与理想状态之间依然可能存在误差，因为在仿真实验的过程中，输入信号具有随机性，无法避免误差。

在仿真分析的过程中，如果用户认为仿真结果不够理想，应当修改最开始的仿真模型数据，多次重复进行仿真实验。

下面通过两个基本的通用实例来演示仿真的基本步骤，通信系统仿真的步骤与之基本相同。

【例 1-1】根据万有引力可知，常规物体只在重力的作用下会进行初速度为 0 的运动，称为自由落体运动。自由落体运动是一种理想状态下的物理模型。下面我们利用 Syslab（MWORKS.Syslab 是一个科学计算软件，简称为 Syslab，将在第 2 章中具体介绍）提供的图像处理功能对该运动过程进行仿真，以便更好地观察自由落体运动的过程。

下面给出仿真建模所需数据参数。一个小球在离地面 30m 的高度自由下落，其中，重力加速度为 10m/s^2，空气阻力忽略不计。请分析，经过多长时间小球能到达地面，并绘制小球在自由落体过程中的高度、速度曲线。

数学模型

首先设置一个时间最大值 tmax = 6s，然后定义绘制曲线所需的记号点 dt = 0.1s，时间变量 t 在从 0 到 tmax 的时间里，每隔 0.1s 取一次值，最后写出小球的高度、速度的表达式。

仿真模型设计

根据数学模型可知，小球的自由落体运动为加速度运动，每一时刻的运动状态都不相同，绘制其高度与速度曲线的 Syslab 代码如下。

（1）绘制小球的高度曲线。

```
tmax= 6;  #时间最大值
dt = 0.1;  #记号点
t = 0:dt:tmax; ;  #时间变量
x = 30 .- 5 .* t .^2;  #小球高度
v = 10 .* t;  #速度
a = 10;  #加速度
figure(1);
plot(t,x,"-o");
grid("on");
title("小球的高度",fontsize=15);
xlabel(raw"时间/s",fontsize=15) ;
ylabel(raw"高度/m",fontsize=15) ;
```

运行程序，结果如图 1-9 所示，记录了随时间变化的小球高度。

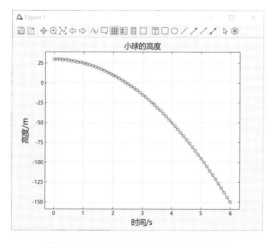

图 1-9　随时间变化的小球高度曲线

（2）绘制小球的速度曲线。

```
tmax= 6;   #时间最大值
dt = 0.1;  #记号点
t = 0:dt:tmax; ;  #时间变量
x = 30 .- 5 .* t .^2;  #高度
v = 10 .* t;  #速度
a = 10;   #加速度
figure(2);
plot(t,v,"-o");
grid("on");
title("小球的速度",fontsize=15);
xlabel(raw"时间/s",fontsize=15);
ylabel(raw"速度/m·s^-1",fontsize=15);
```

运行程序，结果如图 1-10 所示，记录了随时间变化的小球速度。

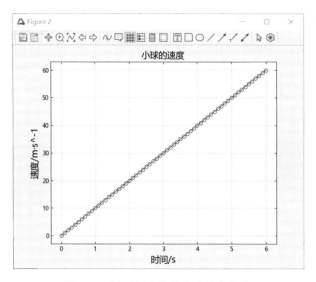

图 1-10　随时间变化的小球速度曲线

【例 1-2】对乒乓球的弹跳过程进行仿真，忽略空气阻力对乒乓球的影响。乒乓球的运动状态为垂直下落，忽略平面对乒乓球的摩擦力，乒乓球接触落点后立即反弹，反弹前后的瞬时速率不变，方向相反；考虑弹跳损耗，速率会降低。请通过仿真建模得出乒乓球位移随时间变化的曲线。

数学模型

首先设置乒乓球的重力加速度、质量、初速度与开始时所在的位置，设置起始时间 t0=0，弹跳损耗系数 K=0.65，设置前进的步数与步长，并令水平方向的速度为 1。

仿真模型设计

根据数学模型，乒乓球做弹跳运动，绘制乒乓球位移随时间变化的关系曲线的代码如下。

```
g=9.8;   #重力加速度
v0=0;   #初速度
y0=1;   #初始位置
m=1;   #乒乓球的质量
```

```
t0=0;    #起始时间
K=0.65;    #弹跳损耗系数
N=1000;    #仿真的总前进步数
dt=0.005;    #步长
v=v0;
y=y0;
vx=1;    #水平方向速度
x =0;
for k=1:N    #乒乓球的运动过程计算
  global y, v, x
  if y >0
    v =v -g*dt;
    y =y +v*dt;
  else
    y =-K.*v*dt;
    v =-K.*v-g*dt;
  end
  x = x + vx*dt;
  hold ("on")
  plot(x,y, "o");
  xlabel("时间/s"); ylabel("位移/m");
  axis([-2 10 0 1]);
end
```

运行程序，结果如图 1-11 所示，记录了随时间变化的乒乓球位移。

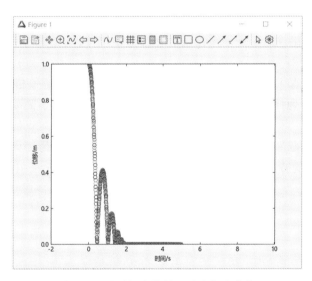

图 1-11　随时间变化的乒乓球位移曲线

本 章 小 结

通信的目的是传输信息，信息是消息的内涵，消息是信息的物理表现形式。信号是消息的传输载体，信号根据信号参量的取值是否连续可分为模拟信号与数字信号。

通信系统有不同的分类方式，按照信道中所传输的信号是模拟信号还是数字信号，可将通信系统分为数字通信系统与模拟通信系统。如今，数字通信系统已成为当前通信技术的主流。

数字通信系统相较于模拟通信系统，其抗干扰能力强、差错可控，同时可将来自不同信源的信号综合起来一起传输，易于集成、成本较低。其缺点是对同步的要求较高，占用带宽大。

按照信息的传输方向与时间，通信方式可分为单工通信、半双工通信与全双工通信，根据数据信号序列传输的时序，通信方式可分为串行通信与并行通信。

评价通信系统性能的两个重要指标是有效性与可靠性，两者互相矛盾又在一定程度上相互统一。模拟通信系统中的有效性根据传输速率进行衡量，可靠性根据输出信噪比进行衡量，数字通信系统的有效性依据频带利用率进行衡量，可靠性依据误码率、误信率进行衡量。

通常，码元传输速率在数值上小于或等于信息传输速率，码元传输速率决定了发送信号时所需的传输带宽。

习　题　1

1. 通信系统的组成部分有什么？
2. 信号有哪几种？它们的特点是什么？
3. 通信系统仿真的定义是什么？
4. 通信系统仿真的一般流程是什么？
5. 通信系统仿真中的信道模型是什么？解释不同类型的信道模型如何影响仿真结果。
6. 仿真结果的准确性对于通信系统仿真非常重要。列举至少三个因素，这些因素可能会影响仿真结果的准确性。
7. 在通信系统仿真中，如何表示数字信号？解释一下模拟信号与数字信号之间的区别。
8. 什么是调制？为什么在数字通信系统中需要进行调制？请简要描述调制的基本原理和分类。
9. 什么是信道编码？为什么在数字通信系统中需要进行信道编码？请简要描述常见的信道编码方案和它们的特点。
10. 什么是信道容量？它与什么因素有关？请简要描述如何计算信道容量及如何提高信道容量。

第 2 章

MWORKS 科学计算与
系统建模仿真基础

科学计算是一个涉及数学模型构建、定量分析方法和利用计算机解决科学问题的研究领域。在科学研究中，经常需要处理复杂的数学模型和大量的数据，而计算机的应用成了解决这些科学计算问题的重要手段。Julia 语言是一种开源的、动态的科学计算语言，具备了建模语言的表现力和开发语言的高性能。它与系统建模和数字孪生技术紧密结合，成为构建数字物理系统（Cyber Physical System，CPS）的理想计算语言。

MWORKS 是同元软控推出的新一代科学计算和系统建模仿真一体化基础平台。使用 MWORKS 平台，科研人员和工程师能够在统一的环境中进行科学计算、建模和仿真，从而更高效地解决复杂的科学问题和工程挑战。MWORKS 的强大功能和灵活性使其成为科学计算和系统建模仿真领域的重要工具，为用户提供了丰富的功能和技术支持。

通过本章的学习，读者可以了解（或掌握）：

❖ MWORKS 概述。
❖ 科学计算与 Julia 语言。
❖ Modelica 语言。
❖ MWORKS.Sysplorer 的功能与特征。
❖ MWORKS.Sysplorer 建模仿真的操作过程。
❖ MWORKS.Sysplorer 在通信仿真中的应用。

学习视频

2.1 MWORKS概述

MWORKS 是一个基于科学计算与统一数学表达的智能设计与仿真验证平台，提供完整的系统研制产品体系。MWORKS 将虚拟仿真、数据可视化和建模集中在一个自主可控的环境中，内置强大完备的模型库与工具箱，支持理论、实验、仿真、数据四种范式，目前已经过大量工程验证，可为装备数字化工程与装备元宇宙建设提供全生命周期支持。

2.1.1 MWORKS 产品家族

同元软控总部位于苏州市工业园区，是一家以为"中国制造"提供自主可控的工业智能软件为企业使命的高科技企业。自 2008 年成立至今，同元软控的产品广泛应用于航空航天、船舶车辆、电信教育等多个行业，为国家探月空间站、能源动力等重大项目提供了系统级数字化设计支撑。同元软控专注于多领域物理统一建模仿真相关技术，历经近 20 年积累与持续研发，在仿真建模、编译分析、数据优化、模型集成等工业智能设计软件领域打下了坚实的基础，并积累了丰厚的经验。

MWORKS 产品家族包括三大核心软件及一系列扩展工具箱，MWORKS 是整个仿真建模与科学计算体系的底座，它为体系中其他的工业软件提供了集成环境。

MWORKS.Syslab 是一个科学计算软件，是 MWORKS 平台基于高性能计算语言 Julia 构造的支持高效科学与工程计算的环境，为高级程序设计交互式编程提供了功能完备的环境，内置科学计算函数库，可应用于机器学习、数据分析、算法设计等多个领域，并实现数据可视化。

MWORKS.Syslink 是一个系统设计协同与模型管理软件，在系统研制过程中提供协同建模，支持模型的云端仿真、模型管理、Web 模型可视化等多种产品功能，为基于模型的系统工程（MBSE）环境中的数据模型及相关工件提供协同管理解决方案。

MWORKS.Sysplorer 是一个系统建模仿真验证软件，基于多领域统一建模规范 Modelica，全面支持各种数学函数及矩阵计算模型，为系统建模、编译分析、求解计算提供了有效的技术支撑。其支持基于物理拓扑结构的系统模型集成与验证，在减少产品设计的缺陷、验证产品设计的方案、优化产品性能和提高系统设计的复用度等方面具有重要价值。

MWORKS.Syslab、MWORKS.Syslink 和 MWORKS.Sysplorer 称为 MWORKS 三大软件，在 MWORKS 三大软件的基础上，同元软控为用户提供了包含丰富资源的扩展工具箱 MWORKS.Toolbox。目前，MWORKS 产品的工具箱已涵盖模型优化与标定、实验设计、故障仿真、频率估算、功能模型接口（Functional Mock-up Interface，FMI）、分布式联合仿真与 kinetrans 等多个专业领域，丰富实用的功能可满足多样化的工业软件开发需求。

MWORKS.Library 模型库是同元软控经过大量工程验证推出的一个设计、仿真一体化模型库，目前已覆盖液压、控制、动力学、电气等多个专业领域，应用于航空航天、能源动力、车辆机械等多个行业，支持系统、子系统、单机多种模式的工业软件设计仿真验证。

MWORKS 产品家族的具体内容如表 2-1 所示，更多关于 MWORKS 产品的相关信息，可从同元软控官方网站获得。

表 2-1 MWORKS 产品家族

类型	说明
TyBase Toolbox	基础工具箱
TyMath Toolbox	数学工具箱
TyPlot Toolbox	图形工具箱
TyImage Toolbox	图像工具箱
TyGeoGraphics Toolbox	地理图工具箱
TySymbolicMath Toolbox	符号数学工具箱
TyCurveFitting Toolbox	曲线拟合工具箱
TySingalProcessiong Toolbox	信号处理工具箱
TyCommunication Toolbox	通信工具箱
TyDSPSystem Toolbox	DSP 系统工具箱
TyControlSystem Toolbox	控制系统工具箱
TyOptimization Toolbox	优化工具箱
TyStatistics Toolbox	统计工具箱
运行脚本工具	打开 Python 编辑器
频率估算工具	针对一般模型进行频率特性估算
模型试验工具	为建立参数集提供支持
模型标定工具	支持参数标定
模型验证工具	比较仿真变量与指标变量的差异
检查参数灵敏度工具	参与参数之间的相关性分析
模型参数优化工具	支持参数优化
插件管理器工具	管理 Sysplorer 插件
视景工具	PostEngineer 虚拟仿真开发平台

2.1.2 MWORKS 的发展及特点

1998 年，同元软控团队早期在华中科技大学 CAD 国家工程中心开展工作，创始人陈立平教授从事 CAD 约束求解引擎开发，团队自 1998 年起开始研究多体动力学，模仿国外软件进行机械专业建模仿真软件的设计，并仿照 ADAMS 和 RecurDyn 开发了原型。

2001 年，同元软控团队了解到 Modelica 多领域统一建模技术，该技术诞生于 1997 年，基于其开放性和规范性的特点，该技术被应用于机械、电子、控制、液压等多个领域。陈立平教授认为，只有创新的东西在未来世界才有竞争力，团队不能只做研究，应开发能为工业所应用的软件。基于先前的研究，团队又花了三年时间对各项基础算法库、编译原理、关键技术进行了深入研究。

2004 年，团队进一步进行原型系统的开发，包括 Modelica 编译器、求解器、代码生成器、数据可视化建模工具的原型，在 Modelica 多领域统一建模关键技术研究的基础上，花了两年时间进行了原型的研究。

2006 年，初步的建模仿真原型被推出，团队走向专业化，开始了正式产品的研发。在初步原型系统的基础上，团队根据 Modelica 语义逐步实现与完善各模块的功能，并对产品性能进行持续测试与改进。2007—2008 年，国家在工业软件方向上加大了支持力度，与此同时，陈立平教授带领团队在苏州工业园区成立了同元软控，目标是实现多领域统一建模技术的产品化与产业化。

2009 年，同元软控推出系统仿真软件 MWORKS，支持 Modelica 多体模型库，行业应用之路正式开启。

目前，MWORKS 在系统仿真设计、协同建模与模型管理方面已实现对一系列工业软件的替代和超越，为多个国家级大型工程提供了技术支持与服务保障。

2.2 科学计算与Julia语言

2.2.1 变量与常量

1. 变量

在 Julia 语言中，变量相当于一个标识符与值的绑定（如 x=1）。变量的命名规则如下：
（1）区分大小写字母；
（2）不能将数字作为变量名的首字符，变量名中不能包含空格、换行符、制表符；
（3）可以使用数学符号作为变量名；
（4）不能使用 Julia 中的单词关键字作为变量名，Julia 中的单词关键字如表 2-2 所示。

函数的命名规则与变量的命名规则一致，用户在自定义函数时也应避免与 Julia 语言中的内置函数重名。

表 2-2　Julia 中的单词关键字

类型	示例
程序定义	abstract、primitive、type、struct、function、macro、new
权限声明	global、local、mutable、const、outer
定义模块	module、baremodule、using、import、export
控制流程	where、for、while、break、continue、if、elseif、else、in、return
代码块定义	begin、quote、let、end、do
错误处理	catch、finally、try
表示值	false、true

在编程时，可以使用附加类型标识符的方式为变量添加类型（如 x::Int64），此处操作符"::"的作用是标注变量类型，使用"::"运算符可将返回值转换为指定的类型。当用于类型断言时，操作符"::"用于判断某个值或表达式结果的类型，如"A::B"表示"A 是否为 B 的一个示例"。

2. 常量

在 Julia 语言中，通常使用 const 来定义常量（如 const x,y=1,2）。根据 Julia 语言的语法规则，在全局定义中，应使用常量，而在局部定义中，应使用变量。Julia 语言中的常量分为多种类型，如表 2-3 所示。

表 2-3　Julia 语言中的常量类型

类型	示例	类型	示例
整型	1，2，−1，−2	字符串型	"hello"，"world"
浮点型	0.1，0.2，−0.1，−0.2	复数型	1+2im，1-2im，−1+2im
有理数型	1/3，−1/3	八进制数型	0o11，0o19
字符型	"a"，"b"，"c"	十六进制数型	0xaa，−0x33

2.2.2　矩阵运算

矩阵运算是 MWORKS.Syslab 中最重要的计算，因为 MWORKS.Syslab 在进行科学计算时，大部分的计算都建立在矩阵的基础上。MWORKS.Syslab 提供了多种矩阵运算类型，包含矩阵的算术运算、关系运算与逻辑运算。

1. 矩阵的算术运算

矩阵的算术运算遵循的规则与普通算术运算相同，包括运算符的优先顺序，但其乘除运算与普通运算存在差异。表 2-4 为 Julia 中的矩阵算术运算符及说明。

表 2-4　Julia 中的矩阵算术运算符及说明

运算符	名称	描述
+	一元加法	全等操作
−	一元减法	各个元素取反
.+	加法	同维矩阵相加
.−	减法	同维矩阵相减
*	乘法	内矩阵相乘，内维度须相等
\	除法	矩阵相除，两个矩阵行数须相等
/	反向除法	矩阵反向除法，两个矩阵列数须相等
^	乘方	矩阵求幂
.^	元素群乘方	同维矩阵对应元素的乘方
.*	元素群乘法	矩阵对应元素相乘，两个矩阵须为同维矩阵或其中之一为标量矩阵
.\	元素群左除	后矩阵除以前矩阵，两个矩阵须为同维矩阵或其中之一为标量矩阵
./	元素群右除	前矩阵除以后矩阵，两个矩阵须为同维矩阵或其中之一为标量矩阵

【例 2-1】矩阵的算术运算示例。

```
julia> A = [6 2 4; 4 3 9; 6 8 1]
julia> B = [2 3 1; 3 10 6; 4 5 6]

julia> A + B
3×3 Matrix{Int64}:
     8   5   5
     7  13  15
    10  13   7
```

```
julia> A - B
3×3 Matrix{Int64}:
    4   -1    3
    1   -7    3
    2    3   -5

julia> A * B
3×3 Matrix{Int64}:
    34    58    42
    53    87    76
    40   103    60

julia> A / B
3×3 Matrix{Float64}:
     1.73585   -1.01887     1.39623
    -1.64151   -0.188679    1.96226
     3.83019   -0.226415   -0.245283

julia> A \ B
3×3 Matrix{Float64}:
    0.0930233   -0.476744   -0.569767
    0.410853     0.852713    1.10853
    0.155039     1.03876     0.550388

julia> A ^ 2
3×3 Matrix{Int64}:
    68   50   46
    90   89   52
    74   44   97

julia> A .^ B
3×3 Matrix{Int64}:
    36       8        4
    64      59049    531441
    1296    32768    1

julia> A .* B
3×3 Matrix{Int64}:
    12    6    4
    12   30   54
    24   40    6

julia> A .\ B
3×3 Matrix{Float64}:
    0.333333   1.5       0.25
    0.75       3.33333   0.666667
    0.666667   0.625     6.0

julia> A ./ B
3×3 Matrix{Float64}:
    3.0       0.666667   4.0
    1.33333   0.3        1.5
    1.5       1.6        0.166667
```

2. 关系运算与逻辑运算

除了算术运算，在 MWORKS.Syslab 的矩阵运算中，关系运算与逻辑运算也尤为重要，表 2-5 为 Julia 中的矩阵关系、逻辑运算符及说明。

表 2-5　Julia 中的矩阵关系、逻辑运算符及说明

运算符	名称	运算符	名称
==	相等	<=	小于或等于
!= !==	不等	&	按位与
!==	不恒等	|	按位或
>	大于	~	按位取反
<	小于	||	先决或
>=	大于或等于	&&	先决与

【例 2-2】矩阵的关系、逻辑运算示例。

```
julia> A = 1:3
1:3

julia> B = 2:4
2:4

julia> A == B
false

julia> A != B
true

julia> A ≈ B
false
```

MWORKS.Syslab 除提供了运算符实现运算外，还提供了一些矩阵运算相关函数。表 2-6 列出了矩阵运算相关函数，更多函数及具体函数的使用方法详见同元软控官方网站中的《Syslab 帮助文档》。

表 2-6　矩阵运算相关函数

函数	描述	函数	描述
det	矩阵行列式	lu	矩阵的 LU 分解
rank	矩阵的秩	planerot	Givens 平面旋转
tr	矩阵对角线元素之和	qrdelete	从 QR 分解中删除列或行
condeig	与矩阵特征值有关的条件数	transpose	转置向量或矩阵
linsolve	对线性方程组求解	sqrt	矩阵平方根
inv	矩阵求逆	exp	矩阵指数运算
sylvester	求 sylvester 方程 AX+XB=C 的解 X	log	矩阵对数运算
eigvals	返回特征值	bandwidth	矩阵的上下带宽
svdvals	按降序返回奇异值	isdiag	确定矩阵是否为对角矩阵
polyeig	多项式特征值问题	ishermitian	确定矩阵是否为 Hermitian（厄米特）矩阵
hessenberg	矩阵的 Hessenberg 形式	istril	确定矩阵是否为下三角矩阵
schur	矩阵的 Schur 分解		

【例 2-3】矩阵运算相关函数示例。

```
julia> X = magic(3)
3×3 Matrix{Int64}:
 8  1  6
 3  5  7
 4  9  2
```

```
julia> rank(X)
3

julia> inv(X)
3×3 Matrix{Float64}:
  0.147222    -0.144444    0.0638889
 -0.0611111    0.0222222   0.105556
 -0.0194444    0.188889   -0.102778

julia> eigvals(X)
3-element Vector{Float64}:
 -4.8989794855663575
  4.898979485566361
 15.000000000000004

julia> isdiag(X)
false

julia> istril(X)
false
```

对矩阵元素群进行运算与将矩阵作为整体进行运算在符号上有区别，在运算符号前加"."表示运算为矩阵元素群运算。针对矩阵元素群，MWORKS.Syslab 提供了几乎所有的初等函数，这些函数分别作用于矩阵的每个元素。表 2-7 列出了 MWORKS.Syslab 常用的初等函数及描述。

表 2-7　MWORKS.Syslab 常用的初等函数及描述

函数	描述	函数	描述
sin	参数的正弦，以弧度为单位	log10	常用对数（以 10 为底）
cos	参数的余弦，以弧度为单位	pow2	浮点数的幂运算和缩放（以 2 为底）
tan	参数的正切，以弧度为单位	abs	绝对值和复数的模
csc	角的余割，以弧度为单位	imag	复数的虚部
sec	角的正割，以弧度为单位	angle	相角
cot	角的余切，以弧度为单位	sign	符号函数
hypot	平方和的平方根（斜边）	factor	质因数
exp	指数	lcm	最小公倍数
log	自然对数	gcd	最大公约数

【例 2-4】矩阵运算常用的初等函数示例。

```
julia> x = [pi/2, pi/3, pi/6, 0]
4-element Vector{Float64}:
 1.5707963267948966
 1.0471975511965976
 0.5235987755982988
 0.0

julia> y = tan.(x)
4-element Vector{Float64}:
 1.633123935319537e16
 1.7320508075688767
 0.5773502691896257
 0.0

julia> y1 = sin.(x)
4-element Vector{Float64}:
 1.0
```

```
0.8660254037844386
0.49999999999999994
0.0

julia> y2 = cos.(x)
4-element Vector{Float64}:
 6.123233995736766e-17
 0.5000000000000001
 0.8660254037844387
 1.0

julia> y3 = sec.(x)
4-element Vector{Float64}:
 1.633123935319537e16
 1.9999999999999996
 1.1547005383792515
 1.0

julia> y4 = log.(x)
4-element Vector{Float64}:
 0.4515827052894548
 0.046117597181290375
 -0.6470295833786549
 -Inf

julia> y5 = log10.(x)
4-element Vector{Float64}:
 0.19611987703015263
 0.020002861797447137
 -0.28100137768950983
 -Inf

julia> y6 = imag.(x)
4-element Vector{Float64}:
 0.0
 0.0
 0.0
 0.0
```

2.2.3 程序流程控制

编程离不开程序控制语句。程序设计的三大结构为顺序结构、选择结构、循环结构,这三大结构在 MWORKS.Syslab 中都能得到实现。

1. 顺序结构

顺序结构是程序设计中最基础的结构,按照解决问题的顺序依次编写相应的语句即可实现顺序结构,其符合一般的逻辑思维习惯,执行顺序为自上而下,是任何一个算法都离不开的结构。

【例 2-5】使用 MWORKS.Syslab 顺序结构,计算两数之和与乘积。

```
julia> a = 1;
 b = 2;
 s = a + b;
 p = a * b;

julia> s
3
```

```
julia> p
2
```

2. 选择结构

选择结构也称条件结构，用于根据条件的真假执行不同的代码块。

选择结构通常基于一个条件表达式的结果来确定程序的执行路径。条件表达式通常是一个逻辑表达式，其结果为真（true）或假（false）。根据条件表达式的结果，选择结构可以决定执行哪个代码块。

在选择结构中，常用的控制语句是条件语句（Conditional Statement），其中最常见的是 if 语句。if 语句根据条件表达式的结果选择性地执行特定的代码块。

if 语句通常具有以下格式：

```
if 条件表达式
    #如果条件表达式为真，执行这里的代码块
else
    #如果条件表达式为假，执行这里的代码块
```

其中，如果条件表达式为真，则执行 if 代码块；如果条件表达式为假，则执行 else 代码块。else 代码块是可选的，可以根据需要省略。

除了基本的 if 语句，还有其他变体的条件语句，如 if-else if-else 语句和 switch 语句，用于处理多个条件和多个选择分支。

【例 2-6】编写一个程序，接收一个整数作为输入，判断该整数是奇数还是偶数，并输出相应的提示信息。

```
num = parse(Int64, readline())

#输入需判断的数据

if mod (num, 2) == 0
    println("$num 是偶数。")
else
    println("$num 是奇数。")
end

julia> 2
2  是偶数
julia> 5
5  是奇数
```

3. 循环结构

循环结构有三个特性：重复性、判断性、函数性。在一个循环结构中，总有一个步骤要重复执行若干次，而且每次的操作完全相同。每个循环结构都包含一个终止条件，其在函数执行中也起着至关重要的作用。Julia 主要提供两种循环方式：while 循环和 for 循环。

while 语句一般格式如下：

```
while 条件表达式
    #循环体
end
```

其中，当条件表达式的值为真时，执行循环体；当条件表达式的值为假时，终止该循环。

【例 2-7】利用 while 循环计算 1～50 的和。

```
julia> sum = 0
    i = 1
while i <= 50
    sum += i
    i += 1
    end

julia> print(sum)
1275
```

for 语句一般格式如下：

```
for 迭代变量=可迭代数集（便利操作符"="、"in"和"∈"等价，任选其一，可带的内容包括集合、数组、列表等）
    #循环体
end
```

其中，迭代变量是用于迭代访问可迭代数集中的元素的变量，可迭代数集可以是集合、数组、列表或其他可迭代的数据结构。在每次迭代时，循环体会被执行一次。在循环体中，可以执行任意的操作，包括条件判断、计算、打印输出等。循环体执行完毕后，程序将返回到循环的开头，继续下一次迭代，直到遍历完所有的元素。当迭代完毕后，程序将跳出循环，继续执行循环后的代码。

【例 2-8】利用 for 循环计算 1～50 的和。

```
julia> sum = 0
for i = 1:50
    global sum
    sum += i
end

julia>print(sum)
1275
```

在进行运算时，常与循环结构一起使用的还有 break 语句和 continue 语句。break 语句表示强制退出循环，在多层循环嵌套时，只退出当前所在的那层循环，continue 语句表示让循环跳过当前迭代，强制进入下一层循环的迭代，在多层循环嵌套时只影响其所在层，不影响内层或外层的循环结构。break 语句与 continue 语句在 for 循环和 while 循环中的使用方式相同。

【例 2-9】编写程序，打印输出 0～50 之间所有整数中 5 与 10 的公倍数。

```
julia> for i = 0 : 50
if mod(i, 5) == 0;
        if mod(i, 10) != 0
            continue
        end
        println(i)
        end
end
0
10
20
30
40
50
```

【例 2-10】编写程序，打印输出在 50～100 之间第一个能被 9 整除的整数。

```
julia> for i = 50 : 100
```

```
    if i % 9 == 0
        print(i)
        break;
    end
  end
end
54
```

2.2.4 脚本文件

脚本文件类似于 DOS 操作系统中的批处理文件，它可以将不同的命令组合起来，并按确定的顺序自动连续地执行，用户可通过文本编辑器创建脚本文件，运行脚本文件后，所产生的变量都保存在 MWORKS.Syslab 工作空间中。

脚本文件包括注释与程序两部分，注释部分在符号"#"之后，帮助开发人员和读者理解程序，程序部分为程序中的命令行和程序段，MWORKS.Syslab 会对其进行编译和计算。

【例 2-11】编写脚本文件，实现图像绘制。

```
y = rand(20, 2)
x = 1:20
figure(figsize=(6, 9))  #设置画布大小

subplot(2, 1, 1)  #第一个子图
plot(x, y[:, 1], lw=2, label="1st")
grid(true)
axis("tight")
xlabel("index")
ylabel("y[1]")
title("The first")

subplot(2, 1, 2)  #第二个子图
plot(x, y[:, 2], lw=4, label="2nd")  #修改 label 为"2nd"
grid(true)
axis("tight")
xlabel("index")
ylabel("y[2]")
title("The second")
tight_layout() #自动调整子图布局
```

运行程序，结果如图 2-1 所示。

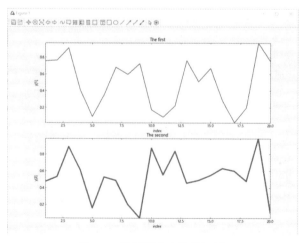

图 2-1　编写脚本文件并运行

2.2.5 图形绘制

图形绘制是 MWORKS.Syslab 中 Julia 语言的基础功能，使用图形绘制可以实现数据的可视化。例如，可在 MWORKS.Syslab 中创建脚本文件，使用图形、图像函数以编程的方式显示数据的分布；又如，可以通过比较多组数据，跟踪数据随时间发生的变化更改或显示数据。表 2-8 列出了 MWORKS.Syslab 中的图形绘制函数。

表 2-8　MWORKS.Syslab 中的图形绘制函数

函数	描述	函数	描述
plot	绘制二维线图	heatmap	绘制热图
stairs	绘制阶梯图	sortx	对热图行中的元素进行排序
errorbar	绘制含误差条的线图	sorty	对热图列中的元素进行排序
area	填充区二维绘图	wordcloud	使用文本数据绘制文字云图
loglog	绘制双对数刻度图	bar	绘制条形图
semilogx	绘制半对数图（x 轴有对数刻度）	barh	绘制水平条形图
semiology	绘制半对数图（y 轴有对数刻度）	pareto	绘制帕累托图
fplot	绘制表达式或函数	stem	绘制针状图
fimplicit	绘制隐函数	polarlpot	在极坐标中绘制线条
histogram2	绘制二元直方图	polarscatter	绘制极坐标中的散点图
meshgrid2	绘制二维网格	polarhistogram	绘制极坐标中的直方图
boxchart	绘制箱线图	ezpolar	易用的极坐标绘图函数
scatter	绘制散点图	contour	绘制矩阵的等高线图
spy	绘制可视化矩阵的稀疏模式	contourf	填充的二维等高线图
plotmatrix	绘制散点图矩阵	fcontour	绘制等高线
pie	绘制饼图		

1. 二维图形绘制

在 MWORKS.Syslab 中，提供了基本的绘图函数以绘制连续、离散、曲面及三维数据图，用户可以通过添加标签、调整颜色、定义坐标轴范围等方式修改绘图格式，也可以将图形打印和导出为标准文件格式。

1）基本绘图函数

在 MWOERKS.Syslab 中，最常用的绘图函数为 plot，plot 函数用于绘制二维线图，plot 函数的语法及说明如表 2-9 所示。

表 2-9　plot 函数的语法及说明

语法	说明
plot(X,Y)	创建 Y 中数据与 X 中数据对应的二维线图
plot(X,Y,Fmt)	绘制二维线图，设置线型、符号、颜色
plot(X1,Y1,X2,Y2,…,Xn,Yn)	绘制多个二维线图，所有二维线图都使用相同的坐标区
plot(X1,Y1,Fmt1,…,Xn,Yn,Fmtn)	绘制多个二维线图，为每个二维线图设置线型、符号、颜色，可以混用 X、Y、Fmt 三元组和 X、Y 对组

语法	说明
plot(Y)	创建 Y 中数据对每个值索引的二维线图
plot(Y,Fmt)	为 plot(Y)设置线型、符号、颜色
plot(__,Key=Value)	使用一个或多个 Key=Value 对为一组参数指定线图属性
plot(ax,__)	在由 ax 指定的坐标区中绘图，而不在当前坐标区（gca）中绘图
h=plot(__)	返回由图形线条对象组成的列对象

注意：

plot(X,Y)：如果 X 和 Y 都是向量，则它们的长度必须相同；如果 X 和 Y 均为矩阵，则它们的大小必须相同；如果 X 或 Y 中的一个为向量，而另一个为矩阵，则矩阵的各个维度中必须有一个维度与向量的长度相等；如果 X 或 Y 中的一个为标量，而另一个为标量或向量，则 plot 函数绘制离散点。

plot(Y)：如果 Y 为向量，x 轴的刻度范围为 1–length(Y)；如果 Y 为矩阵，plot 函数绘制 Y 中各列对应其行号的图形；如果 Y 为复数，plot 函数绘制 Y 的虚部对应其实部的图形。

线型、标记符号、颜色的标准设定值如表 2-10 所示。

表 2-10　线型、标记符号、颜色的标准设定值

语法	说明	语法	说明
-	实线	*	星号
--	虚线	+	加号
:	点线	x	叉号
-.	点划线	h	六边形（尖角向上）
.	点	H	六边形（边向上）
o	圆圈	r	红色
v	向下三角形	g	绿色
^	向上三角形	b	蓝色
>	向右三角形	y	黄色
<	向左三角形	m	品红色
8	八边形	c	青色
s	方形	w	白色
p	五边形	k	黑色

【例 2-12】绘制三条余弦曲线，每条曲线之间存在较小的相移。第一条余弦曲线使用蓝色虚线，带圆形标记。第二条余弦曲线使用绿色实线，不带标记。第三条余弦曲线使用黄色星号标记。

```
x = 0:pi/10:2*pi
y1 = cos.(x)
y2 = cos.(x.-0.25)
y3 = cos.(x.-0.5)
figure()
plot(x, y1, "b--o", x, y2, "g", x, y3, "y*")
```

运行程序，结果如图 2-2 所示。

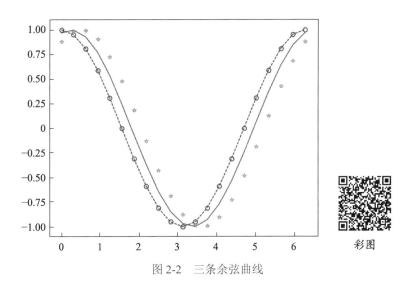

图 2-2　三条余弦曲线

彩图

注意：

① 在执行 plot 函数前，当前工作空间中必须已经存储可用来绘制图形的数据。

② 对应的 x 轴数据长度与 y 轴相同。

③ 若省略线型、标记符号、颜色的设定，则曲线绘制格式为默认格式。

2）特殊图形绘制

在 MWORKS.Syslab 中，使用绘图函数可以绘制一些特殊的图形，如直方图、散点图、饼图等。

（1）直方图：基于分类为 25 个等距 bin（直方图柱状条）的 200 个随机数，绘制直方图，代码如下：

```
x = randn(200, 1)
y = randn(200, 1)
nbins = 25
h = histogram2(x, y, nbins)
```

运行结果如图 2-3 所示。

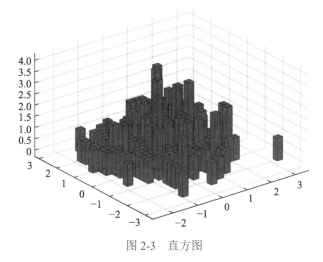

图 2-3　直方图

35

（2）散点图：绘制散点图，其中 x 为 0～2π 之间的 100 个等距值，y 为带随机干扰的余弦值，代码如下：

```
x = LinRange(0,2*pi,100)
y = cos.(x) + randn(100)
scatter(x, y)
```

运行结果如图 2-4 所示。

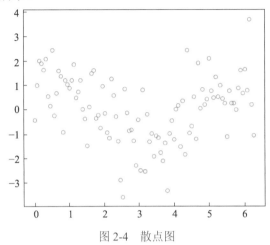

图 2-4　散点图

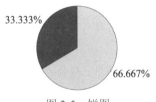

图 2-5　饼图

（3）饼图：绘制饼图并指定格式表达式，以使每个标签显示小数点后三位数，标签中要包含百分号，并在表达式末尾指定 "%%" 格式，代码如下：

```
X = [1/3, 2/3]
pie(X, autopct = "%.3f%%")
```

运行结果如图 2-5 所示。

（4）阶梯图：基于在 0～2π 之间的 20 个均匀分布的值，绘制正弦阶梯图，代码如下：

```
X = LinRange(0,2*pi,20);
Y = cos.(X);
figure()
stairs(Y)
```

运行结果如图 2-6 所示。

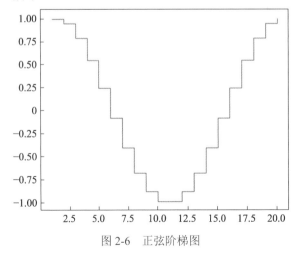

图 2-6　正弦阶梯图

（5）条形图：绘制四个条形图组，每组包含三个条形图，代码如下：

```
y = [1 3 5; 2 4 6; 4 6 8; 5 7 9]
bar(y)
```

运行结果如图 2-7 所示。

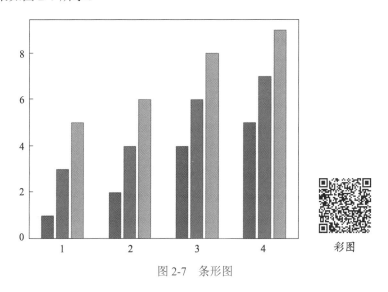

图 2-7　条形图

（6）针状图：创建一个包含 -2π 和 2π 之间的 100 个数值的针状图，代码如下：

```
Y = LinRange(-2*pi,2*pi,100);
stem(Y)
```

运行结果如图 2-8 所示。

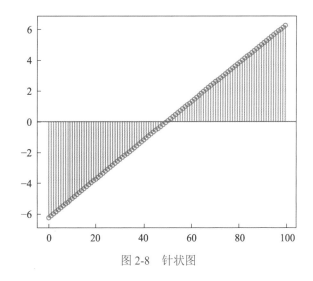

图 2-8　针状图

3）图形修饰

MWORKS.Syslab 提供了多种图形修饰函数，可用于标注坐标轴、给图形添加图例等，图形修饰函数如表 2-11 所示。

表 2-11　图形修饰函数

函数	说明
xlabel('string')	为 x 轴添加标签
ylabel('string')	为 y 轴添加标签
title('string')	添加标题
legend('string')	给图形添加图例
gtext('string')	使用鼠标将文本添加到图窗中
Axis([Xmin,Xmax,Ymin,Ymax])	设置坐标轴范围和纵横比

2. 三维图形绘制

1）三维曲线绘制函数

除常用的二维图形绘制外，MWORKS.Syslab 还提供了三维图形的绘制功能，表 2-12 给出了三维图形绘制函数。

表 2-12　三维图形绘制函数

函数	说明
plot3	绘制三维点或线图
fplot3	绘制三维参数化曲线
scatter3	绘制三维散点图
bar3	绘制三维条形图
bar3h	绘制水平三维条形图
stem3	绘制三维针状图
contour3	绘制三维等高线图
surf	绘制曲面图
mesh	绘制网格曲面图
peaks	绘制峰值曲面图
fsurf	绘制三维曲面
fmesh	绘制三维网格图

在 MWORKS.Syslab 提供的三维图形绘制函数中，plot3 函数的语法与二维绘制函数中的 plot 类似，plot3 函数的语法及说明如表 2-13 所示。

表 2-13　plot3 函数的语法及说明

语法	说明
plot3(X,Y,Z)	绘制三维空间中的坐标图，即三维线图
plot3(X,Y,Z,Fmt)	绘制三维线图，设置线型、标记符号、颜色
plot3(X1,Y1,Z1,X2,Y2,Z2,…,Xn,Yn,Zn)	在同一坐标系上绘制多个三维线图，此语法可作为将多组坐标指定为矩阵的替代方法
plot3(X1,Y1,Z1,Fmt1,…,Xn,Yn,Zn,Fmtn)	为每个 X、Y、Z 三元组指定特定的线型、标记符号、颜色
plot3(__,Key=Value)	使用一个或多个 Key=Value 对为一组参数指定线图属性
plot3(ax,__)	在由 ax 指定的坐标区中绘图
p=plot3(__)	返回一个 Line3D 对象或对象数组

【例 2-13】将 t 定义为由介于 0 和 10π 之间的值组成的向量，将 st 和 ct 定义为 t 的正弦值和余弦值向量，绘制 st、ct 和 t 对应的向量图。

```
t = 0:pi/50:10*pi;
st = sin.(t);
ct = cos.(t);
l=plot3(st,ct,t);
```

运行结果如图 2-9 所示。

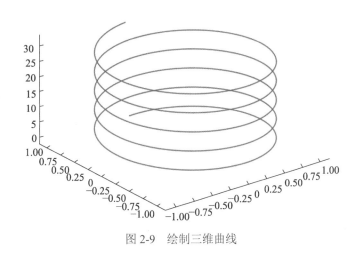

图 2-9　绘制三维曲线

2）三维曲面绘制函数

在 MWORKS.Syslab 的三维曲面绘制函数中，存在两个自变量 X、Y 和一个因变量 Z，绘制三维曲面即为在 X-Y 平面上建立网络坐标，每个网络坐标点与它对应的 Z 坐标所确定的一组三维数据就定义了曲面上的一个点。三维曲面绘制常用函数如表 2-14 所示。

表 2-14　三维曲面绘制常用函数

函数	说明
surf(X,Y,Z)	绘制三维曲面，通过平面连接相邻的点构成三维曲面
surf(Z)	绘制曲面图，并将 Z 中元素的列索引和行索引作为 X 坐标和 Y 坐标
surf(ax,__)	在由 ax 指定的坐标区中绘图，将指定坐标区作为第一个参数
surf(__,Key=Value)	使用一个或多个 Key=Value 对为一组参数指定曲面属性
p=surf(__)	返回一个曲面对象

【例 2-14】在 X-Y 平面上建立坐标网络，绘制一个基于 X 和 Y 的三维曲面，其中曲面的高度由 sin(X)和 cos(Y)的和给出。

```
X,Y = meshgrid2(1:0.5:5,1:10)
Z = sin.(X) + cos.(Y)
figure()
ax = subplot(projection="3d")
surf(ax, X, Y, Z)
```

运行结果如图 2-10 所示。

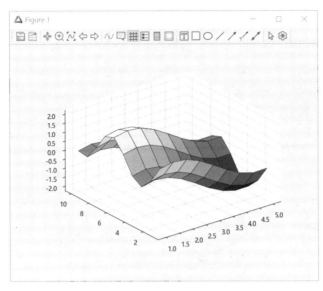

图 2-10　surf 函数绘制三维曲面

【例 2-15】三维特殊曲面绘制。创建一个由峰值组成的阶数为 20×20 的矩阵并显示该三维曲面。

```
figure()
X,Y,Z = peaks(10)
surf(X,Y,Z)
title("Peaks")
```

运行结果如图 2-11 所示。

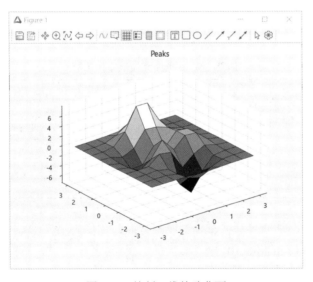

图 2-11　绘制三维特殊曲面

【例 2-16】在 X-Y 平面上建立坐标网络，绘制一个基于 X 和 Y 的三维网络曲面，其中高度用 Z 来表示。

```
X,Y = meshgrid2(-8:0.5:8,-8:0.5:8)
R = sqrt.(X .^ 2 .+ Y .^ 2) .+ eps()
Z = sin.(R) ./ R
m = mesh(X,Y,Z)
```

运行结果如图 2-12 所示。

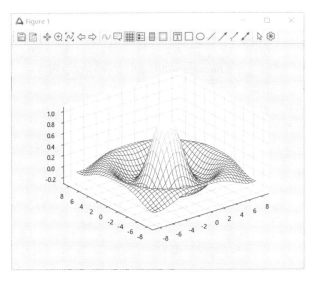

图 2-12   mesh 函数绘制三维网络曲面

2.3 MWORKS.Sysplorer建模仿真

MWORKS.Sysplorer 是一个建模仿真软件，是 MWORKS 平台下的一款面向多领域、多维度的智能设计工具。MWORKS.Sysplorer通过与科学计算软件MWORKS.Syslab 进行交互，充分利用建立好的基础模型库 MWORKS.Library 和 MWORKS.Toolbox，可以高效快速地建立系统模型，完成模拟仿真，显著提高产品研发效率，缩短产品开发周期。该软件在同元软控官方网站提供了开放下载，下载后进入 MWORKS.Sysplorer 安装向导，按照提示进行安装，并使用 License 激活配置使用许可，即可解锁所有功能。

2.3.1 Modelica 语言

MWORKS.Sysplorer 是针对多领域的专业研究人员打造的新一代实用系统建模仿真软件，其使用的 Modelica 语言是一种开放、面向对象、基于方程的计算机语言，可以跨越不同领域，方便地实现复杂物理系统的建模，被多领域广泛认可和采用。

1. 简介

Modelica 是一种物理系统的建模语言，旨在支持高效的模型库发展与模型重用，是一种建立在非因果模型、数学公式和面向对象构造的基础上来促进重用建模知识的现代语言。

MWORKS.Sysplorer 根据 Modelica 文本建立了强大的模型库,可以广泛满足机械、电子、控制、液压、机械学、热力学、电磁学等专业的教学需求，以及航空航天、车辆船舶、能源等行业的设计、建模、仿真需求。用户可以定制使用满足不同需求的模型库，存储可以重复利用的模型资源。其模型浏览器中包含标准模型库和用户模型库，用户可以将常用的模型存储在用户模型库中。图 2-13 所示为 MWORKS.Sysplorer 配备的不同版本的模型库。

图 2-13　MWORKS.Sysplorer 配备的不同版本的模型库

2. 特性

Modelica 具有和 C++类似的性质，在这两者中，所有的事物都被定义为类，无论是系统预定义的事物还是用户自定义的事物，都由类构成。

类的一般结构如下：

```
class name //定义类及类名
    parameter Real a = 1; //声明类中的参数及对其初始化
    Real x；//声明变量
equation
  der(x)= a*x //通过方程定义类的行为
end name; // 结束类的定义
```

2.3.2　MWORKS.Sysplorer 功能与特征

1. 可视化建模

MWORKS.Sysplorer 在建模过程中为用户同时提供了多个文档及多个视图，并支持用户同时打开多个文档，编辑和浏览多个不同模型，方便用户切换操作，且其每个文档都支持多种模式的模型浏览与编辑。

MWORKS.Sysplorer 包括四种模型视图：

（1）图标视图：可以将图形表示的模型作为组件插入新建的模型上并作为图形显示，在图标视图中，用户可以增加、删除、修改模型图标。

（2）图形视图：图形视图用于可视化建模，可以显示模型中新建的组件、连接器、连接关系等信息，用户可以通过从模型浏览器中拖放模型图标的方式构建新模型的图形视图。

例如，将 world 图标从模型浏览器中拖动到新建的模型上，如图 2-14 所示。

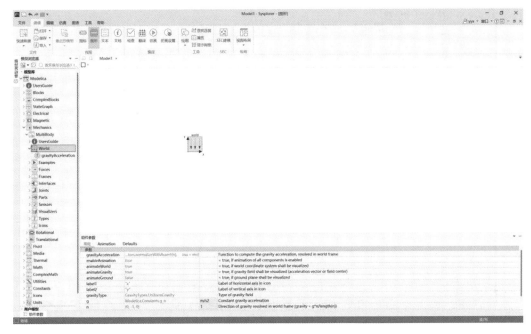

图 2-14　模型的图形视图

（3）文本视图：文本视图中显示的是 Modelica 文本，用户可通过文本视图编辑模型的 Modelica 文本，如图 2-15 所示。

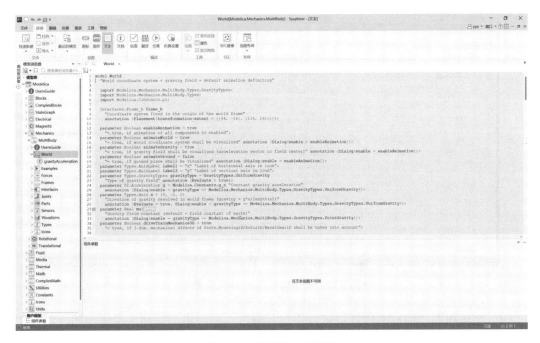

图 2-15　模型的文本视图

通过单击"建模-视图-文本"选项可进入文本视图，显示整个模型的 Modelica 文本，单击模型中的组件，即可编辑该组件的 Modelica 文本，如图 2-16、图 2-17 所示。

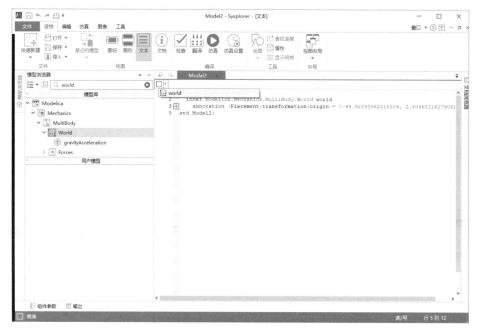

图 2-16　单击模型中的组件

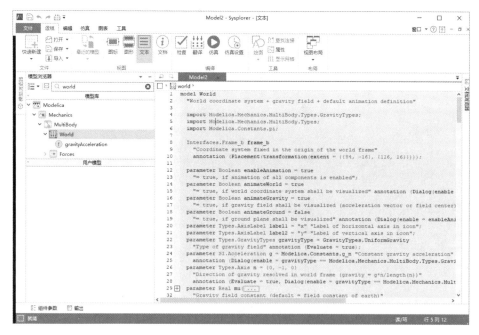

图 2-17　编辑组件的 Modelica 文本

（4）文档视图：通过文档视图可以添加、修改、删除模型的相关文本说明。单击"建模-视图-文档"选项，即可显示模型的文档视图。

2. 快速新建和模型

MWORKS.Sysplorer 支持快速新建文件，新建文件的类型默认为 model（模型）；用户也可以在"快速新建"下拉列表中选择其他类型的文件，包括 class（类）、connector（连接器）等，如图 2-18 所示，新建的文件名称要符合 Modelica 语言的命名规范。

在新建文件后，可以将系统提供的 Modelica 模型从 MWORKS.Sysplorer 模型浏览器拖入模型编辑器中，创建一个模型，如图 2-19 所示。

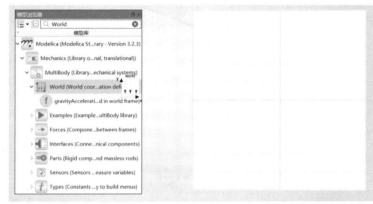

图 2-18　快速新建选项　　　　　　　　　　图 2-19　拖动方式创建模型

3. 组件与参数管理

在模型编辑器中选中组件，在组件参数面板选中需要修改的值，即可修改参数。在两个模型之间放置连接器，通过连接器连接两个模型的提示部位，即可将两个模型连接起来，并构建两个模型间的数学与物理联系。

4. 运行仿真

将 Modelica 文本改写成数学形式的方程，即可生成可运行的求解器。通过调用生成的求解器，可以获取仿真后的各种结果，仿真设置如图 2-20 所示。

图 2-20　仿真设置

5. 结果可视化

仿真结果可以以曲线的形式展示给用户，曲线分为两种：第一种 $y(t)$ 以时间作为横坐标展示曲线变化；第二种 $y(x)$ 以第一次拖入的变量作为横坐标，以第二次拖入的变量作为纵坐标展示曲线变化。展示完成后，用户可以对结果进行多种形式的数学计算。MWORKS.Sysplorer 还支持显示仿真后的三维动画，让用户可以更直观立体地观察仿真后的结果，也允许用户暂停或加速三维动画的播放。

6. MWORKS.Sysplorer 工具箱

1）模型加密工具

可以将模型文件加密为.mol 文件以保护模型代码的安全性。MWORKS.Sysplorer 支持多重加密、多等级加密等加密方法。加密后，用户在使用和查看模型时，可以保证模型代码不被窃取和扩散，如图 2-21 所示，在"模型发布"窗口中，用户可以选择模型的加密等级。

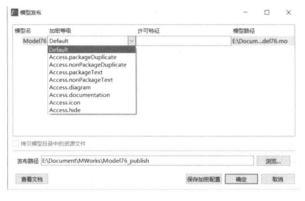

图 2-21　模型加密工具

2）Python 脚本工具

MWORKS.Sysplorer 提供了 Python 脚本的接口，支持使用 Python 语言开发的脚本程序，从而丰富软件的建模仿真功能，用户可以利用 Python 脚本完成一些简单的重复性工作任务。MWORKS.Sysplorer 提供的 Python 编辑器如图 2-22 所示。

图 2-22　Python 编辑器

3）2D 动画工具

MWORKS.Sysplorer 可以将模型的关系结构以 2D 图形的方式展示出来，方便用户实时观察模型的状态和变化。用户可以选择以图标视图或图形视图的方式创建 2D 动画窗口，如图 2-23 所示。

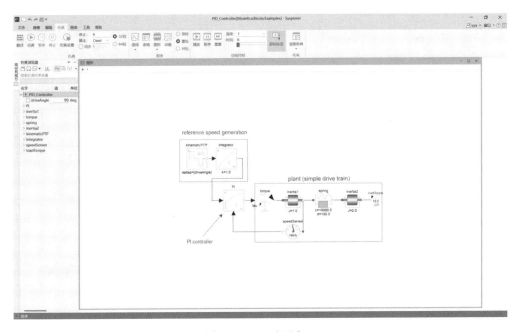

图 2-23　2D 动画窗口

4）3D 动画工具

MWORKS.Sysplorer 还提供了三维动画的生成与渲染功能，将模型整体以 3D 动画的方式展现给用户，可以按照用户需求对三维动画进行调整和控制。三维动画支持切换不同的视图，从多角度全方位的观察仿真好的模型，并可以改变模型的显示方式。用户可以对三维动画窗口进行设置，包括常规、相机跟随、背景、窗口快捷键的设置等。3D 动画窗口如图 2-24 所示。

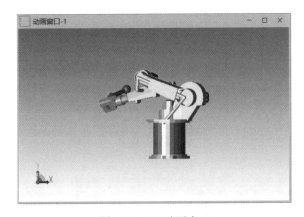

图 2-24　3D 动画窗口

5）频率估算工具

MWORKS.Sysplorer 的频率估算工具用于针对模型进行频率估算并获取系统频域相关属性，从而支持后续控制回路的设计。频率估算工具如图 2-25 所示。

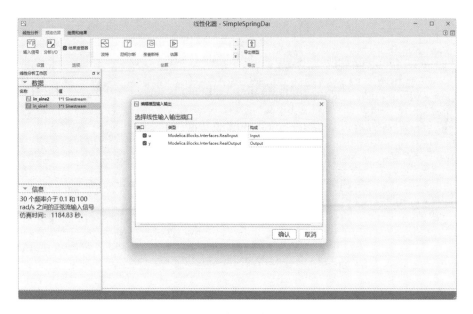

图 2-25　频率估算工具

6）模型试验工具

模型试验工具可以使用户获得同一模型在不同参数条件下运行仿真时得到的仿真结果，有助于用户对系统有全方面、更深入的了解。模型试验工具如图 2-26 所示。

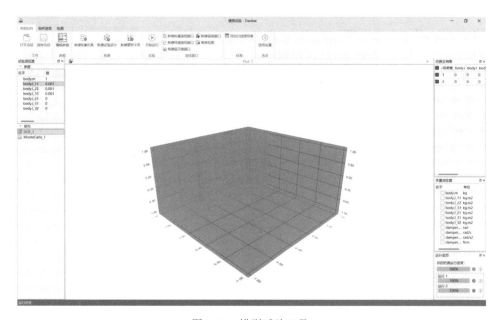

图 2-26　模型试验工具

7）模型参数标定工具

MWORKS.Sysplorer 可以改变模型参数，使模型参数与实际环境中物理设备的参数属性相同，从而获得更真实的仿真结果。模型参数标定工具如图 2-27 所示。

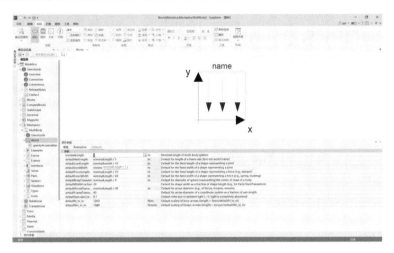

图 2-27　模型参数标定工具

8）模型参数优化工具

MWORKS.Sysplorer 提供的模型参数优化工具可以对物理系统开发的仿真模型中的各种参数进行调整，以使系统整体性能接近最优。模型参数优化工具如图 2-28 所示。

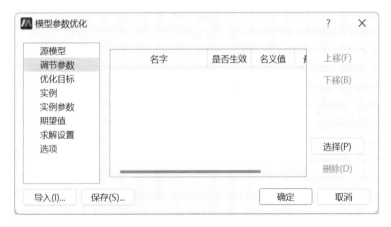

图 2-28　模型参数优化工具

7. MWORKS.Sysplorer 外部接口

（1）Simulink 接口：Simulink 接口将模型输出成 S-Function 模块，使其能够作为 Simulink 元件使用。

（2）FMI 接口：FMI 接口支持 FMI 接口协议，可导入/导出功能模拟单元（Functional Mock-up Unit，FMU）模型，模型交换（Model-Exchange）用来实现 Modelica 工具和非 Modelica 工具之间的模型生成和模型交换功能，协同仿真（Co-Simulation）用来实现异构平台的协同仿真功能。

（3）C/C++/Fortran 接口：C/C++/Fortran 接口支持
C/C++/Fortran 代码的嵌入和集成调用，能够将 C/C++/
Fortran 代码封装成外部函数供模型调用。

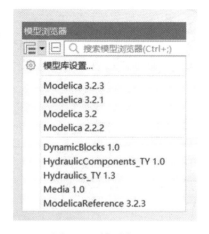

2.3.3 MWORKS.Sysplorer 建模仿真的操作过程

1. 系统模型库设置

MWORKS.Sysplorer 在启动时会自动加载默认的模型
库，用户可以通过模型浏览器中的模型库设置选项，更改
需要使用的模型库。

图 2-29 模型库设置

如图 2-29 所示，建立单摆模型所需的模型库版本为 Modelica3.2.3 或 Modelica3.2.1。

2. 新建模型

如图 2-30 所示，单击"文件-新建"选项，弹出"新建模型"对话框，将模型命名为
Pendulum，类型选择为 model，在"描述"文本框中添加中文名称"单摆"，选择合适的存储
位置，单击"确定"按钮即可新建模型。此外，如上文所述，MWORKS.Sysplorer 还支持用
在界面上拖动模型的方式进行建模。

图 2-30 新建模型

3. 组件与参数管理

从各个组件的提示端口拖出连线，可连接组件，即可构建不同模型组件之间的数学和物
理关系。MWORKS.Sysplorer 支持通过两种方式将两个组件连接起来。

（1）选中一个组件的连接位置，连接处会呈现绿色，表示可以连接，从连接处拖动鼠标，
至另一个组件的连接处（绿色显示）形成连线，表示连接成功，如图 2-31 所示。

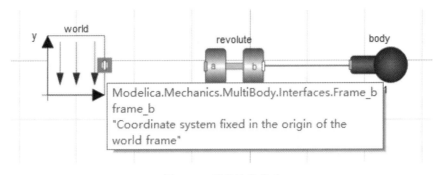

图 2-31　组件连接成功

（2）直接拖动组件，使组件的连接处互相接触，出现连线和绿色显示后，表示组件连接成功。

在图形视图中，单击选中需要修改参数的模型，即可在界面下方的"组件参数"对话框中修改参数。如图 2-32 所示，在构建单摆模型时，将 damper 组件的 d 参数修改为 0.1。用同样的方式，将 body 组件的 m 参数修改为 1.0。

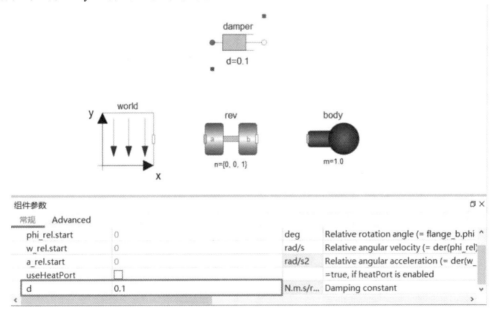

图 2-32　管理参数

4. 绘制图标和编辑模型文档

在图形视图中，可以通过插入的方式绘制各种各样的图标，用以表示或区分模型的不同状态。例如，可以设置的椭圆属性包括：形状、原点、旋转角度、轮廓等。

模型文档可以用来描述模型，用户可以在模型浏览器中插入不同格式的文档作为模型的补充。在文档视图中，用户可查看模型具体组件的详细信息，包括组件的说明、参数、接口等。图 2-33 所示为 world 组件的文档信息，详细阅读组件文档即可快速掌握组件的使用。

图 2-33　world 组件的文档视图

5. 模型翻译与仿真

1）模型翻译

单击"建模-编译-翻译"按钮，即可将模型翻译为仿真代码，用以仿真，并生成可运行的求解器程序，图 2-34 所示为模型翻译器。

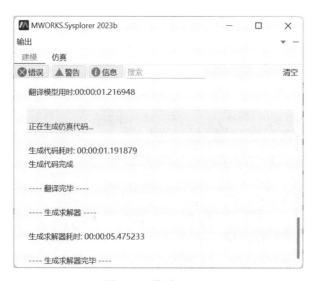

图 2-34　模型翻译器

2）仿真设置

仿真设置用于设置仿真区间、输出区间（步长、步数）、算法、精度、初始积分步长、输出变量选择、仿真实例结果保留数目、仿真结果备份、接续仿真等属性，同时可以选择独立仿真和实时同步仿真两种仿真模式。

3）模型仿真

利用模型翻译器所生成的求解器程序可以获得模型中所有变量的变化数据。仿真浏览器将仿真的结果以树形展示出来，清晰展示模型的层次结构，图2-35所示为仿真浏览器。

图2-35　仿真浏览器

6. 结果展示

用户可以通过创建曲线窗口来查看仿真结果，图2-36所示为单摆的仿真结果。

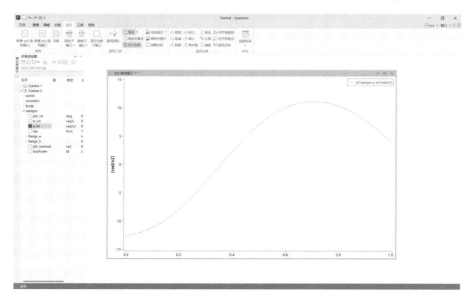

图2-36　单摆的仿真结果

当独立仿真模式开启时，用户可以通过更改曲线绘制模式来保持曲线不变或重新绘制曲线，并可以将前后两次的绘制结果进行对比。图 2-37 所示为仿真模式选择界面。

图 2-37　仿真模式选择界面

MWORKS.Sysplorer 还支持对曲线进行多种运算，并将运算结果动态展示在曲线窗口中。通过修改曲线窗口的属性，可使曲线以用户需要的形式呈现出来。图 2-38 所示为曲线运算示意图。

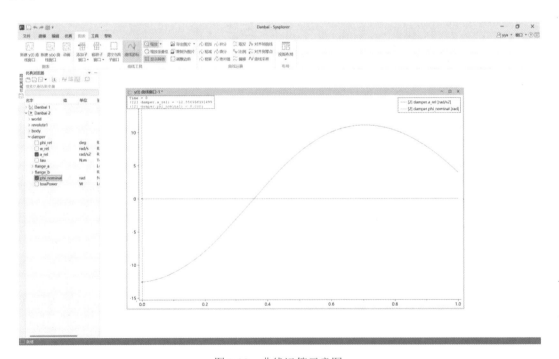

图 2-38　曲线运算示意图

2.3.4　MWORKS.Sysplorer 在通信仿真中的应用

结合 MWORKS.Syslab 这一科学计算工具，MWORKS.Sysplorer 可以很容易地对其处理的信号进行通信建模，通过构建一系列现实中的通信处理工具模型、DSP 工具箱等，其可以实时、迅速地建立一个具有完整结构的仿真通信系统，利用该系统，用户可以完成一系列信号传输、信号处理工作的模型试验。

本 章 小 结

本章主要介绍了 Julia 语言、Modelica 语言和 MWORKS.Sysplorer 的功能与特征等。在科学计算领域，Julia 语言已经被广泛应用于数据分析、机器学习、数值计算、流体力学、物理学等领域。Julia 语言的高性能和可扩展性使得它在科研和工业应用中具有广泛的应用前景。在建模仿真领域，Modelica 语言也能很好地替代 M 语言用于建模仿真。本章还介绍了 MWORKS.Syslab 和 MWORKS.Sysplorer 的使用方法，帮助读者进一步了解这两种软件，在使用中掌握技巧。

习　题　2

1. Julia 语言的特点有哪些？
2. Julia 语言如何实现高性能计算？
3. 在 Julia 的语法中，plot(X, Y)函数中的 X 和 Y 分别表示什么？
4. 如何为线图设置不同的线型、标记符号和颜色？
5. 用 surf(Z)函数如何创建一个曲面图？
6. 你认为 Julia 语言和 M 语言有哪些不同点。
7. 请课后自己使用 MWORKS.Sysplorer 建立一个单摆模型并测试。
8. 利用 MWORKS.Sysplorer 进行一次曲线运算并打开一个可视化窗口。
9. 如何调节仿真的步长？步长最高可设为多少？
10. 根据单摆模型制作一个自己的双摆模型。

第3章
通信系统的信源编码

本章讨论通信系统的信源编码。信源编码有两个基本功能，即信源压缩编码和数字化。信源压缩编码是针对数字信号进行的，如果输入信号是模拟信号，则需要先将模拟信号进行数字化处理，再进行压缩编码。

将模拟信号数字化之后，模拟信号会变成二进制码元，用二进制码元表示模拟信号的过程也是一个编码过程。模拟信号的数字化过程包括三个步骤：采样、量化和编码。首先，模拟信号被采样，成为采样信号，它在时间上是离散的，但它的取值仍然是连续的，所以称为离散模拟信号。然后对该离散模拟信号进行量化，使采样信号变成量化信号，它的取值是离散的，所以量化信号已经是数字信号了，可以将其看成多进制的数字脉冲信号。最后对其进行编码，最基本和常用的编码方法是脉冲编码调制（Pulse Code Modulation，PCM）。

通过本章学习，读者可以了解（或掌握）：

❖ 模拟信号数字化的采样过程。
❖ 模拟信号数字化的量化过程。
❖ 模拟信号数字化的编码过程。
❖ 信源压缩编码。
❖ 数字压缩编码。
❖ 图像压缩编码。

3.1 信源编译码

在通信系统中，信源编码是指对输入的源数据进行编码，以便在传输过程中有效地表示和传输信息。信源编码有两个基本功能：一是提高信息传输的有效性，即通过某种压缩编码技术设法减少码元数目以降低码元传输速率；二是完成模数（A/D）转换，即当信源给出的是模拟信号时，信源编码器将其转换成数字信号，以实现模拟信号的数字传输。信源译码是信源编码的逆过程。

学习视频

信源压缩编码通常分为两种类型：无损压缩和有损压缩。无损压缩旨在通过消除冗余和重复信息来减小源数据的大小，同时保证压缩后的数据能够完全恢复为原始数据。有损压缩在压缩数据时会有一定的信息损失，但可以显著减小数据的大小。有损压缩通常应用于对数据进行近似表示或去除人类感知不敏感的细节场景。

对于模/数转换，通常，模拟信号数字化的过程包括三个步骤：采样、量化和编码，具体过程在本章的后续内容中进行介绍。

MWORKS 提供了许多与通信系统的信源编译码有关的函数和模块，下面对这些函数和模块进行介绍。

3.1.1 信源编码

1. 相关函数

1）arithenco 函数

arithenco 函数通过算术编码来生成二进制代码，它的调用格式如下：

```
code = arithenco(seq,counts)
```

arithenco 函数生成对应于 seq 中指定的符号序列的二进制算术代码。输入计数 counts 通过列出源字母表中的每个符号在测试数据集中出现的次数来指定源的统计信息。

【例 3-1】使用 arithenco 函数实现算术二进制编码。

```
counts = [99 1]
len = 1000
Random.seed!(1234)
seq = randsrc(1,len,[1 2; .99 .01])        #生成随机序列
code = arithenco(seq, counts)
s = size(code)                             #编码随机序列并显示编码长度
```

运行程序，输出为

83

2）dpcmenco 函数

dpcmenco 函数使用差分脉冲编码调制（Differential Pulse Code Modulation，DPCM）进行编码，它的调用格式如下：

```
(index,quants) = dpcmenco(sig,codebook,partition,predictor)
```

dpcmenco 函数实现对向量 sig 进行编码，codebook 为预测误差量化码本，partition 为量化阈值，predictor 为预测期的预测传输函数系数向量。返回参数 quants 为量化的预测误差，index 为量化序号。

【例 3-2】使用差分脉冲编码调制进行编码。

```
predictor = [0, 1]
partition = collect(-1:0.1:0.9)
codebook = collect(-1:0.1:1)
t = (0:pi/50:2*pi)'
x = sawtooth(3 * t);
encodedx, quants1 = dpcmenco(x[:], codebook, partition, predictor)
```

运行程序，输出如下：

```
([0.0, 11.0, 11.0, 10.0, 11.0, 11.0, 10.0, 11.0, 10.0, 11.0  …  11.0, 10.0, 11.0, 10.0, 11.0, 11.0, 10.0, 11.0, 10.0, 11.0], [-1.0, 0.1,
0.1, 0.0, 0.1, 0.1, 0.0, 0.1, 0.0, 0.1  …  0.1, 0.0, 0.1, 0.0, 0.1, 0.1, 0.0, 0.1, 0.0, 0.1])
```

3）compand 函数

compand 函数表示信源编码中的 μ 律或 A 律压缩扩展器，它的调用格式如下。

（1）out = compand(in, param, v)：对输入数据序列执行 μ 律压缩。param 指定 μ 律压缩系数（实际使用的为 255）；v 表示输入数据序列的峰值。

（2）out = compand(in, param, v, method)：对输入数据序列执行 μ 律或 A 律压缩或展开。param 指定 μ 律或 A 律压缩扩展器的系数（μ 律实际使用的为 255，A 律实际使用的为 87.6）。method 指定函数在输入数据序列上执行的压缩器或扩展器的类型。

【例 3-3】利用 compand 函数使用 μ 律压缩扩展器进行数据序列压缩和扩展。

首先生成数据序列：

```
#生成数据序列
data = collect(2:2:12)
```

输出如下：

```
data : 6-element Vector{Int64}: 2 4 6 8 10 12
```

然后使用 μ 律压缩器压缩数据序列：

```
#使用 μ 律压缩器压缩数据序列，将 μ 律压缩器的系数的值设置为 255，压缩后的数据序列值在 8.1 到 12 之间
compressed = compand(data, 255, maximum(data), "mu/compressor")
```

输出如下：

```
compressed : 6-element Vector{Float64}:
8.164415243773092
9.639397132053148
10.508436823790818
11.126778772328848
11.607138389430737
12.0
```

使用 μ 律扩展器展开压缩的数据序列：

```
#使用 μ 律扩展器展开压缩的数据序列，扩展后的数据序列与原始数据序列几乎相同
expanded = compand(compressed, 255, maximum(data), "mu/expander")
```

输出如下：

```
expanded : 6-element Vector{Float64}:
1.9999999999999996
4.000000000000002
6.000000000000001
8.000000000000004
10.000000000000002
11.999999999999996
```

最后计算原始数据序列与扩展序列之间的差值：

```
#计算原始数据序列与扩展序列之间的差值
diffvalue = expanded - data
```

输出如下：

```
diffvalue : 6-element Vector{Float64}:
-4.440892098500626e-16
1.7763568394002505e-15
8.881784197001252e-16
3.552713678800501e-15
1.7763568394002505e-15
-3.552713678800501e-15
```

【例 3-4】利用 compand 函数使用 A 律压缩扩展器进行数据序列压缩和扩展。

首先生成数据序列：

```
#生成数据序列
data = collect(1:1:5)
```

输出如下：

```
data : 5-element Vector{Int64}: 1 2 3 4 5
```

然后使用 A 律压缩器压缩数据序列：

```
#使用 A 律压缩器压缩数据序列，将 A 律压缩器的系数设置为 87.6，压缩后的数据序列值在 3.5 到 5 之间
compressed = compand(data, 87.6, maximum(data), "A/compressor")
```

输出如下：

```
compressed : 5-element Vector{Float64}:
3.529597737385055
4.162865522831389
4.533303430232225
4.796133308277723
5.0
```

使用 A 律扩展器展开压缩的数据序列：

```
#使用 A 律扩展器展开压缩的数据序列，扩展后的数据序列与原始数据序列几乎相同
expanded = compand(compressed, 87.6, maximum(data), "A/expander")
```

输出如下：

```
expanded : 5-element Vector{Float64}:
1.0
2.0
3.0000000000000013
```

```
4.000000000000001
5.000000000000001
```

最后计算原始数据序列与扩展序列之间的差值：

```
#计算原始数据序列与扩展序列之间的差值
diffvalue = expanded - data
```

输出如下：

```
diffvalue : 5-element Vector{Float64}:
0.0
0.0
1.3322676295501878e-15
8.881784197001252e-16
8.881784197001252e-16
```

4）lloyds 函数

lloyds 函数能够优化标量量化的阈值和码本，它使用劳埃德（Lloyd）算法优化量化参数，用给定的训练序列向量优化初始码本，使量化的误差小于给定的容差。

它的调用格式如下。

（1）partition,codebook = lloyds(training_set, initcodebook)：对向量训练集中的训练数据优化标量量化参数 partition 和 codebook。training_set 是标量量化参数。长度至少为 2 的向量 initcodebook 是对初始码本的猜测。输出码本 codebook 是一个与 initcodebook 相同长度的向量。输出分区 partition 是一个长度比码本长度小 1 的向量。

（2）partition,codebook = lloyds(training_set, len)：与第一个调用格式基本相同，不同的是标量参数 len 表示向量码本的大小。此调用格式不包括初始码本猜测。

（3）(partition,codebook,distor) = lloyds(...)：除 partition,codebook 外，还返回可变失真器中的最终均方失真 distor。

（4）partition, codebook, distor, reldistor = lloyds(...)：除 partition,codebook,distor 外，还返回 reldistor，reldistor 为最后两次迭代之间失真的相对变化。

【例 3-5】通过一个 2 位通道优化正弦传输量化参数。

```
x = sin.((0:1000)*pi/500)
partition,codebook,distor,reldistor = lloyds(x,2^2)
```

运行程序，输出为

```
partition = [-0.5714935665987301, 0.003700593865962304, 0.5761108451820651],
codebook = [-0.8520209643932654, -0.2909661688041948, 0.2983673565361194, 0.8538543338280108],
distor = 0.020970597936600315,
reldistor = 0.0
```

【例 3-6】使用劳埃德算法优化量化参数。

```
training_set = sin.(collect(0:100) * pi / 500)
table, codebook, dist, reldist = lloyds(training_set, 8,0.0000001, true)
```

运行程序，结果如图 3-1 所示。

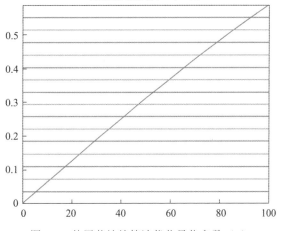

图 3-1　使用劳埃德算法优化量化参数（1）

```
t = collect(range(0, 100, 101))
t = reshape(t, 1, length(t))
training_set = sawtooth(3 * t)
training_set = training_set[:]
ini_codebook = collect(-1:0.1:1)
table, codebook, dist, reldist = lloyds(training_set, ini_codebook, 0.0000001, true)
```

再次运行程序，结果如图 3-2 所示。

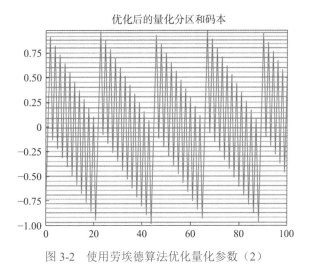

图 3-2　使用劳埃德算法优化量化参数（2）

5）quantiz 函数

quantiz 函数用于产生量化指标和量化输出值，它的调用格式如下。

（1）(index,quants,distor) = quantiz(sig,partition)：使用参数 partition 返回实数向量信号 sig 中的量化级别。其中 partition 是一个实数向量，其分量严格按升序排列。

（2）(index,quants,distor) = quantiz(sig,partition,codebook)：与第一个调用格式基本相同，只是多了参数 codebook，codebook 为量化中的每个 partition 规定了一个值，量化包含基于量化级和规定值的 sig 的量化。codebook 是一个向量，其长度比 partition 多 1。quants 是一个行

向量，其长度与 sig 的长度相同。quants 与 codebook 和 index 之间通过 quants[i] = codebook[index[i]+1] 相关联，其中 i 是介于 1 和 length(sig)之间的整数。

【例 3-7】产生量化指标和量化输出值。

```
samp = [-2.4, -1, -0.2, 0, 0.2, 1, 1.2, 2, 2.9, 3, 3.5, 5]
partition = [0, 1, 3]
codebook = [-1,0.5,2,3]
index,quants,distor=quantiz(samp,partition,codebook)
```

运行程序，输出如下。

```
index = 0, 0, 0, 0, 1, 1, 2, 2, 2, 2, 3, 3,
quants = -1.0, -1.0, -1.0, -1.0, 0.5, 0.5, 2.0, 2.0, 2.0, 2.0, 3.0, 3.0,
distort = 0.8866666666666667
```

【例 3-8】用训练序列和劳埃德算法，对一个正弦信号数据进行标量量化。

```
N = 2^6
t = (0:100)*pi/25
u = sin.(t)
p,c = lloyds(u,N)
index,quant,distor = quantiz(u,p,c)
plot(t,u,t,quant,"+")
```

运行程序，结果如图 3-3 所示。

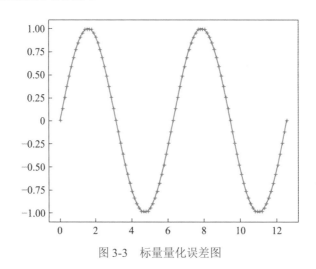

图 3-3　标量量化误差图

2. 编码模块

在 MWORKS 中，提供了 A 律压缩编码、μ 律压缩编码、差分编码和量化编码等模块，下面分别进行介绍。

1）A 律压缩编码模块

模拟信号的量化有两种方式：均匀量化和非均匀量化。均匀量化是把输入信号的取值范围等距离地分割成若干个量化区间，无论采样值大小怎样，量化噪声的均值、均方根固定不变。但实际应用中大多采用非均匀量化。比较常用的两种非均匀量化的方法是 A 律压缩编码和 μ 律压缩编码。

如果输入信号为 x，输出信号为 y，则 A 律压缩编码满足：

$$y = \begin{cases} \dfrac{A|x|}{1+\ln A}\mathrm{sgn}(x), 0 \leqslant x \leqslant \dfrac{V}{A} \\ \dfrac{V\left[1+\ln\left(\dfrac{A|x|}{V}\right)\right]}{1+\ln A}\mathrm{sgn}(x), \dfrac{V}{A} \leqslant x \leqslant V \end{cases}$$

式中，A 为 A 律压缩系数，最常采用的 A 值为 87.6；V 为输入信号的峰值；ln 为自然对数；sgn 函数为符号函数，当其输入为正时，输出为 1，当其输入为负时，输出为 0。

A 律压缩编码模块的输入无限制，如果输入为向量，则向量中的每个分量将会被单独处理。A 律压缩编码模块图标及参数设置面板如图 3-4 所示。

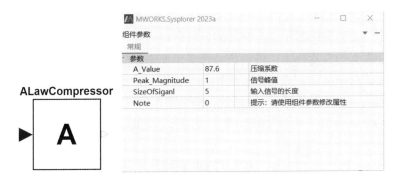

图 3-4　A 律压缩编码模块图标及参数设置面板

A 律压缩编码模块参数设置面板中包含三个参数（Note 提示使用组件参数修改属性，并非参数），下面分别对其进行简单说明。

（1）A_Value：用于指定压缩系数 A 的值。

（2）Peak_Magnitude：用于指定输入信号峰值 V。

（3）SizeOfSignal：用于指定输入信号的长度。

2）μ 律压缩编码模块

和 A 律压缩编码类似，如果输入信号为 x，输出信号为 y，则 μ 律压缩编码满足：

$$y = \frac{V\ln\left(1+\dfrac{\mu|x|}{V}\right)}{\ln(1+\mu)}\mathrm{sgn}(x)$$

式中，μ 为 μ 律压缩系数；V 为输入信号的峰值。

μ 律压缩编码模块的输入无限制，如果输入为向量，则向量中的每个分量将会被单独处理。μ 律压缩编码模块图标及参数设置面板如图 3-5 所示。

μ 律压缩编码模块参数设置面板中包含三个参数，下面分别对其进行简单说明。

（1）Mu_Value：用于指定压缩系数 μ 的值。

（2）Peak_Magnitude：用于指定输入信号峰值 V。

（3）SizeOfSignal：用于指定输入信号的长度。

图 3-5　μ 律压缩编码模块图标及参数设置面板

3）差分编码模块

差分编码又称增量编码，它用一个二进制数来表示前后两个采样信号之间的大小关系。在 MWORKS 中，差分编码器根据当前时刻之前的所有输入信息计算输出信号，这样在接收端即可只按照接收到的前后两个二进制信号恢复出原来的信息序列。

差分编码模块对输入的二进制信号进行差分编码，输出二进制形式的数据流。输入信号可以是标量、向量（包括帧格式的行向量）。如果输入信号为 $m(t)$，输出信号为 $d(t)$，那么 t_k 时刻的输出 $d(t_k)$ 不仅与当前时刻的输入信号 $m(t_k)$ 有关，而且与前一时刻的输出 $d(t_{k-1})$ 有关，公式如下：

$$\begin{cases} d(t_0) = m(t_0) \text{ XOR 初始条件参数值} \\ d(t_k) = d(t_{k-1}) \text{ XOR } m(t_k) \end{cases}$$

即输出信号取决于当前时刻及上一时刻所有的输入信号的数值。

差分编码模块图标及参数设置面板如图 3-6 所示。

图 3-6　差分编码模块图标及参数设置面板

差分编码模块参数设置面板中包含三个参数，下面分别对其进行简单说明。

（1）Initial_Condition：用于指定差分初值。

（2）Columns_or_Channels_of_Input：用于指定输入信号的维度，如果输入信号为多维的，则该参数应与输入信号的维度相匹配。

（3）SampleTime：差分编码的采样时间，正常情况下应保持与输入信号周期相匹配。

4）量化编码模块

量化编码模块用标量量化法来量化输入信号。它根据码本向量把输入信号转换成数字信号，并且输出量化指标、量化电平、编码信号和量化均方误差。模块的输入信号可以是标量、向量或矩阵。模块的输入与输出信号长度相同。

量化编码模块图标及参数设置面板如图 3-7 所示。

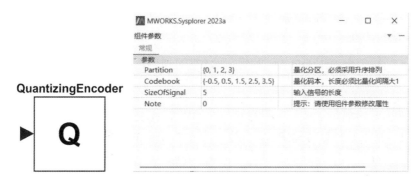

图 3-7　量化编码模块图标及参数设置面板

量化编码模块参数设置面板中包含三个参数，下面分别对其进行简单说明。

（1）Partition：量化分区，是一个长度为 n 的向量（n 为码元素）。该向量的分量必须采用升序排列。如果设该参量为 p，那么模块的输出 y 与输入 x 之间的关系满足：

$$y = \begin{cases} 0, x \leqslant p(1) \\ m, p(m) < x \leqslant p(m+1) \\ n, p(n) \leqslant x \end{cases}$$

（2）Codebook：用于指定量化码本，长度必须比量化间隔大 1。

（3）SizeOfSignal：用于指定输入信号的长度。

3.1.2　信源译码

1. 相关函数

1）arithdeco 函数

arithdeco 函数通过算术方法对二进制代码进行译码，它的调用格式如下：

```
dseq = arithdeco(code,counts,len)
```

arithdeco 函数译码 code 中的二进制代码以恢复相应的 len 符号序列。输入计数 counts 通过列出源字母表中的每个符号在测试数据集中出现的次数来指定源的统计信息。code 是 arithenco 函数的输出。

【例 3-9】使用 arithenco/arithdeco 函数实现二进制代码的编译码，验证译码后的序列是否与原始随机序列匹配。

```
counts = [99 1]
len = 1000
```

```
seq = randsrc(1,len,[1 2; .99 .01])          #生成随机序列
code = arithenco(seq, counts)                 #编码
dseq = arithdeco(code,counts,length(seq))     #译码
isequal(seq,dseq)                             #验证译码后的序列是否与原始随机序列匹配
```

运行程序，输出为

```
True
```

由以上结果可知，译码后的序列与原始序列是一致的。

2）dpcmdeco 函数

dpcmdeco 函数用于使用 DPCM 进行译码，它的调用格式如下：

```
(sig,quanterror) = dpcmdeco(index,codebook,predictor)
```

dpcmdeco 函数对向量 index 进行译码，向量码本 codebook 表示预测误差量化码本，向量预测器 predictor 指定预测传输函数。如果预测传输函数的预测阶数为 M，则预测器的长度为 $M+1$，初始项为 0。sig 是译码后的生成向量。quanterror 是基于量化参数的预测误差的量化，quanterror 与 sig 的大小相同。

【例 3-10】用训练数据优化 DPCM 参数，然后对一个锯齿波信号数据进行预测量化。

```
t = collect(0:(pi/50):(2*pi))
x = sawtooth(3 * t) #原始信号
initcodebook = collect(-1:0.1:1) #编码码本的初始预测
#优化 DPCM 参数，使用初始编码码本和顺序 1
predictor, codebook, partition = dpcmopt(x, 1, initcodebook)
#使用 DPCM 对 x 进行量化
encodedx, equant = dpcmenco(x, codebook, partition, vec(predictor))
#尝试从调制信号中恢复 x
decodedx, = dpcmdeco(encodedx, codebook, vec(predictor))
distor = sum((x .- decodedx) .^ 2) ./ length(x)
plot(t,x,t,equant,"*")
```

运行程序，结果如图 3-8 所示。

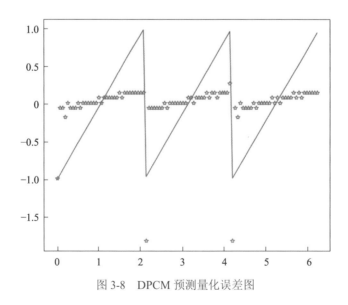

图 3-8　DPCM 预测量化误差图

2. 译码模块

MWORKS 也提供了对应的模块实现译码，接下来对译码模块进行介绍。

1）A 律译码模块

A 律译码模块用来恢复被 A 律压缩编码模块压缩的信号，它的执行过程与 A 律压缩编码模块正好相反。A 律译码模块的特征函数是 A 律压缩编码模块特征函数的反函数，如下所示。

$$x = \begin{cases} \dfrac{y(1+\ln A)}{A}, 0 \leqslant |y| \leqslant \dfrac{V}{1+\ln A} \\ \exp\left\{\left[|y|\dfrac{(1+\ln A)}{V-1}\right]\dfrac{V}{A}\mathrm{sgn}(y)\right\}, \dfrac{V}{1+\ln A} \leqslant |y| \leqslant V \end{cases}$$

A 律译码模块图标及参数设置面板如图 3-9 所示。

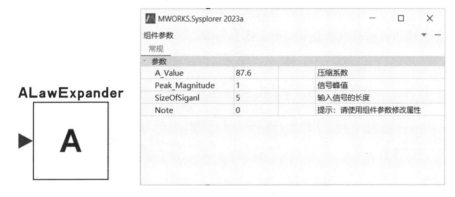

图 3-9　A 律译码模块图标及参数设置面板

A 律译码模块参数设置面板中包含三个参数，其含义如下。

（1）A_Value：用于指定压缩系数。

（2）Peak_Magnitude：用于指定信号峰值。

（3）SizeOfSignal：用于指定输入信号的长度。

2. μ 律译码模块

μ 律译码模块用来恢复被 μ 律压缩编码模块压缩的信号，它的执行过程与 μ 律压缩编码模块正好相反。μ 律译码模块的特征函数是 μ 律压缩编码模块特征函数的反函数，如下所示。

$$x = \frac{V}{\mu}\left[\mathrm{e}^{|y|\frac{\ln(1+\mu)}{V}} - 1\right]\mathrm{sgn}(y)$$

μ 律译码模块图标及参数设置面板如图 3-10 所示。

μ 律译码模块参数设置面板中包含三个参数，其含义如下。

（1）Mu_Value：用于指定压缩系数。

（2）Peak_Magnitude：用于指定信号峰值。

（3）SizeOfSignal：用于指定输入信号的长度。

图 3-10　μ 律译码模块图标及参数设置面板

3. 差分译码模块

差分译码模块对输入信号进行差分译码，模块的输入与输出均为二进制信号，且输入与输出之间的关系和差分编码模块中两者的关系相同。

差分译码模块图标及参数设置面板如图 3-11 所示。

图 3-11　差分译码模块图标及参数设置面板

差分译码模块参数设置面板中包含三个参数，其含义如下。

（1）Initial_Condition：表示差分初值。

（2）Columns_or_Channels_of_Input：表示输入信号的维度，如果输入信号为多维的，则该参数应与输入信号的维度相匹配。

（3）SampleTime：表示差分编码的采样时间，正常情况应保持与输入信号周期相匹配。

4. 量化译码模块

量化译码模块用于从量化信号中恢复信息，它执行的是量化编码模块的逆过程。模块的输入信号是量化的区间号，可以是标量、向量或矩阵。如果输入为向量，那么向量的每个分量将被分别单独处理。量化译码模块中输入信号与输出信号的长度相同。

量化译码模块图标及参数设置面板如图 3-12 所示。

量化译码模块参数设置面板中包含两个参数，其含义如下。

Codebook：表示量化码本。

SizeOfIndex：表示输入信号索引的长度。

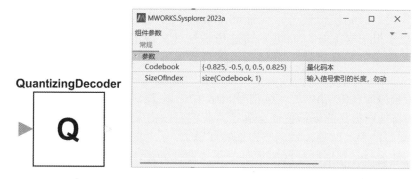

图 3-12　量化译码模块图标及参数设置面板

3.2 模拟信号的采样

3.2.1 低通采样定理

模拟信号通常是在时间上连续的信号。采样是指在一系列离散的信号点上，对信号抽取样值，如图 3-13 所示。图中 $m(t)$ 是一个模拟信号，在相等的时间间隔 T_s 上，对 $m(t)$ 进行采样操作。在理论上，采样过程可视为用周期性单位冲激脉冲和此模拟信号 $m(t)$ 相乘。采样的结果是得到一系列周期性冲激脉冲，其面积和模拟信号的取值成正比。实际上，通常会用周期性窄脉冲代替冲激脉冲与模拟信号相乘。

学习视频

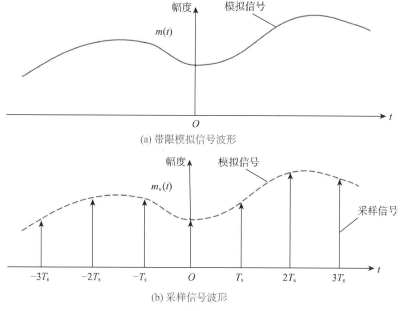

(a) 带限模拟信号波形

(b) 采样信号波形

图 3-13　模拟信号的采样

采样所得的离散冲激脉冲明显和原始的连续模拟信号形状不一样。但我们可以证明，当对一个带宽有限的连续模拟信号进行采样操作时，如果采样频率足够大，那么这些采样值既能够完全代表原始模拟信号，又能够准确地恢复出原始模拟信号的波形。因此，不一定需要传输模拟信号本身，而可以通过传输这些离散的采样值使接收端恢复出原始的模拟信号。采样定理正是对这一采样频率条件进行了描述，为模拟信号的数字化奠定了理论基础。

一个频带被限制在$(0, f_H)$内的连续信号 $x(t)$，如果以 $T_s \leq 1/(2 f_H)$的时间间隔对它进行均匀采样，则 $x(t)$将被所得到的采样值完全确定，我们可以由采样序列无失真地重建原始信号。$T_s=1/(2 f_H)$是采样的最大间隔，称为奈奎斯特间隔。

设 $x(t)$为低通信号，采样脉冲序列是一个周期性冲激函数$\delta_T(t)$，采样信号可看成是 $x(t)$与$\delta_T(t)$相乘的结果，即

$$x_s(t) = x(t)\delta_T(t) = x(t)\sum_{n=-\infty}^{\infty}\delta(t-nT_s) = \sum_{n=-\infty}^{\infty}x(nT_s)\delta(t-nT_s)$$

根据频域卷积定理，$x_s(t)$的频域表达式为

$$X_s(\omega) = \frac{1}{2\pi}\left[X(\omega) \times \delta_T(\omega)\right] = \frac{1}{T_s}\left[X(\omega) \times \sum_{n=-\infty}^{\infty}\delta(\omega-n\omega_s)\right] = \frac{1}{T_s}\sum_{n=-\infty}^{\infty}X(\omega-n\omega_s)$$

由上式可见，在ω_s的整数倍（$n = \pm 1, \pm 2, \cdots$）处存在 $X(\omega)$的复制频谱。采样后信号的频谱是原信号的频谱平移nf_s后叠加而成的，因此如果不发生频谱重叠，则可以通过低通滤出原信号。

如果采样频率$\omega_s < 2\omega_H$，即采样间隔 $T_s > 1/(2 f_H)$，则采样信号的频谱会发生混叠现象，此时不可能无失真地重建原始信号。

让采样后的信号 $X_s(\omega)$通过截止频率为ω_H的低通滤波器，其只允许低于ω_H的频率分量通过，会滤除更高的频率分量，从而恢复出原来被采样的信号 $X(\omega)$。滤波器的作用相当于用一个门函数与 $X_s(\omega)$相乘。低通滤波器的特性在时域上就是采样信号与冲激响应 $h(t)$做卷积运算，即

$$\hat{x}(t) = x_s(t) \times h(t) = \frac{1}{T_s}\sum_{n=-\infty}^{\infty}f(nT_s)\text{Sa}\left[\omega_H(t-nT_s)\right]$$

式中，$\text{Sa}(t)=\sin t/t$ 就是 $h(t)$，也就是 $H(\omega)$的傅里叶逆变换。

下面通过 MWORKS 中的仿真模块来加深我们对采样定理的理解。

【例 3-11】输入信号为频率为 10Hz 的正弦波，在不同的采样频率下，对同一输入信号恢复其不同形态，采样仿真框图如图 3-14 所示。

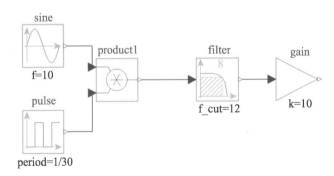

图 3-14　采样仿真框图

（1）采样频率大于信号频率的 2 倍。

各模块设置如下。

sine 模块位于 Sources 中，参数设置如图 3-15 所示。

pulse 模块位于 Sources 中，采样频率取值为 30Hz，大于信号频率的 2 倍，参数设置如图 3-16 所示。

filter 模块位于 Continuous 中，参数设置如图 3-17 所示。

gain 模块位于 Math 中，参数设置为 10。

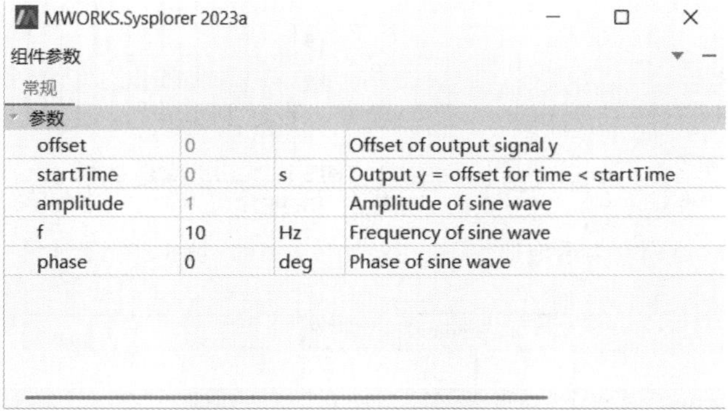

offset	0		Offset of output signal y
startTime	0	s	Output y = offset for time < startTime
amplitude	1		Amplitude of sine wave
f	10	Hz	Frequency of sine wave
phase	0	deg	Phase of sine wave

图 3-15　sine 模块参数设置

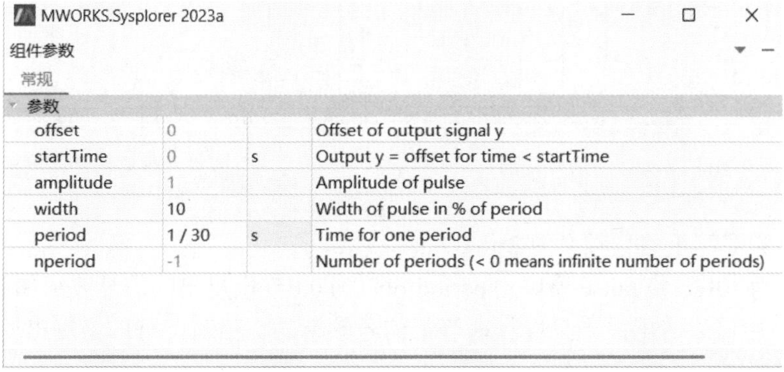

offset	0		Offset of output signal y
startTime	0	s	Output y = offset for time < startTime
amplitude	1		Amplitude of pulse
width	10		Width of pulse in % of period
period	1 / 30	s	Time for one period
nperiod	-1		Number of periods (< 0 means infinite number of periods)

图 3-16　pulse 模块参数设置

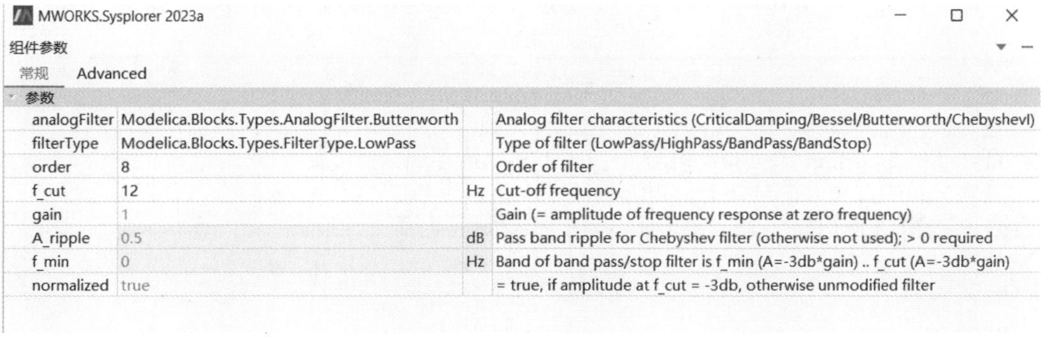

analogFilter	Modelica.Blocks.Types.AnalogFilter.Butterworth		Analog filter characteristics (CriticalDamping/Bessel/Butterworth/ChebyshevI)
filterType	Modelica.Blocks.Types.FilterType.LowPass		Type of filter (LowPass/HighPass/BandPass/BandStop)
order	8		Order of filter
f_cut	12	Hz	Cut-off frequency
gain	1		Gain (= amplitude of frequency response at zero frequency)
A_ripple	0.5	dB	Pass band ripple for Chebyshev filter (otherwise not used); > 0 required
f_min	0	Hz	Band of band pass/stop filter is f_min (A=-3db*gain) .. f_cut (A=-3db*gain)
normalized	true		= true, if amplitude at f_cut = -3db, otherwise unmodified filter

图 3-17　filter 模块参数设置

原始的信号波形如图 3-18 所示。频率为 30Hz 的脉冲采样信号波形如图 3-19 所示。采样后的信号波形如图 3-20 所示。通过低通滤波器后恢复出的信号波形如图 3-21 所示。

从图 3-18 与图 3-21 的对比中可以看出，当采样频率大于信号最高频率的 2 倍时，可以恢复出原始波形。

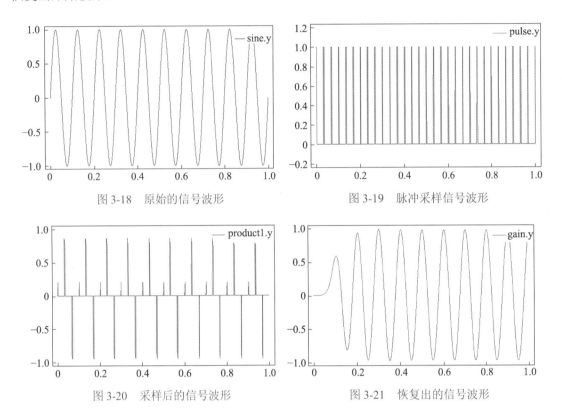

图 3-18　原始的信号波形　　　　　　　　图 3-19　脉冲采样信号波形

图 3-20　采样后的信号波形　　　　　　　图 3-21　恢复出的信号波形

（2）采样频率等于信号频率的 2 倍。

采样频率为 20Hz，将 pulse 模块的 period 设置为 0.05，恢复出的信号波形如图 3-22 所示。

从图 3-22 中可以看出，当采样频率等于信号频率的 2 倍时，可以恢复出原始波形。

（3）采样频率小于信号频率的 2 倍。

采样频率为 5Hz，将 pulse 模块的 period 设置为 0.2，恢复出的信号波形如图 3-23 所示。

从图 3-23 中可以看出，当采样频率小于信号频率的 2 倍时，恢复出的信号波形出现失真。

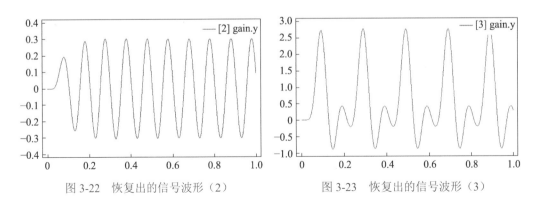

图 3-22　恢复出的信号波形（2）　　　　　图 3-23　恢复出的信号波形（3）

3.2.2 带通采样定理

上一节讨论了低通模拟信号的采样，本节讨论带通模拟信号的采样。设带通模拟信号的频率被限制在 f_L 和 f_H 之间，即其频谱最低频率大于 f_L，最高频率小于 f_H，信号带宽 $B=f_H-f_L$。可以证明，此带通模拟信号所需的最小采样频率 f_s 为

$$f_s = 2B\left(1+\frac{k}{n}\right)$$

式中，B 为信号带宽；n 为 f_H/B 的整数部分($n=1,2,\cdots$)；k 为 f_H/B 的小数部分($0\leq k<1$)。

带通采样定理从频域上很容易解释。当信号最高频率 f_H 等于信号带宽 B 的整数倍时，即 $f_H=nB$ 时（n 为大于 1 的整数），按照低通采样定理，采样频率若满足 $f_s=2nB$ 条件，则采样后的频谱不会发生重叠。然而，按照带通采样定理，若采样频率满足 $f_s=2B$，则采样后的频谱仍然不会发生重叠。

当信号最高频率 f_H 不等于信号带宽 B 的整数倍时，即当 $f_H=nB(1+k/n)(0\leq k<1)$ 时，若要求采样后频谱仍然不发生重叠，则需要满足其他条件。例如，当 $n=3$，$f_H=3B(1+k/3)=(3+k)B$ 时，若满足 $2f_H=3f_s$，即 $2(3+k)B=3f_s$，则采样后的频谱不发生重叠。

从 $n=3$ 推广到 n 等于任何正整数的一般情况，若要求采样后的频谱不发生重叠，需要满足

$$2\left(n+k\right)B = nf_s \ 或 \ f_s = 2B\left(1+\frac{k}{n}\right)$$

当，$f_L=0$ 时，$f_s=2B$，这就是低通模拟信号的采样情况；当 f_L 很大时，f_s 趋近于 $2B$。f_L 很大，意味着这个信号是一个窄带信号。许多无线电信号，如在无线电接收机的高频和中频系统中的信号，都是这种窄带信号。所以对这种信号进行采样时，无论 f_H 是否为 B 的整数倍，理论上，都可以近似地将 f_s 取为略大于 $2B$ 的值。此外，顺便指出，对于频带受限的广义平稳随机信号，上述采样定理也同样适用。

3.3 采样信号的量化

模拟信号经过采样之后变成了在时间上离散的信号，但其在幅度上仍然是连续的，其仍然是模拟信号，需要进行量化才能成为数字信号。下面讨论模拟采样信号的量化过程。

利用预先规定的有限个电平来表示模拟采样值的过程称为量化。量化后的采样值称为量化值，也叫量化电平；量化值的个数称为量化级；相邻两个量化值之差称为量化间隔。

经过量化之后，采样值的取值会发产生变化，无限取值的 $m(t)$ 会变为有限取值的 $m_q(t)$。但是接收端只能恢复出量化后的信号，即 $m_q(t)$，而不能恢复出原始的信号，即 $m(t)$。所以恢复的信号与原始信号之间存在误差。量化过程中丢失的信息是不能恢复的，因此量化是一个信息有损的过程，量化带来的信息损失称为量化误差或量化噪声，通常用均方误差来衡量。

假设$v(t)$是均值为零、概率密度为$f(x)$的平稳随机过程，取值范围为(a,b)，并用简化符号m表示$m(kT_s)$，m_q表示$m_q(kT_s)$。量化误差$e=m-m_q$通常称为绝对量化误差。相同的量化误差对于不同大小信号的影响是不同的，因此在衡量系统性能时应该看噪声与信号的相对大小，也就是绝对量化误差和信号的比值，称为相对量化误差。相对量化误差反映了量化性能，用量化信噪比$\left(S/N_q\right)$来表示，$\left(S/N_q\right)$即信号功率和量化噪声功率之比：

$$\frac{S}{N_q}=\frac{E\left(m^2\right)}{E\left[\left(m-m_q\right)^2\right]}$$

信号功率为

$$S=E(m^2)=\int_a^b x^2 f\left(x\right)\mathrm{d}x$$

量化噪声功率为

$$N_q=E\left[\left(m-m_q\right)^2\right]=\int_a^b\left(x-m_q\right)^2 f\left(x\right)\mathrm{d}x$$

3.3.1 标量量化

量化可分为标量量化和矢量量化。标量量化是指对每个信号采样值进行量化，矢量量化是指对一组信号采样值进行量化。标量量化又可分为均匀量化和非均匀量化。均匀量化的量化间隔相等，非均匀量化的量化间隔不相等。

MWORKS中提供了quantiz函数用于产生量化指标和量化输出，具体调用格式在前面已经介绍过了。

【例3-12】量化间隔端点的向量 partition 取值为[0,1,3]，每个区间的取值为[-1,0.5,2,3]，输入量化的离散信号为[-2.4, -1, -0.2, 0, 0.2, 1, 1.2, 1.9, 2, 2.9, 3, 3.5, 5]，先按照规则手动进行计算，再用 MWORKS 提供的quantiz函数进行结果验证。

（1）quants=-1　　　　if　　　　$\text{sig}\leqslant 0$

（2）quants=0.5　　　　if　　　　$0<\text{sig}\leqslant 1$

（3）quants=2　　　　if　　　　$1<\text{sig}\leqslant 3$

（4）quants=3　　　　if　　　　$3<\text{sig}$

根据以上规则，输出 quants=[-1, -1, -1, -1, 0.5, 0.5, 2, 2, 2, 2, 2, 3, 3]。

用 MWORKS 提供的quantiz函数进行结果验证：

```
partition = [0,1,3]
codebook = [-1,0.5,2,3]
sig = [-2.4, -1, -0.2, 0, 0.2, 1, 1.2, 1.9, 2, 2.9, 3, 3.5, 5]
(index, quants) = quantiz(sig, partition, codebook)
```

运行程序，可以得到：

```
index = [0, 0, 0, 0, 1, 1, 2, 2, 2, 2, 2, 3, 3],
quants = [-1.0, -1.0, -1.0, -1.0, 0.5, 0.5, 2.0, 2.0, 2.0, 2.0, 2.0, 3.0, 3.0],
distor = 0.8192307692307691
```

通过 MWORKS 程序的运行结果可知，计算结果正确。

3.3.2　均匀量化

在均匀量化中，每个量化区间的量化值均取各区间的中点。量化间隔取决于采样值取值的变化范围和量化级。

在一定的取值范围内，均匀量化的量化误差只与量化间隔有关。如果量化间隔确定，无论采样值是多少，均匀量化的噪声功率都是相同的。当增大量化级，减小量化间隔时，量化误差会减小。但在实际应用中，不能一味增大量化级，这会使系统的复杂性大大增加，而应该根据量化信噪比的要求去确定量化级。

【例 3-13】对一个正弦信号进行均匀量化，并在图像中显示出原始信号和量化后的信号。

```
t = 0:0.15:3*pi
sig = sin.(t)
partition = [-1,-0.8,-0.6,-0.4,-0.2,0,0.2,0.4,0.6,0.8,1]
codebook = [-1, -0.9, -0.7, -0.5, -0.3, -0.1, 0.1, 0.3, 0.5, 0.7, 0.9, 1]
index, quants, distor1 = quantiz(sig, partition, codebook)
plot(t, sig, "x", t, quants, ".")
axis([-0.2 7 -1.2 1.2])
legend(["原始信号", "量化后的信号"])
```

运行程序，结果如图 3-24 所示。

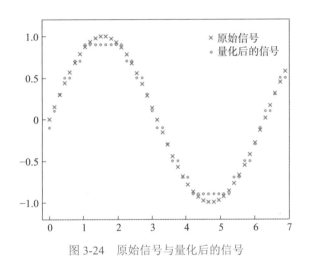

图 3-24　原始信号与量化后的信号

【例 3-14】增大量化级，观察量化级与量化误差之间的关系。

```
t = 0:0.15:3*pi
sig = sin.(t)
partition=[-1,-0.9,-0.8,-0.7,-0.6,-0.5,-0.4,-0.3,-0.2,-0.1,0,0.1,0.2,0.3,0.4,0.5,0.6,0.7,0.8,0.9,1]
codebook = [-1, -0.95, -0.95, -0.75, -0.65, -0.55, -0.45, -0.35, -0.25, -0.15, 0.05, 0.05, 0.15, 0.25, 0.35, 0.45, 0.55, 0.65,0.75, 0.85,
0.95, 1]
index, quants, distor1 = quantiz(sig, partition, codebook)
plot(t, sig, "x", t, quants, ".")
axis([-0.2 7 -1.2 1.2])
legend(["原始信号", "量化后的信号"])
```

运行程序，结果如图 3-25 所示。

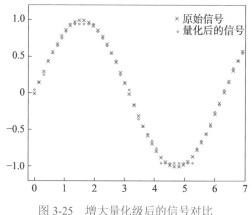

图 3-25　增大量化级后的信号对比

对比例 3-13 和例 3-14 的结果可以得到，在均匀量化中，量化级越大，量化误差越小，量化后的信号越接近原始信号。

在均匀量化中，幅度大的信号和幅度小的信号的绝对量化误差是相同的，但是同样大的噪声对幅度大的信号的影响要小于对幅度小的信号的影响。因此可以采用非均匀量化的量化方法来提高幅度小的信号的信噪比，而又不会过多地增大量化级。

3.3.3　非均匀量化

非均匀量化根据信号的不同区间来确定不同的量化间隔，也就是对幅度小的信号采用较小的量化间隔，对幅度大的信号采用较大的量化间隔。

非均匀量化的实现方法是将采样值压缩后进行均匀量化，这种方法称为压缩扩展法。

非均匀量化的压缩特性通常为对数压缩特性，压缩器的输出和输入之间近似呈对数关系，目前常用两种对数压缩器，分别是 A 律压缩器和 μ 律压缩器，其压缩特性分别如下：

$$y = \begin{cases} \dfrac{Ax}{1+\ln A}, & 0 \leqslant x \leqslant \dfrac{1}{A} \\[3mm] \dfrac{1+\ln Ax}{1+\ln A}, & \dfrac{1}{A} \leqslant x \leqslant 1 \end{cases}$$

$$y = \frac{\ln(1+\mu x)}{\ln(1+\mu)}, 0 \leqslant x \leqslant 1$$

式中，y 为归一化的压缩器输出电压，即实际输出电压和可能输出电压之比；x 为归一化的压缩器输入电压，即实际输入电压和可能输入电压之比；A、μ 为压缩系数，表示压缩程度。

MWORKS 中提供了 compand 函数用于进行 A 律和 μ 律压缩扩展计算，其调用格式已经在上文中介绍过了。

【例 3-15】进行 $\mu = 255$ 的 μ 律压缩和扩展，输入向量 in 为[1,2,3,4,5,6,7]，输入信号峰值为 7。

```
compressed = compand(1:7, 255, 7, "mu/compressor")
```

运行结果如下：

```
compressed =
4.572809569544866
```

```
5.4308323547251645
5.936964350809167
6.297257351228018
6.577222421490995
6.806228211679022
7.000000000000001
```

由结果可知，输出 compressed 与输入 in 的峰值的维数相同。

以相同的条件对 compressed 进行 µ 律扩展：

```
expanded = compand(compressed, 255, 7, "mu/expander")
```

运行结果如下：

```
expanded =
1.0000000000000004
1.9999999999999998
3.0
4.000000000000004
4.999999999999999
6.0
7.000000000000004
```

由结果可知，恢复了原始输入向量 in。从上例中可以看出，虽然单独的压缩或者扩展对信号进行的是非线性变换，但是压缩特性和扩展特性合成之后是一条直线，信号通过压缩后再通过扩展等同于通过线性电路，保证了不失真。

【例 3-16】均匀量化与非均匀量化的误差比较。

```
Mu = 255
sig = collect(-5:0.1:5)
sig1 = exp.(sig)
V = maximum(sig1)
index, quants, distor = quantiz(sig1, collect(0:1:floor.(V)), collect(0:1:ceil.(V)))

compsig = compand(sig1, Mu, V, "mu/compressor")
index1, quants1, distor1 = quantiz(compsig, collect(0:1:floor.(V)), collect(0:1:ceil.(V)))
newsig = compand(quants1, Mu, maximum(quants1), "mu/expander")
distor2 = sum((newsig - sig1).^2)/length(sig1)
distor, distor2
```

运行程序，可以得到distor, distor2 的值分别为 0.5578934859124913 和 0.14072599521705215。

程序第一部分，采用相同量化间隔进行量化，即均匀量化，误差的返回值是 distor。

程序第二部分，虽然采用了相同的参数 partition 和 codebook 进行量化，但是在量化之前进行了 μ 律压缩，属于非均匀量化，误差的返回值是 distor2。

由结果可以看出，很明显，非均匀量化产生的误差小于均匀量化产生的误差，说明非均匀量化对于提高信噪比有帮助。

3.4 脉冲编码调制

脉冲编码调制（PCM）是将连续的模拟信号转换成离散的数字信号的过程，是模/数转换的实例化。在调制过程中，先对模拟信号每隔一定时间进行采样，使其离散化，同时将采样值按分层单位四舍五入取整量化，再将采样值用一组二进制码表示为采样脉冲的幅值。

学习视频

在 A 律 13 折线编码中，普遍采用 8 位二进制码形式，对应有 $M=2^8=256$ 个量化级，即正、负输入幅度范围内各有 128 个量化级。每根折线为一个区间，有正负各 8 个区间。每个区间又可均匀量化成 16 个量化电平。13 折线编码中的码位按照极性码、段落码、段内码的顺序安排。

在 13 折线编码中，虽然各段内的 16 个量化级是均匀的，但是因为区间长度不相等，所以不同区间的量化级是非均匀的。编码小信号时，区间短，量化间隔小；反之，量化间隔大。

A 律 PCM 的编码规则如下：

极性码　　段落码　　　段内码

C_1　　　　$C_2C_3C_4$　　　$C_5C_6C_7C_8$

其中：

C_1——极性码，1 为正，0 为负，表示信号的正、负极性；

$C_2C_3C_4$——段落码，表示信号绝对值处在 8 个区间的哪个区间中；

$C_5C_6C_7C_8$——段内码，表示区间中的 16 个均匀量化级。

段落码和段内码分别如表 3-1 和表 3-2 所示。

表 3-1　段落码

段落序号	段落码		
	C_2	C_3	C_4
8	1	1	1
7	1	1	0
6	1	0	1
5	1	0	0
4	0	1	1
3	0	1	0
2	0	0	1
1	0	0	0

表 3-2　段内码

量化级	段内码			
	C_5	C_6	C_7	C_8
15	1	1	1	1
14	1	1	1	0
13	1	1	0	1
12	1	1	0	0
11	1	0	1	1
10	1	0	1	0
9	1	0	0	1
8	1	0	0	0
7	0	1	1	1
6	0	1	1	0
5	0	1	0	1
4	0	1	0	0
3	0	0	1	1
2	0	0	1	0
1	0	0	0	1
0	0	0	0	0

为了确定采样值的幅度所在的段落和量化级，必须知道每个段落的起始电平和各段内的量化间隔。在 A 律 13 折线编码中，由于各段的长度不等，因此各段内的量化间隔也是不同的。

第 1 段、第 2 段最短，只有归一化值的 1/128，将它等分为 16 级，每个量化间隔为

$$\Delta = \frac{1}{128} \times \frac{1}{16} = \frac{1}{2048}$$

式中，Δ 表示最小的量化间隔，称为一个量化单位，它仅有输入信号归一化值的 1/2048。

第 8 段最长，它的每个量化间隔为

$$\left(1 - \frac{1}{2}\right) \times \frac{1}{16} = \frac{1}{32} = 64\Delta$$

即第 8 段包含 64 个最小量化间隔。若以 Δ 为单位，则各段的起始电平 I_i 和各段内量化间隔 ΔV_i 如表 3-3 所示。

表 3-3　段落起始电平和段内量化间隔

段落序号	段落码 $C_2C_3C_4$	段落范围（量化单位）	段落起始电平（量化单位）	段内量化间隔（量化单位）
8	1 1 1	1024~2048	1024	64
7	1 1 0	512~1024	512	32
6	1 0 1	256~512	256	16
5	1 0 0	128~256	128	8
4	0 1 1	64~128	64	4
3	0 1 0	32~64	32	2
2	0 0 1	16~32	16	1
1	0 0 0	0~16	0	1

以上是非均匀量化的情况。若以 Δ 为量化间隔进行均匀量化，则 13 折线编码正极性的 8 个段落所包含的均匀量化级数分别为 16、16、32、64、128、256、512、1024，共计 2048 = 2^{11} 个量化级或量化电平，需要进行 11 位（线性）编码。而非均匀量化只有 128 个量化电平，只需要进行 7 位（非线性）编码。由此可见，在保证小信号量化间隔相同的条件下，非均匀量化的编码位数少，所需传输系统的带宽小。

【例 3-17】设输入信号采样值为+1065 个量化单位，按照 A 律 13 折线特性将其编成 8 位码。量化单位为输入信号归一化值的 1/2048。

```
x = +1065
out = zeros(1, 8)
if (x > 0)
   out[1] = 1
else
   out[1] = 0
end

if (abs(x) >= 0) & (abs(x) < 16)
   out[2] = 0
   out[3] = 0
   out[4] = 0
   步骤 = 1
   st = 0
elseif (16 <= abs(x)) & (abs(x) < 32)
   out[i, 2] = 0
   out[3] = 0
   out[4] = 1
   步骤 = 1
```

```
        st = 16
    elseif (32 <= abs(x)) & (abs(x) < 64)
        out[2] = 0
        out[3] = 1
        out[4] = 0
        步骤 = 2
        st = 32
    elseif (64 <= abs(x)) & (abs(x) < 128)
        out[2] = 0
        out[3] = 1
        out[4] = 1
        步骤 = 4
        st = 64
    elseif (128 <= abs(x)) & (abs(x) < 256)
        out[2] = 1
        out[3] = 0
        out[4] = 0
        步骤 = 8
        st = 128
    elseif (256 <= abs(x)) & (abs(x) < 512)
        out[2] = 1
        out[3] = 0
        out[i, 4] = 1
        步骤 = 16
        st = 256
    elseif (512 <= abs(x)) & (abs(x) < 1024)
        out[2] = 1
        out[3] = 1
        out[i, 4] = 0
        步骤 = 32
        st = 512
    elseif (1024 <= abs(x)) & (abs(x) < 2048)
        out[2] = 1
        out[3] = 1
        out[4] = 1
        步骤 = 64
        st = 1024
    else
        out[2] = 1
        out[3] = 1
        out[4] = 1
        步骤 = 64
        st = 1024
    end

    if (abs(x) >= 2048)
        out[2:8] = [1 1 1 1 1 1 1]
    else
        tmp = floor((abs(x) - st) / 步骤)
        t = dec2bin(tmp, 4)
        c = collect(t)
        a = Int.(c)
        for i in 1:4
            a[i] = a[i] - 48
        end
        out[5:8] = a[1:4]
    end
    out = reshape(out, (1, 8))
```

运行程序，结果显示+1065 的 A 律 PCM 编码为 1 1 1 1 0 0 0 0。它表示输入采样值处于第 8 段 0 量化级，其量化电平为 1024 个量化单位，量化误差为 41 个量化单位。

3.5 差分脉冲编码调制

在 PCM 中，对每个采样值都进行独立编码，这就导致需要较多的位数进行编码。然而，相邻采样值间有一定的相关性，利用其相关性对相邻样值进行编码就是差分 PCM（差分脉冲编码调制，简称 DPCM）。DPCM 是最广泛的预测量化方法，预测量化是指根据前面传输的信号来预测下一个信号。DPCM 在发送端对预测误差进行量化，得到量化编码，在接收端使用译码器将量化编码恢复。

学习视频

在预测编码中，对每个采样值不是进行独立编码，而是先根据前几个采样值计算出一个预测值，再取当前采样值和预测值的差，对此差值进行编码并传输。此差值称为预测误差。语音信号等连续变化的信号，其相邻采样值之间有一定的相关性，这个相关性使信号中含有冗余信息。由于采样值及其预测值之间有较强的相关性，即采样值和其预测值非常接近，使此预测误差的可能取值范围比采样值的变化范围小，因此可以少用几位二进制码来对预测误差进行编码，从而降低其比特率。若此预测误差的变化范围较小，则它包含的冗余度也小。这就是说，可以利用减小冗余度的办法，降低编码比特率。

MWORKS 提供了函数 dpcmenco 和 dpcmdeco 来进行信源编码和译码，在前面的内容中已经对这两个函数进行了介绍，下面我们利用这两个函数来完成信源编码和译码，并比较编译码前后的信号。

【例 3-18】用 DPCM 量化当前信号与前一信号的差值，预测器为 $y(k) = x(k-1)$，完成对一锯齿信号的编码和译码。

```
predictor = [0,1]
partition = collect(-1:0.1:0.9)
codebook = collect(-1:0.1:1)
t = 0:pi/50:2*pi
x = sawtooth(3 * t)
encodedx, quants = dpcmenco(x, codebook, partition, predictor)
decodedx, quants = dpcmdeco(encodedx, codebook, predictor)
plot(t, x, t, decodedx, "--")
distor = sum((x - decodedx).^2)/length(x)
```

运行程序，得到 distor = 0.023，结果如图 3-26 所示。

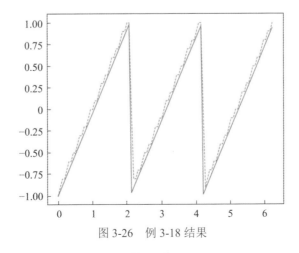

图 3-26 例 3-18 结果

图 3-26 同时表示出了原始信号和编译码后的信号，实线表示原始锯齿信号，虚线表示编译码后的信号。从图 3-26 中可以看出，两个信号之间存在误差，通过计算，误差 distor=0.023。

3.6 数字压缩编码

学习视频

数据可分为数字数据和模拟数据。例如，银行账目是数字数据，而声音、温度、压力等是模拟数据。与压缩语音和图像不同，在压缩数据时常不允许有任何损失，因此我们压缩数据时只能通过无损压缩的方法。我们需要选用一种高效的编码表示信源数据，以减小信源数据的冗余度，并减小其平均位数，这种高效的编码必须易于实现并能将数据逆变换回原信源数据。信源的熵 $H(x)$ 表示信源中每个字符所含信息量的统计平均值，减小信源数据的冗余度，就相当于增大信源的熵。因此，这样的编码又可以称为熵编码。

对于等概率出现的离散数据，熵的计算公式为

$$H(x) = \log_2 \frac{1}{P(x)} = -\log_2 P(x)$$

对于非等概率的情况，熵的计算公式为

$$H(x) = P(x_1)[-\log_2 P(x_1)] + P(x_2)[-\log_2 P(x_2)] + \cdots + P(x_M)[-\log_2 P(x_M)]$$
$$= -\sum_{i=1}^{M} P(x_i) \log_2 P(x_i) (\text{bit} / \text{字符})$$

一个有限离散信源可以用一组不同字符 $x_i (i = 1, 2, \ldots, N)$ 的集合 $X(N)$ 表示。$X(N)$ 又称信源字符表，表中的字符为 $x_1, x_2, \cdots, x_N$。信源字符表可以是二进制码字形式的，也可以是多字符形式的。非二进制字符可以通过一个字符编码表映射为二进制码字。标准的字符二进制码字是等长的，等长码中代表每个字符的码字的长度是相同的，但是各字符所含有的信息量是不同的。含信息量小的字符的等长码必然有更多的冗余度。所以，为了压缩占用空间，通常使用变长码。变长码中的每个码字的长度是不相同的。我们希望字符的码长能够与该字符出现的概率成反比，当所有字符以等概率出现时，其编码才是等长的。

等长码可以用计数的方法确定字符的分解，而变长码则不然。当接收端收到一长串变长码时，不一定能够确定每个字符的分界处。例如，信源字符表中包含 3 个字符 a、b 和 c，我们为其设计出 4 种变长码，如表 3-4 所示。其中，按"码 1"编码产生的序列 10111，在接收端可以译码为 babc、babbb 或 bacb，不能确定。按"码 2"编码也有类似的结果。所以它们不是唯一可译码。可以验证，表中"码 3"和"码 4"是唯一可译码。唯一可译码必须能够逆映射为原信源字符。

表 3-4 4 种变长码

字符	码 1	码 2	码 3	码 4
a	0	1	0	0
b	1	01	01	10
c	11	11	011	110

唯一可译码又可以按照是否需要参考后继码元译码，分为即时可译码和非即时可译码。非即时可译码需要参考后继码元译码。例如，表 3-4 中的"码 3"是非即时可译码，因为当发送 ab，收到 001 后，尚不能确定将其译为 ab，必须等待下一个码元，若下一个码元是 0，则将其译为 ab，否则将其译为 ac。可以验证，表中的"码 4"是即时可译码。即时可译码又称无缀前码。无缀前码中，没有一个码字是任何其他码字的前缀。

当采用二进制码字表示信源中的字符时，若字符 x_i 的二进制码长等于 n_i，则信源字符表 $X(N)$ 的二进制码字的平均码长为

$$\overline{n} = \sum_{i=1}^{N} n_i P(x_i)(\text{bit}/\text{字符})$$

式中，$P(x_i)$ 为 x_i 出现的概率。

当希望信道以平均码长的速率传输变长码时，编码器需要有容量足够大的缓冲器调节码流速率，使送入信道的码流不致速率过快或中断。

综上所述，为了压缩数据，通常采用变长码以获得较好的压缩效果。常见的这类编码方法有霍夫曼（Huffman）编码、香农-费诺（Shannon-Fano）编码等。接下来将对霍夫曼编码进行介绍。

霍夫曼编码是一种无前缀变长码。对于给定熵的信源，使用霍夫曼编码能得到最小平均码长，它是效率最高的编码。我们用有 8 个字符的信源字符表来说明霍夫曼编码的编码方法。

图 3-27 显示了霍夫曼编码的过程。设信源的输出字符为 $x_1, x_2, x_3, x_4, x_5, x_6, x_7, x_8$，图 3-27 中给出了各个输出字符对应的出现概率。如果采用等长码对信源字符进行编码，则码长将为 3.0。而采用霍夫曼编码方法时，先把它们按照概率不增大的顺序排列，然后将概率最小的两个信源字符 x_7 和 x_8 合并。

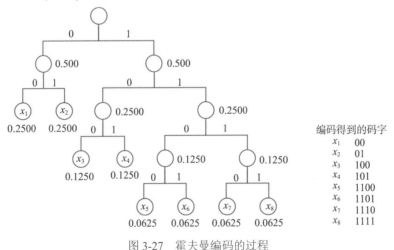

图 3-27　霍夫曼编码的过程

为上面的字符 x_7 分配二进制数"0"作为其码字的最后一个码元，并为下面的字符 x_8 分配二进制数"1"作为其码字的最后一个码元（"0"和"1"的分配是任意的，也可以对调，即为 x_7 分配"1"，为 x_8 分配"0"，但是在同一个编码过程中，该分配应该是一致的）。将 x_7 和 x_8 合并后作为一个复合字符，并令其概率等于 x_7 和 x_8 的概率之和，即 0.1250，将

由此新得出的一组字符仍然按照概率不增大的顺序排列。按照上述步骤再执行一遍，先将字符 x_5 和 x_6 合并，再将合并结果与 x_7 和 x_8 合并后的字符合并，如此执行到最后，就得到了一个树状结构，从树的最上端向下追踪，得到编码输出码字，编码结果显示在图 3-27 中的右下角。表 3-5 给出了此码平均码长的计算过程，将最后一列求和，可得平均码长 $\bar{n} = \sum_{i=1}^{8} n_i P(x_i) = 2.75$。

表 3-5　平均码长的计算过程

字符	$P(x_i)$	码字	n_i	$n_i P(x_i)$
x_1	0.2500	00	2	0.5
x_2	0.2500	01	2	0.5
x_3	0.1250	100	3	0.375
x_4	0.1250	101	3	0.375
x_5	0.0625	1100	4	0.25
x_6	0.0625	1101	4	0.25
x_7	0.0625	1110	4	0.25
x_8	0.0625	1111	4	0.25

我们引入两个反映压缩编码性能的指标，即压缩比和编码效率。压缩比是指压缩前（采用等长码）每个字符的平均码长与压缩后每个字符的平均码长之比。在上例中，压缩比等于 3/2.75=1.09。编码效率等于编码后的字符平均信息量（熵）与编码平均码长之比。在上例中，编码后的字符平均信息量（熵）为

$$2\left[-\frac{1}{4}\log_2\left(\frac{1}{4}\right)\right] + 2\left[-\frac{1}{8}\log_2\left(\frac{1}{8}\right)\right] + 4\left[-\frac{1}{16}\log_2\left(\frac{1}{16}\right)\right] = 2.75(\text{bit})$$

只有当字符出现概率有很大不同，且字符表中有足够多的字符时，才能获得很高的编码效率。当信源字符表中字符数目较少且字符出现概率的差别不大时，为了提高编码效率，需要使信源字符表中有足够多的字符。这时我们可以从原信源字符表中导出一组新的字符（称为扩展码），构成一个更大的信源字符表。下面举例说明这一扩展方法。

假设原信源字符表中仅有三个字符 x_1，x_2 和 x_3，三字符霍夫曼编码过程如图 3-28 所示。

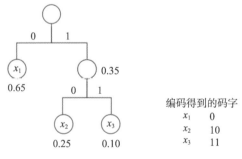

图 3-28　三字符霍夫曼编码过程

平均码长的计算过程如表 3-6 所示。通过计算得出，其平均码长 $\bar{n}$ =1.35，压缩比为 1.48，编码效率为 91.6%。

表 3-6　平均码长的计算过程

字符	$P(x_i)$	码字	n_i	$n_iP(x_i)$
x_1	0.65	0	1	0.65
x_2	0.25	10	2	0.50
x_3	0.10	11	2	0.20

为了改进其编码性能，可以将原信源字符表按照表 3-7 进行扩展。扩展后的信源字符表如表 3-7 左边第一列所示。扩展后的霍夫曼编码过程如图 3-29 所示。扩展后的霍夫曼编码的平均码长 $\bar{n}$ 为 2.5025（双字符）即 1.25125（单子符），压缩比为 2/1.25125≈1.6。扩展后的新信源字符表的熵等于 2.471，编码效率等于 2.471/2.5025=98.7%。和前面的三字符编码相比，扩展后的霍夫曼编码的压缩比和编码效率均有提高。若想进一步提高，还可以用信源字符表做二次扩展，即用三个信源字符 $x_ix_jx_k$ 组成二次扩展信源字符表。当然，编码效率最高只能达到 100%，即平均码长不可能小于字符平均信息量（熵）。

表 3-7　扩展后平均码长的计算过程

字符	$P(x_i)$	码字	n_i	$n_iP(x_i)$
$A = x_1x_1$	0.4225	1	1	0.4225
$B = x_1x_2$	0.1625	000	3	0.4875
$C = x_1x_3$	0.0650	0100	4	0.26
$D = x_2x_1$	0.1625	001	3	0.4875
$E = x_2x_2$	0.0625	0110	4	0.25
$F = x_2x_3$	0.0250	01111	5	0.125
$G = x_3x_1$	0.0650	0101	4	0.26
$H = x_3x_2$	0.0250	011100	6	0.15
$I = x_3x_3$	0.0100	011101	6	0.06

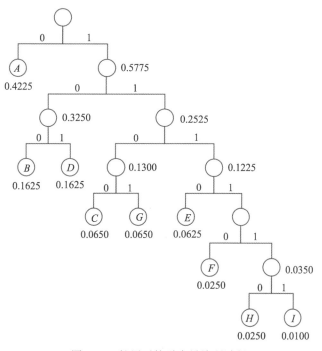

图 3-29　扩展后的霍夫曼编码过程

85

在计算扩展码时，我们已经假设信源字符表中的各字符 x_i 是独立的。因此有 $P(x_i, x_j) = P(x_i) P(x_j)$。若字符间有相关性，则扩展码中字符的出现概率可能差别更大，会取得更好的压缩效果。

3.7 图像压缩编码

图像压缩编码是指在满足一定保真度的要求下，对图像数据进行变换、编码和压缩，去除多余数据，减少表示数字图像时需要的数据量，以便图像的存储和传输，即以较少的数据量有损或无损地表示原来的像素矩阵的技术。图像压缩可分为有损压缩和无损压缩两类。有损压缩是不可逆的，即通过压缩后的数据无法完全恢复出原来的图像，信息有一定的损失。无损压缩是可逆的，即通过压缩后的数据可以完全恢复出原来的图像，信息没有损失。

此外，图像又可分为静止图像（图片）和动态图像，所以图像压缩又可分为静止图像压缩和动态图像压缩两种，本节将对这两种压缩编码方法进行介绍。

3.7.1 静止图像压缩编码

静止图像是由许多二维像素构成的，且各邻近像素之间都有相关性。我们可以用 DPCM 或者其他的预测方法对其进行编码，仅传输预测误差，从而压缩数据率。

在图像压缩编码中，经常在变换域中进行有损压缩，即先对时域中的数字图像信号进行某种变换，然后在变换域中对其进行压缩。可以采用的变换有离散傅里叶变换（DFT）、离散余弦变换（DCT）、沃尔什变换（WT）、小波（Wavelet）变换等。简单起见，下面以沃尔什变换为例，说明在变换域中压缩图像的基本原理。

先将数字图像信号的像素分割为 4×4 的子块方阵，然后进行二维沃尔什变换：

$$S = \frac{1}{4^2} WsW$$

式中，S 为变换域变换系数矩阵；s 为像素矩阵；W 为沃尔什矩阵，具体如下：

$$W = \begin{bmatrix} + & + & + & + \\ + & + & - & - \\ + & - & - & + \\ + & - & + & - \end{bmatrix}$$

其中，符号"+"代表 1，"-"代表-1。

若像素值恒定，均等于 2，即

$$s = \begin{bmatrix} 2 & 2 & 2 & 2 \\ 2 & 2 & 2 & 2 \\ 2 & 2 & 2 & 2 \\ 2 & 2 & 2 & 2 \end{bmatrix}$$

则在变换域中

$$S = \frac{1}{16}\begin{bmatrix} + & + & + & + \\ + & + & - & - \\ + & - & - & + \\ + & - & + & - \end{bmatrix}\begin{bmatrix} 2 & 2 & 2 & 2 \\ 2 & 2 & 2 & 2 \\ 2 & 2 & 2 & 2 \\ 2 & 2 & 2 & 2 \end{bmatrix}\begin{bmatrix} + & + & + & + \\ + & + & - & - \\ + & - & - & + \\ + & - & + & - \end{bmatrix} = \frac{1}{16}\begin{bmatrix} 32 & 0 & 0 & 0 \\ 0 & 0 & 0 & 0 \\ 0 & 0 & 0 & 0 \\ 0 & 0 & 0 & 0 \end{bmatrix}$$

矩阵 S 仅左上角的元素非 0，此左上角元素代表其直流分量。

若像素矩阵 s 为纵条形图案矩阵，即

$$s = \begin{bmatrix} 2 & 0 & 2 & 0 \\ 2 & 0 & 2 & 0 \\ 2 & 0 & 2 & 0 \\ 2 & 0 & 2 & 0 \end{bmatrix}$$

则矩阵 S 中的非 0 元素仅位于第一行，即

$$S = \frac{1}{16}\begin{bmatrix} + & + & + & + \\ + & + & - & - \\ + & - & - & + \\ + & - & + & - \end{bmatrix}\begin{bmatrix} 2 & 0 & 2 & 0 \\ 2 & 0 & 2 & 0 \\ 2 & 0 & 2 & 0 \\ 2 & 0 & 2 & 0 \end{bmatrix}\begin{bmatrix} + & + & + & + \\ + & + & - & - \\ + & - & - & + \\ + & - & + & - \end{bmatrix} = \frac{1}{16}\begin{bmatrix} 16 & 0 & 0 & 16 \\ 0 & 0 & 0 & 0 \\ 0 & 0 & 0 & 0 \\ 0 & 0 & 0 & 0 \end{bmatrix}$$

若像素矩阵 s 为横条形图案矩阵，即

$$s = \begin{bmatrix} 2 & 2 & 2 & 2 \\ 0 & 0 & 0 & 0 \\ 2 & 2 & 2 & 2 \\ 0 & 0 & 0 & 0 \end{bmatrix}$$

则变换后得到

$$S = \frac{1}{16}\begin{bmatrix} + & + & + & + \\ + & + & - & - \\ + & - & - & + \\ + & - & + & - \end{bmatrix}\begin{bmatrix} 2 & 2 & 2 & 2 \\ 0 & 0 & 0 & 0 \\ 2 & 2 & 2 & 2 \\ 0 & 0 & 0 & 0 \end{bmatrix}\begin{bmatrix} + & + & + & + \\ + & + & - & - \\ + & - & - & + \\ + & - & + & - \end{bmatrix} = \frac{1}{16}\begin{bmatrix} 16 & 0 & 0 & 0 \\ 0 & 0 & 0 & 0 \\ 0 & 0 & 0 & 0 \\ 16 & 0 & 0 & 0 \end{bmatrix}$$

矩阵 S 中的非 0 元素仅位于第一列。

一般而言，变换后的矩阵 S 中非 0 元素主要集中于左上半区域，而右下半区域中的元素值多为 0（或者很小，经过量化后等于 0）。在发送时，每个像素是按照串行方式一个一个发送的，像素按照图 3-30 中虚线所示的"Z"字形顺序发送。这样，图中右下半区域的像素组成长串 0，从而我们可以用高效的编码方法压缩此长串 0，使图像得到压缩。这就是为什么图像压缩常在变换域中进行的原因。

上面虽然仅以沃尔什变换为例说明了变换压缩的基本原理，但是此原理同样适用于其他变换。在实际应用中，常用的是离散

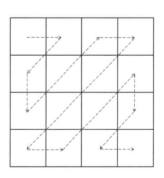

图 3-30　像素发送顺序

余弦变换（DCT）。

最广泛应用的静止图像压缩标准是国际标准 ISO/JPEG 10918-1 或 ITU-T T.81，通常称其为 JPEG。在 JPEG 标准中，首先对彩色原始图像像素的亮度分量 Y 和色差分量（U 和 V）按照 2:1 的比例进行采样，将图像的数据量压缩为原来的一半。然后，进行二维 8×8 像素子块的 DCT。由于 DCT 的左上角元素（直流分量）值在相邻子块之间通常差别不大，因此单独对其进行 DPCM，其他 DCT 系数另行量化。对量化后的信号再进行编码，编码分为两步。第一步是对 0 值像素进行游程长度编码（RLE）。RLE 是一种用两字节进行编码的方法，第一字节用于表示相同像素重复的次数，第二字节是具体像素值。在 JPEG 标准中，按照"Z"字形顺序发送时，若在 8×8 像素子块的 DCT 矩阵右下半区域中有 8 个连"0"，则 RLE 的第一字节表示"8"，第二字节表示"0"。第二步是进行无损霍夫曼编码。

在 JPEG 标准的基础上，ISO 又制定出了改进的标准 JPEG2000，它采用小波变换代替 DCT。此新标准除在压缩特性方面有了改进以外，最重要的改进是提高了码流的灵活性，例如，为了降低分辨率，人们可以随意截短码流。

3.7.2　动态图像压缩编码

动态图像是由许多帧静止图像构成的，可以看成是三维图像，其邻近帧的像素之间也有相关性。所以，动态图像压缩可以视为在静止图像压缩（如 JPEG 压缩）的基础上设法减小邻近帧之间的相关性。

由 ISO 制定的动态图像压缩国际标准称为 MPEG，是一系列标准，包括 MPEG-1，MPEG-2，MPEG-4，MPEG-7。由 ITU-T 制定的动态图像压缩标准包括 H.261，H.262，H.263 和 H.264。这两个系列标准的压缩方案基本相同。下面将以 MPEG-2 为例，简要介绍基本压缩原理。

MPEG-2 将若干帧动态图像分为一组，每组中的帧可分为三类：I 帧、P 帧和 B 帧。其中，I 帧采用帧内编码，P 帧采用预测编码，B 帧采用双向预测编码。在一组编码中，P 帧和 B 帧的数目可多可少，也可以没有，但是不能只有 P 帧和 B 帧，而没有 I 帧。P 帧和 B 帧应位于两个 I 帧之间，如 IBBPBBPBB（I），构成一图片组（GOP），如图 3-31 所示。

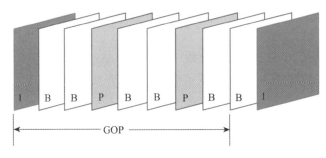

图 3-31　MPEG 标准的三类帧

I 帧的压缩采用标准的 JPEG 算法。它是被当作静止图像处理的，其压缩算法与前后邻近帧无关。两个 I 帧之间的时间间隔是可以调节的，最小间隔为 1 帧，这时两个 I 帧是相邻的；

最大间隔决定于存储器的容量。此外，动态图像的剪辑只能在 I 帧处进行。执行剪辑的时间通常不允许超过 0.5s，所以此时两个 I 帧之间的间隔应限制为不超过 15 帧。

P 帧利用和前一个 I 帧或 P 帧（作为参考帧）的相关性可以得到更大的压缩。将当前待压缩的 P 帧分为 16×16 像素的宏块（Macroblock），对于每个宏块，在参考帧中寻找与其最匹配的宏块，将两者的偏移量编码为"动态矢量"，此偏移量常为 0。但是，若此图片中的某些部分是动态的，则此偏移量可能是"向右 26 个像素和向上 8 个像素"。两个宏块的匹配通常不是理想的，为了校正此误差，可对这两个宏块的所有对应像素之差进行编码，附于动态矢量之后。当找不到适当的匹配宏块时，可把此宏块当作一个 I 帧宏块处理。

对 B 帧的处理类似于对 P 帧的处理，不过 B 帧利用了前后两图片作为参考帧。因此 B 帧通常比 P 帧能获得更大的压缩。注意，B 帧不能作为参考帧。

I 帧仅利用减小图像的空间相关性进行压缩，P 帧和 B 帧除利用图像的空间相关性外，还利用图像的时间相关性进行压缩。

本 章 小 结

本章讨论了通信系统信源编码的两个基本功能，即模拟信号的数字化和信源压缩。模拟信号数字化的目的是使模拟信号能够在数字通信系统中传输。模拟信号数字化需要经过三个步骤，即采样、量化和编码。

采样的理论基础是采样定理。采样定理指出，对一个频带被限制在 $0 \leqslant f < f_H$ 内的低通模拟信号进行采样时，若最低采样频率不小于奈奎斯特采样频率 $2f_H$，则能够无失真地恢复原模拟信号。对于一个带宽为 B 的带通信号而言，采样频率应不小于 $\left[2B + 2(f_H - nB)/n\right]$。但是，需要注意的是，并不是任何大于 $\left[2B + 2(f_H - nB)/n\right]$ 的采样频率都可以从采样信号中无失真地恢复出原模拟信号。

采样后的信号仍然是模拟信号，但是在时间上是离散的。时间上离散的模拟信号可以被变换成不同的模拟脉冲调制信号。

采样信号的量化分为两类，即标量量化和矢量量化。采样信号的标量量化有两种：一种是均匀量化；另一种是非均匀量化。采样信号量化后的量化误差又称量化噪声。

量化后的信号变成了数字信号。但是，为了适合传输和存储，通常用编码的方法将其变换成二进制信号的形式，常用的编码方式是 PCM 和 DPCM。

信源压缩编码可分为两类，即有损压缩和无损压缩。数据信号不允许有任何损失，所以需要采用无损压缩。而图像信号的少许失真不会被人眼察觉，所以通常可以采用有损压缩。

对于数据压缩而言，由于有限离散信源中各个字符的信息含量不同，为了压缩，通常采用变长码。为了确定变长码每个字符的分界处，需要采用唯一可译码。唯一可译码又可以按照是否需要参考后继码元译码，分为即时可译码和非即时可译码。即时可译码又称无前缀码。霍夫曼编码是一种常用的无前缀变长码，它在最小码长意义上是最佳。反映数据压缩编码性能的指标有压缩比和编码效率。压缩比是压缩前（采用等长码）每个字符的平均码长与压缩后每个字符的平均码长之比。编码效率等于编码后的字符平均信息量（熵）与编码平均码长之比。当信源字符表中字符数目较少和出现概率的差别不是很大时，为了提高编码效率，可以采用扩展字符表的方法。

图像压缩可分为静止图像压缩和动态图像压缩两类。静止图像压缩利用邻近像素之间的相关性进行，且常在变换域中进行，是有损压缩。应用最广泛的静止图像压缩国际标准是JPEG。动态图像压缩利用邻近帧的像素之间的相关性进行。应用最广泛的动态图像压缩国际标准是 MPEG。

习 题 3

1. 模拟信号在采样后，是否变成了时间离散和取值离散的信号？
2. 试述矢量量化和标量量化的区别。
3. 反映数据压缩编码性能的指标是哪两个？试述其定义。
4. 使用 lloyds 函数通过一个 3 位通道优化正弦传输量化参数。
5. 对一个正弦信号进行均匀量化，并在图像中显示出原始信号和量化后的信号。
6. 用训练序列和劳埃德算法，对一个正弦信号数据进行标量量化。

第 4 章
通信系统的信道编码

　　本章讨论通信系统的信道编码。信道编码在通信系统中起着关键作用，其能够增加数据传输的可靠性和抗干扰性。在设计信道编码时，首先需要对信号和噪声进行理论分析。对信号进行分析时，常利用傅里叶变换这一重要工具，其能够帮助我们获取有效的信号信息，在通信系统的信道编码设计中有着重要意义；对噪声进行分析时，常利用随机过程的知识，其能够量化噪声这一重要的干扰因素，便于在编码时有针对性地克服这一不利因素。

　　信息在通过信道传输时，会受到噪声的干扰，此时可以利用信道编码技术进行检错和纠错，克服噪声，并提高通信质量。信道编码为通信系统提供了有效的工具，以确保信息能够可靠地传输，并为信息的安全性和完整性提供了坚实的保障。在实际应用中，差错控制编码是常用的一类信道编码技术，在本章中，我们将深入介绍基于差错控制编码技术的其他几类编码方式，使读者更好地理解信道编码技术的重要性。

通过本章的学习，读者可以了解（或掌握）：

❖　信号的基本概念。

❖　信号处理技术的原理与应用。

❖　随机过程的基本概念与应用。

❖　信道的基本概念与应用。

❖　信道编译码技术与应用。

4.1 信号系统

信号是一个描述范围广泛的物理概念，是信息传输的载体。在电信系统中，传输的是电信号。为了能够将信息通过线路传输出去，需要把信息转换成电信号的某个参量（幅度、频率、相位等）。为了研究信息传输时的相关参量，我们需要利用相关数学概念进行研究，本节将介绍相关概念。

4.1.1 傅里叶变换

许多通信系统中的信号都是周期信号，其在一定时间间隔上呈现出相同形式，且基于一定时间间隔不断重复，在数学形式上，若满足狄利克雷条件，则基于欧拉公式可以把周期为 $T_0 = 1/f_0$ 的信号以 $\mathrm{e}^{\mathrm{i}\cdot 2\pi nf_0 t}\,(n=-\infty,...,\infty)$ 为正交基展开为

$$x(t) = \sum_{n=-\infty}^{\infty} x_n \mathrm{e}^{\mathrm{i}2\pi nf_0 t}$$

其中，x_n 称为傅里叶级数的系数，频率 f_0 一般称为周期信号的基波频率。

$f_n = nf_0$ 为第 n 次谐波的频率，依据复指数函数的正交性可得：

$$x_n = \frac{1}{T_0} \int_{-T_0/2}^{T_0/2} x(t)\mathrm{e}^{-\mathrm{i}2\pi nf_0 t}\mathrm{d}t$$

傅里叶级数还有复数展开式，定义复数形式的傅里叶系数为 a_n，其展开式的形式是各个整数倍基波频率 nf_0 的谐波函数之和，具体形式如下：

$$x_n = A_n(f_0)\mathrm{e}^{\mathrm{i}\phi_n(f_0)}$$

其中，A_n 为幅度谱；ϕ_n 为相位谱。基于此，我们可以在频域内依据幅度谱和相位谱来表示一个周期函数。通常地，对 $A_n(f_0)$ 和 $\phi_n(f_0)$ 作图时，我们称该图为 $x(t)$ 的离散频谱图。

对于实周期信号 $x(t)$，傅里叶级数系数具有 Hermitian 对称性，可得到 $a_{-n} = a_n^*$，由此可以将其展开为以三角函数为正交基的傅里叶级数：

$$x(t) = \frac{a_0}{2} + \sum_{n=1}^{\infty} a_n \cos(2\pi nf_0 t) + b_n \sin(2\pi nf_0 t)$$

其中，傅里叶系数表达式为

$$a_n = \frac{2}{T_0} \int_{-T_0/2}^{T_0/2} x(t)\cos(2\pi nf_0 t)\mathrm{d}t$$

$$b_n = \frac{2}{T_0} \int_{-T_0/2}^{T_0/2} x(t)\sin(2\pi nf_0 t)\mathrm{d}t$$

特殊地，对于 $n=0$，有 $a_0=2x_0$，$b_0=0$。

依据三角函数的合成关系，我们可以得到：

$$x(t) = \frac{a_0}{2} + \sum_{n=1}^{\infty} c_n \cos\left(2\pi n f_0 t + \theta_n\right)$$

其中

$$c_n = \sqrt{a_n^2 + b_n^2}$$

$$\theta_n = -\arctan\frac{a_n}{b_n}$$

对于上述不同的傅里叶展开式，它们的傅里叶系数有以下关系：

$$c_n = |x_n| = A_n$$

$$a_n = 2\mathrm{Re}\left(x_n\right)$$

$$b_n = -2\mathrm{Im}\left(x_n\right)$$

$$\theta_n = \arg\left(x_n\right) = \phi_n$$

由于正弦函数是奇函数，在周期信号为偶函数时，对于以正弦函数为正交基的傅里叶级数展开式部分，其正交基系数 $a_n=0$，x_n 为实数，其展开式全部由余弦函数构成。反之，若周期信号是奇函数，则其以余弦函数为正交基的傅里叶级数展开式的正交基系数 $b_n=0$，x_n 为纯虚数，展开式全部由正弦函数构成。

【例 4-1】利用 MWORKS.Syslab 对一个周期为 $T_0=4\mathrm{s}$ 的矩形信号做傅里叶级数展开，并绘制离散频谱图。

```
function progression(T1, T0, m)
    #矩形信号区间为 (-T1/2,T1/2)
    #矩形信号串周期为 T0
    #傅里叶级数展开次数为 m
    t1 = -T1/2:0.01:T1/2
    t2 = T1/2:0.01:(T0-T1/2)
    t = [(t1 .- T0); (t2 .- T0); t1; t2; (t1 .+ T0)]
    n1 = length(t1)
    n2 = length(t2) #依据周期矩形信号函数周期计算点数
    f = [ones(n1, 1); zeros(n2, 1); ones(n1, 1); zeros(n2, 1); ones(n1, 1)]#构造周期矩形信号串
    y = zeros(m + 1, length(t))
    y[m+1, :] = f
    figure(1)#依照图像生成顺序编写序号，使多幅图像共同显示
    plot(t, y[m+1, :])#绘制周期矩形信号串
    axis([-(T0 + T1 / 2) - 0.5 (T0 + T1 / 2) + 0.5 0 1.2])
    xticks([-T0, -T1 / 2, T1 / 2, T0])
    xticklabels(["-T0", "-T1 / 2", "T1 / 2", "T0"])
    title("矩形信号串")
    grid("on")
    a = T1 / T0
    freq = -20:20
    mag = abs.(a .* sinc.(a .* freq))
    figure(2)
    stem(freq, mag)#绘制离散幅度谱
    title("离散频谱图")
    grid("on")
```

```
    global x = a * ones(size(t))
    #绘制各次谐波信号叠加图像
    for k = 1:m
        global x = x .+ 2 * a .* sinc.(a .* k) * cos.(2 * pi * t .* k / T0)
        y[k, :] = x #计算叠加信号和
        figure(k + 2)
        plot(t, y[m+1, :])
        plot(t, y[k, :])
        grid("on")
        axis([-(T0 + T1 / 2) - 0.5 (T0 + T1 / 2) + 0.5 -0.5 1.2])
        title(string(k, "次谐波叠加"))
        xlabel("时间/s")

    end

end
progression(5,10,20)#调用函数，设置参数
```

图 4-1～图 4-4 为运行结果，依次是矩形信号串时域图、离散频谱图、1 次谐波叠加图和 3 次谐波叠加图。

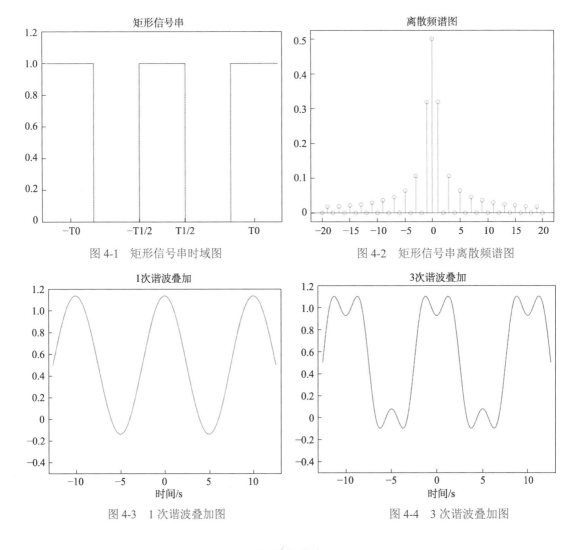

图 4-1　矩形信号串时域图　　　　　　　图 4-2　矩形信号串离散频谱图

图 4-3　1 次谐波叠加图　　　　　　　　图 4-4　3 次谐波叠加图

通过上述对傅里叶变换的介绍，我们可以了解到，它是一种以三角函数为基底的周期变换。傅里叶级数能够使我们在频域中更加直观地观测信号形式，分析信号内含有的不同频率分量。但是，在现实世界中，也有许多非周期信号需要分析，此时，傅里叶级数的周期信号要求不被满足，因此我们需要借助新的工具来对非周期信号进行频域分析。

对于一个非周期信号，由它的定义出发，其第二个周期在时域内永远不可能出现，在数学上，我们可以认为其周期趋近于无穷大。当我们把非周期信号的周期取值为无穷大时，傅里叶级数就变成了傅里叶变换，由于傅里叶变换可用于对非周期信号进行分析，因此其被广泛应用于信号处理领域。信号函数 $x(t)$ 的傅里叶变换定义如下：

$$F\big[x(t)\big] = X(f) = \int_{-\infty}^{\infty} x(t)\mathrm{e}^{-\mathrm{i}\cdot 2\pi ft}\mathrm{d}t$$

其逆变换的形式如下：

$$F^{-1}\big[X(f)\big] = x(t) = \int_{-\infty}^{\infty} X(f)\mathrm{e}^{\mathrm{i}\cdot 2\pi ft}\mathrm{d}f$$

$x(t)$ 与 $X(f)$ 通常称为傅里叶变换对，$x(t)$ 是时域中信号的表现形式，$X(f)$ 是频域中信号的表现形式。类比周期信号的傅里叶级数，我们将 $X(f)$ 称为信号 $x(t)$ 的频谱。对于实际的信号，$X(f)$ 一般是复解析函数，$X(f)$ 的表现形式如下：

$$X(f) = A(f)\mathrm{e}^{\mathrm{i}\phi(f)}$$

对应的 $A(f) = |X(f)|$ 称为幅度谱，$\phi(f)$ 称为相位谱。

【例 4-2】借助 MWORKS.Syslab 中计算傅里叶变换的函数 fft，绘制 $\mathrm{e}^{-|a|t}u(t)$ 信号的幅度谱和相位谱，其中 $u(t)$ 是阶跃函数。

```
function sexpft(alpha, t)
    a = abs(alpha)
    ut = t -> heaviside(t)
    xt = exp.(-a .* t) .* ut.(t)
    plot(t, xt)
    axis([0 3 0 1])
    title("波形图")
    figure(0)
    Xf = fft(xt)
    #Xf = fftshift(Xf)#对数组进行移位，使得 0 频率分量位于数组中心
    Xf_abs = abs.(Xf)#使用 abs 函数来计算幅度谱
    subplot(1, 2, 1)
    plot(Xf_abs)
    xlabel("f")
    title("幅度谱")
    subplot(1, 2, 2)
    pha = atan.(imag.(Xf) ./ real.(Xf))#计算相位谱
    plot(pha)
    title("相位谱")
    xlabel("频率/Hz")
end
t = 0:0.1:4;
alpha = 1;
```

```
sexpft(alpha,t)#调用函数并设置参数
```

运行结果如图 4-5、图 4-6 所示。

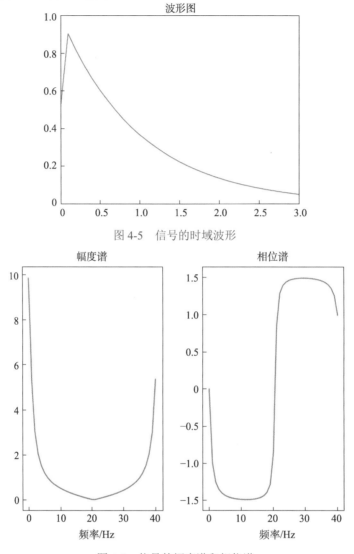

图 4-5　信号的时域波形

图 4-6　信号的幅度谱和相位谱

一个信号函数 $x(t)$ 可以进行傅里叶变换的充分条件是其满足狄利克雷条件，函数 $x(t)$ 有有限个第一类间断点且绝对可积，即

$$\int_{-\infty}^{\infty} |x(t)| \mathrm{d}t < \infty$$

此外，傅里叶积分变换还有一个较弱的充分条件，就是信号函数平方绝对可积，即

$$E = \int_{-\infty}^{\infty} |x(t)|^2 \mathrm{d}t < \infty$$

其中，E 在实际应用中代表信号能量，对于现实的大部分物理信号来说，其能量必定是有限

的，因此正常通信时的信号一般都是可以进行傅里叶变换的。

傅里叶变换有以下性质。

（1）线性叠加性：线性组合的信号的傅里叶变换是相应信号的傅里叶变换的线性组合。

$$a_1 x_1(t) + a_2 x_2(t) = a_1 X_1(f) + a_2 X_2(f)$$

（2）对偶性：

$$X(t) = x(-f)$$

（3）时移：时域信号的位移会导致频域信号的相位变化。

$$x(t - T_0) \leftrightarrow X(f) \mathrm{e}^{-\mathrm{i}2\pi f T_0}$$

（4）调制：时域信号与复指数函数做乘法运算会导致频域信号的频率变化。

$$x(t) \mathrm{e}^{\mathrm{i}2\pi f_c t} \leftrightarrow X(f - f_c)$$

（5）尺度变换：时域信号的扩展会导致频域信号的压缩。

$$x(at) \leftrightarrow \frac{1}{|a|} X\left(\frac{f}{a}\right)$$

（6）微分性质：时域信号对时间的微分会转换为频域信号乘以 $\mathrm{i}2\pi f$。

$$\frac{\mathrm{d}^n x(t)}{\mathrm{d}t} = (\mathrm{i}2\pi f)^n X(f)$$

（7）积分性质：时域信号对时间的积分会转换为频域信号乘以 $(\mathrm{i}2\pi f)^{-1}$。

$$\int_{-\infty}^{t} x(\tau) \mathrm{d}\tau = (\mathrm{i}2\pi f)^{-1} X(f) + \frac{1}{2} X(0) \delta(f)$$

（8）卷积：时域信号的卷积运算会转换为频域信号的乘法运算。

$$x(t) * h(t) \leftrightarrow X(f) H(f)$$

（9）帕瓦塞尔定理：

$$\int_{-\infty}^{\infty} x_1(t) x_2^*(t) \mathrm{d}t = \int_{-\infty}^{\infty} X_1(f) X_2^*(f) \mathrm{d}f$$

若 $x_1(t) = x_2(t) = x(t)$，则上式可转换为

$$\int_{-\infty}^{\infty} |x(t)|^2 \mathrm{d}t = \int_{-\infty}^{\infty} |X(f)|^2 \mathrm{d}f$$

表 4-1 给出了常用的傅里叶变换对。

表 4-1　常用的傅里叶变换对

函数类型	函数定义	频谱
矩形脉冲函数	$\Pi\left(\dfrac{t}{T}\right)$	$\operatorname{sinc}\left(\dfrac{\pi}{t}\right)$
三角函数	$\wedge\left(\dfrac{t}{T}\right)$	$T\left[\operatorname{sinc}\left(\dfrac{\pi}{t}\right)\right]^2$
单位阶跃函数	$u(t)$	$\dfrac{1}{2}\delta(f) + \dfrac{1}{\mathrm{i}2\pi f}$

函数类型	函数定义	频谱
正负号函数	$\mathrm{sgn}(t)$	$\dfrac{1}{\mathrm{i}2\pi f}$
常数	1	$\delta(f)$
脉冲函数	$\delta(t-t_0)$	$\mathrm{e}^{-\mathrm{i}2\pi ft_0}$
sinc 函数	$\mathrm{sinc}(\pi ft)$	$\dfrac{1}{4\pi}\Pi\left(\dfrac{t}{T}\right)$
正弦函数	$\sin(2\pi ft)$	$\dfrac{1}{2}\left[\delta(f-f_0)-\delta(f+f_0)\right]$
余弦函数	$\cos(2\pi ft)$	$\dfrac{1}{2}\left[\delta(f-f_0)+\delta(f+f_0)\right]$
高斯函数	$\mathrm{e}^{-\pi\left(\frac{t}{t_0}\right)^2}$	$t_0\mathrm{e}^{-\pi(ft_0)^2}$
单边指数函数	$\mathrm{e}^{-at}u(t),a>0$	$\dfrac{1}{a+\mathrm{i}2\pi f}$
双边指数函数	$\mathrm{e}^{-|t|/T}$	$\dfrac{2\pi}{1+(2\pi fT)^2}$
脉冲串函数	$\displaystyle\sum_{n=1}^{\infty}\delta(t-nT_0)$	$\dfrac{1}{T_0}\displaystyle\sum_{n=-\infty}^{\infty}\delta(f-f_0)$

在日常的研究与应用中，我们常借助计算机来进行信号处理，但是我们在真实物理世界中利用传感器收集到的信号往往是模拟信号（连续信号），这是计算机不擅长计算和处理的一类信号，因此需要将信号离散化为数字信号，以在计算机内正常地依靠程序完成对信号的分析。

将模拟信号离散化为数字信号的过程就是采样，对于采样过程，我们可以这样想象：一个连续信号在通过传输电路时，要经过一个开关，开关每经过 T_s 的时间便会闭合 τ 时间，其中 $\tau \ll T_s$，在时域图像上，我们把开关闭合的时间近似地当作一个时间点，如图 4-7 所示，图 4-7 形象地展示了用开关模拟的采样过程。

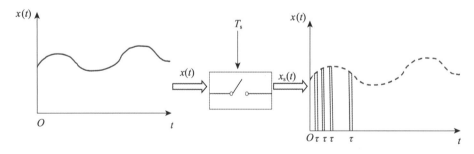

图 4-7　用开关模拟的采样过程

在日常研究中，我们一般取 T_s 为一个定值，采用均匀采样，$f_s=1/T_s$ 称为采样频率。在计算机仿真中，我们利用周期脉冲信号序列 $\delta(t)$ 从信号函数 $x(t)$ 中获取离散信号 $x_s(t)$，$x_s(t)$ 又称为采样信号。

$$x_s\left(t\right)=x(t)\sum_{n=-\infty}^{\infty}\delta\left(t-nT_s\right)=\sum_{n=-\infty}^{\infty}x(nT_s)\delta\left(t-nT_s\right)$$

对周期脉冲序列 $\delta(t)$ 做傅里叶展开，代入上式，有

$$x_s\left(t\right)=x(t)\sum_{n=-\infty}^{\infty}\frac{1}{T_s}\mathrm{e}^{-\mathrm{i}2\pi f_s t}$$

采样信号的逆傅里叶变换为

$$X_s\left(f\right)=\frac{1}{T_s}\sum_{n=-\infty}^{\infty}X\left(f-nf_s\right)$$

连续信号经过采样后变为离散信号，且离散信号的频谱具有周期性，周期为 T_s。若连续信号的最高频率为 f_c，则只要保证 $f_s>2f_c$，离散频谱就不会产生重叠，此定理称为采样定理，其中 $f_s>2f_c$ 称为奈奎斯特频率，最大允许采样间隔 $T_s=\dfrac{1}{2f_c}$ 称为奈奎斯特间隔，但是在实际研究中，我们常会取最高频率 f_c 的 2.56～4 倍为采样频率。

相应地，正、逆傅里叶变换表达式如下：

$$x\left(k\right)=x(k+mN)=\frac{1}{N}\int_{-\pi}^{\pi}X(n)\mathrm{e}^{\mathrm{i}\frac{2\pi}{N}nk}\mathrm{d}n$$

$$X\left(n\right)=\sum_{n=-\infty}^{\infty}x(k)\mathrm{e}^{-\mathrm{i}\frac{2\pi}{N}nk}$$

上述过程称为离散时间傅里叶变换（DTFT），其频谱图与傅里叶变换相比，会以 f_s 为周期进行延拓，在频域上呈现出周期性关系，关于这一点，我们可以结合对卷积性质理解，即两个信号在时域上的相乘运算相当于在频域上的卷积运算，可观察到，采样信号的频域表达式

$$\frac{1}{T_s}\sum_{n=-\infty}^{\infty}X\left(f-nf_s\right)$$

是一个在负无穷到正无穷区间内的脉冲序列，因此其在和原始信号的频域表达式进行卷积运算时，会呈现出周期性的结果。相应地，DTFT 只能针对离散的周期信号进行频域分析，难以处理离散后的非周期信号，此时我们常会利用离散傅里叶变换（DFT）进行研究，DFT 的计算包括以下三个步骤：矩形窗截断、采样与信号产生，其正、逆傅里叶变换表达式如下：

$$X\left(n\right)=\sum_{n=0}^{N-1}x(k)\mathrm{e}^{-\mathrm{i}\frac{2\pi}{N}nk}$$

$$x\left(k\right)=x(k+mN)=\frac{1}{N}\sum_{n=0}^{N-1}x(k)\mathrm{e}^{\mathrm{i}\frac{2\pi}{N}nk}$$

其中，$x(k)$ 是经过矩形窗截断后的信号。在实际研究应用中，我们常利用矩形窗对原始的非周期信号在时域上进行截断，然后以截断的信号为一个周期进行时域的周期延拓，将一个非周期的离散信号变换为一个周期的离散信号。

从 DFT 公式中我们可以得知，$e^{i\frac{2\pi}{N}nk}$ 是以 N 为周期的函数，$X(n)$ 也是以 N 为周期的函数，由采样定理也可同样得到上述结论。对于脉冲采样形式，采样信号的傅里叶变换是 $f_s = \dfrac{1}{\Delta t} = \dfrac{N}{T}$ 的周期函数。离散傅里叶变换的频率分辨率为 $\Delta f = \dfrac{1}{T}$，可以通过对采样信号补 0 来提高信号的频率分辨率。

我们对 DFT 进行时间复杂度分析得知，N 个序列长度（N 点）信号的 DFT 运算共需要进行 N^2 次复数乘法和 $N \times (N-1)$ 次复数加法，其时间复杂度为 $O(N^2)$，这就导致 DFT 极不利于计算机针对长信号序列进行计算，因此我们引入快速傅里叶变换算法（FFT）进行频域计算，其核心思想是对序列进行奇偶分立运算并进行循环计算，同时利用系数 $e^{-i\frac{2\pi}{N}nk}$ 的对称性和周期性在 DFT 运算内构造递归结构，N 个序列长度信号的 FFT 运算共需要进行 $N\log_2 N$ 次复数乘法和 $\dfrac{N}{2}\log_2 N$ 次复数加法，其时间复杂度降为 $O(n\log_2 n)$。这在保留原始 DFT 的分析方法基础上大大简化了运算过程，提高了算法效率。

【例 4-3】利用离散傅里叶变换方法绘制余弦信号 $x(t) = \cos\left(\dfrac{2\pi t}{5}\right)$ 的频谱图。

该余弦信号在 $f_c = \dfrac{1}{5}$Hz 处的谱线是单位冲激信号，依据采样定理可得，奈奎斯特频率 $f_s = 2f_c = \dfrac{2}{5}$Hz，奈奎斯特时间间隔为 $T_s = 2.5$s。

对截断信号 $\widehat{x_T}(t) = \cos\left(\dfrac{2\pi t}{5}\right)(0 \leqslant t \leqslant 50)$ 进行采样，设置采样间隔为 0.5s，利用 DFT 和 FFT 绘制频谱图。

```
ts = 0.5;
df = 1.0;
fs = 1 / ts;      #采样频率
n2 = 50 / ts;
n1 = fs / df;
N = 2^(max(nextpow2(n1), nextpow2(n2)));  #序列长度是 2 的幂时，FFT 算法效率最大化
figure(1)
df = fs / N;      #设置分辨率
t = 0:0.01:50;
y = cos.(2 / 5 * pi * t);
subplot(2, 1, 1) #绘制余弦信号
plot(t, y)
title("余弦信号")

t2 = 0:ts:50;
y2 = cos.(2 / 5 * pi * t2);
subplot(2, 1, 2)
stem(t2, y2) #对余弦信号采样
axis([0 10 -1.2 1.2])
title("采样信号")
xlabel("时间/s")
```

```
figure(2)
k = -N:N
w = df * k
DOT = exp.(-im * 2 * pi * t .* w');
Y = vec(0.01 * y' * DOT);#计算连续傅里叶变换
Y = abs.(Y);
subplot(2, 1, 1)
plot(w, Y)
axis([-fs / 2 - 0.5 fs / 2 + 0:5 0 8 * pi + 0.5]);
title("连续傅里叶变换")
xlabel("频率/Hz")

subplot(2, 1, 2)
DOT = exp.(-im * 2 * pi * t2 .* w');
Y1 = vec(y2' * DOT);#进行点乘运算，将矩阵展平成一个向量，按照行优先的顺序排列元素，返回一个列向量
Y1 = abs.(Y1 / fs);#计算离散傅里叶变换
plot(w, Y1)
title("离散傅里叶变换")
xlabel("频率/Hz")
axis([-fs / 2 - 1 fs / 2 + 1 0 8 * pi + 1]);

figure(3)
y2_padded = vcat(y2, fill(0, N - length(y2)))
#当 y2 长度为 101 时，进行 128 点 FFT 操作，实际上就是在 y2 的末尾填充 27 个 0，将其扩展为长度为 128 的序列，然后
进行 FFT 操作
#这里的 vcat 函数可用于将两个数组按行拼接，fill(0, N-length(y2)) 将会生成一个长度为 N-length(y2)的、值全部为 0 的向量用
于填充原始信号 y2 以获得长度为 N 的向量
Y2 = fft(y2_padded);#利用 FFT 计算离散傅里叶变换
Y2 = fftshift(Y2);
Y2 = abs.(Y2 / fs);
f = ((0:df:df*(N-1)) .- fs / 2);#调整频率坐标
plot(f,Y2);
axis([-fs / 2 - 1 fs / 2 + 1 0 8 * pi + 0.5]);
title("快速傅里叶变换")
xlabel("频率/Hz")
```

运行结果如图 4-8～图 4-10 所示。

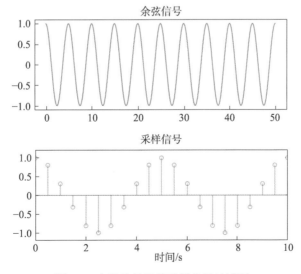

图 4-8 余弦信号及其采样信号时域图

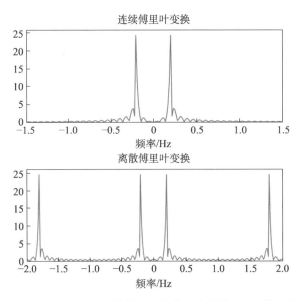

图 4-9　余弦信号的连续傅里叶变换和离散傅里叶变换结果

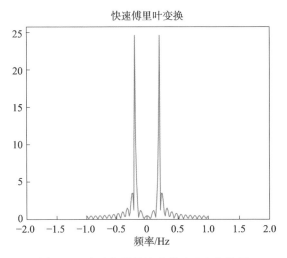

图 4-10　余弦信号的快速傅里叶变换结果

4.1.2　随机过程

通信系统中的信号在实际传输时都会伴有噪声，例如，电阻会引起热噪声和电磁波噪声等，因此通信信号是一种具有随机性的信号。在进行通信时，电磁波的传播路径在不断变化，接收信号也在不断变化，因此信源、信道、信号传输的特性都可以依靠随机过程的相关知识来表述。

随机过程是一种随时间变化的过程，在数学形式上是一种依赖于时间的函数。从统计学的角度来理解，我们认为随机过程是随机变量的扩展。在给定时刻 t_1 时，一个样本函数 $x_i(t)$ 是一个确定的数值 $x_i(t_1)$，但是每个 $x_i(t_1)$ 是不可预知的，这就是其随机性的体现。在通信系统中，信号通过信道有多种可能的输出形式，在数学上表示为一个实验样本空间 $S = \{x_i(t_1), i =$

1,2,3,$\cdots$,N} 中的一个样本函数，基于此，我们可以把随机过程看作在时间进程中处于不同时刻的随机变量集合。

假设 $\xi(t)$ 是一个随机过程，其在任意时刻 t_1 上的值 $\xi(t_1)$ 是一个随机变量，可以利用分布函数或概率密度函数来描述，随机过程 $\xi(t_1)$ 的一维分布函数记作：

$$F_1(x_1,t_1) = P[\xi(t_1) \leq x_1]$$

若函数 $F_1(x_1,t_1)$ 对 x_1 的偏导数存在，则其概率密度函数记作：

$$\frac{\partial F_1(x_1,t_1)}{\partial x_1} = f_1(x_1,t_1)$$

基于以上描述，我们得到了时刻 t_1 的统计特性，在研究时仅依靠一个时刻来描述随机过程并不充分，因此我们可以利用分布函数和概率密度函数对多个时刻的统计特性进行表述。给定 $t_1,t_2,\cdots,t_n \in T$，$\xi(t)$ 的 n 维分布函数可以表示为

$$F_n(x_1,x_2,\cdots,x_n;t_1,t_2,\cdots,t_n) = P[\xi(t_1) \leq x_1, \xi(t_2) \leq x_2, \cdots, \xi(t_n) \leq x_n]$$

相应地，若 F_n 的偏导数存在，则其概率密度函数可以表示为

$$\frac{\partial^n F_n(x_1,x_2,\cdots,x_n;t_1,t_2,\cdots,t_n)}{\partial x_1 \partial x_2 \cdots \partial x_n} = f_n(x_1,x_2,\cdots,x_n;t_1,t_2,\cdots,t_n)$$

在进行通信系统研究时，我们往往利用随机过程的数字特征来描述一类随机过程的特性，这便于我们进行运算与实际测量，常用的特征有均值、方差与相关函数。

随机过程 $\xi(t)$ 的均值是 $\xi(t)$ 的数学期望，定义为

$$E[\xi(t)] = \int_{-\infty}^{\infty} x f(x,t) \mathrm{d}x$$

$\xi(t)$ 在任意给定时刻 t_1 的取值 $\xi(t_1)$ 是一个随机变量，$\xi(t_1)$ 的均值记作：

$$E[\xi(t_1)] = \int_{-\infty}^{\infty} x_1 f_1(x_1,t_1) \mathrm{d}x_1$$

$\xi(t)$ 的均值 $E[\xi(t)]$ 是时间确定的函数，可记作 $a(t)$，它表示随机过程的 n 个样本函数曲线的摆动中心。

随机过程的方差表示随机过程在时刻 t 偏离均值 $a(t)$ 的程度，定义为

$$D[\xi(t)] = E\{[\xi(t) - a(t)]^2\} = \int_{-\infty}^{\infty} x^2 f(x,t) \mathrm{d}x - [a(t)]^2$$

对于多个孤立时刻的偏离程度，我们利用协方差函数来表述：

$$B(t_1,t_2) = E\{[\xi(t_1) - a(t_1)][\xi(t_2) - a(t_2)]\}$$

$$= \int_{-\infty}^{\infty}\int_{-\infty}^{\infty} [x_1 - a(t_1)][x_2 - a(t_2)] f_2(x_1,x_2;t_1,t_2) \mathrm{d}x_1 \mathrm{d}x_2$$

对于随机过程在任意两个时刻上获得的随机变量的相关程度，我们利用相关函数 $R(t_1, t_2)$ 来表示，定义为

$$R(t_1, t_2) = E\big[\xi(t_1), \xi(t_2)\big] = \int_{-\infty}^{\infty}\int_{-\infty}^{\infty} x_1 x_2 f_2(x_1, x_2; t_1, t_2) \mathrm{d}x_1 \mathrm{d}x_2$$

可以看出，$B(t_1, t_2)$ 和 $R(t_1, t_2)$ 之间的关系如下：

$$B(t_1, t_2) = R(t_1, t_2) - a(t_1)a(t_2)$$

在通信系统中，常利用随机数发生器来模拟随机现象和随机过程的发生。在随机数发生器的设计中，因为均匀分布的随机变量可以转换为服从其他概率分布的随机变量，因此产生均匀分布的随机变量的随机数发生器是一类常用的发生器。常用的产生均匀分布随机变量的方法是线性同余法（LCG），即

$$x_{n+1} = a x_n + c \bmod M$$

其中，a, c 是乘子和增量，M 是模量，这个公式会产生一个周期为 M 的序列，因为在设计时不能产生真正的随机序列，所以只能通过 LCG 方法产生一类区间上近似随机的序列或伪随机数，将序列元素除以 M 可得到在 $(0,1)$ 区间内均匀分布的随机变量。x_{n+1} 常用的取值如下：

$$x_{n+1} = 16807 x_n \bmod 2147483647$$

该方法可以产生 $(0, 2^{31})$ 区间内的整数，常被应用在 32 位计算机上。

根据逆变换可以把一个均匀分布的随机序列 U 变换成服从其他概率密度分布的序列。假设 $U = F_\xi(x)$ 是随机变量为 ξ 的分布函数，定义为

$$F_\xi(x) = \int_0^x f_\xi(x) \mathrm{d}x$$

由于 $F_\xi(x)$ 单调，可得到

$$F_\xi(x) = \Pr\big[F^{-1}_\xi(U) \leqslant x\big] = \Pr\big[U \leqslant F_\xi(x)\big] = F_\xi(x)$$

因此 $\xi = F^{-1}_\xi(U)$ 是我们所求的随机序列，下面应用逆变换方法得到其他随机序列。

【例 4-4】产生指数型随机分布序列，概率密度函数为

$$P_X(x) = \beta \mathrm{e}^{-\beta x} u(x)$$

服从指数分布的随机变量的分布函数为

$$F_x(x) = \int_0^\infty \beta \mathrm{e}^{-\beta x} \mathrm{d}x = 1 - \mathrm{e}^{-\beta x}$$

由逆变换方法可得，其与随机变量 U 的关系为

$$U = 1 - \mathrm{e}^{-\beta x}$$

基于此，得到 $\mathrm{e}^{-\beta x} = 1 - U$，由于 $1 - U$ 和 U 的分布相同，因此可以得到均匀分布到指数分布的映射关系

$$X = -\frac{1}{\beta}\ln U$$

利用 MWORKS.Syslab 实现的程序如下。

```
function lcgrand(seed, n)
    M = 2147483647
    a = 16807
    r = 2836
    q = 127773
    mask = 123459876
    seed = xor(seed, mask)
    y = zeros(1, n)
    for i = 1:n
      k = floor(seed / q)
      seed = a * (seed - k * q) - r * k
      if seed < 0
        seed = seed + M
      end
      y[i] = seed / M
    end
    return y
end
beta = 2
n = 5000
u = lcgrand(0, n)
y_exp = -log.(u) / beta
using TyPlot
subplot(2, 1, 1)
h = histogram(y_exp, 40)
ylabel("频率分布")
xlabel("随机变量 x")
subplot(2, 1, 2)
x = h[2];
y = beta * exp.(-3 * x);
plot(x, y)
ylabel("概率密度")
xlabel("随机变量 x")
```

运行结果如图 4-11 所示。

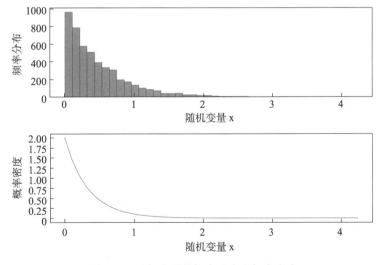

图 4-11　随机变量的概率分布和概率密度

4.1.3 高斯随机过程

高斯随机过程（正态随机过程）是通信系统中常见的一类随机过程，依据中心极限定理，大量同分布的随机变量之和满足正态分布，因此大量通信系统中的随机现象适合用高斯随机过程建模，如由电子在元器件内的热运动而产生的噪声现象。高斯随机过程在数学上的分布与性质较为简单，便于在仿真中实现。

对于一个随机过程 $\xi(t)$，若其任意 n 维分布均满足正态分布，则称 $\xi(t)$ 是一个高斯随机过程。高斯随机过程的概率密度函数表示如下：

$$f_n(x_1,x_2,\cdots,x_n;t_1,t_2,\cdots,t_n) = \frac{1}{(2\pi)^{n/2}\sigma_1\sigma_2\cdots\sigma_n|\boldsymbol{B}|^{1/2}}\exp\left[\frac{-1}{2|\boldsymbol{B}|}\sum_{j=1}^{n}\sum_{k=1}^{n}|\boldsymbol{B}|_{jk}\left(\frac{x_j-a_j}{\sigma_j}\right)\left(\frac{x_k-a_k}{\sigma_k}\right)\right]$$

其中，$a_k = E\left[\xi(t_k)\right]$；$\sigma_k^2 = E\left[\xi(t_k)-a_k\right]^2$；$|\boldsymbol{B}|$ 是归一化后的协方差行列式，表示如下：

$$\begin{vmatrix} 1 & b_{12} & \cdots & b_{1n} \\ \vdots & \vdots & \ddots & \vdots \\ b_{n1} & \cdots & \cdots & 1 \end{vmatrix}$$

$|\boldsymbol{B}|_{jk}$ 代表行列式 $|\boldsymbol{B}|$ 中元素 b_{jk} 的代数余子式，b_{jk} 是归一化协方差函数，有

$$b_{jk} = \frac{E\left\{\left[\xi(t_j)-a_j\right]\left[\xi(t_k)-a_k\right]\right\}}{\sigma_j\sigma_k}$$

高斯随机过程有以下重要性质：

（1）高斯随机过程的统计性质仅取决于各个维度随机变量的均值、方差和归一化协方差。

（2）广义平稳的高斯随机过程是严平稳的。

（3）若高斯随机过程在不同时刻的取值不相关，则该过程是统计独立的。

（4）高斯随机过程经过线性变换后仍然是高斯随机过程。

高斯随机过程在任意时刻上的取值是一个满足正态分布的随机变量，也称高斯随机变量。假设存在一个高斯随机过程 $x(t)$，其通过线性变换（线性时不变系统）得到了新的随机过程

$$y(t) = h(t)*x(t) = \int_{-\infty}^{\infty}h(t-\tau)x(\tau)\mathrm{d}\tau$$

用矩阵形式可表达为 $\boldsymbol{y}=\boldsymbol{H}\boldsymbol{x}$，即

$$\begin{bmatrix} y_1 \\ \vdots \\ y_n \end{bmatrix} = \begin{bmatrix} h_{11} & h_{12} & \cdots & h_{1n} \\ \vdots & \vdots & \ddots & \vdots \\ h_{n1} & \cdots & \cdots & h_{nn} \end{bmatrix}\begin{bmatrix} x_1 \\ \vdots \\ x_n \end{bmatrix}$$

利用矩阵求导的知识，可以得到随机变量 $\boldsymbol{y}$ 的概率密度函数为

$$f_Y(\boldsymbol{y}) = \left.\frac{f_X(\boldsymbol{x})}{|\boldsymbol{H}|}\right|_{\boldsymbol{x}=\boldsymbol{H}^{-1}\boldsymbol{y}} = \frac{1}{(2\pi)^{\frac{N}{2}}|\boldsymbol{H}||\boldsymbol{C}_x|^{\frac{1}{2}}}\exp\left[-\frac{1}{2}(\boldsymbol{H}^{-1}\boldsymbol{y}-\boldsymbol{a}_x)^{\mathrm{T}}\boldsymbol{C}^{-1}\left(\boldsymbol{H}^{-1}\boldsymbol{y}-\boldsymbol{a}_x\right)\right]$$

其中，$\boldsymbol{C}$ 代表协方差矩阵，$|\cdot|$ 代表行列式，利用 $\boldsymbol{C}_y=\boldsymbol{H}\boldsymbol{C}_x\boldsymbol{H}^{\mathrm{T}}$，$f_Y(\boldsymbol{y})$ 可以进一步化简为

$$f_Y(y) = \frac{1}{(2\pi)^{\frac{N}{2}} |C_y|^{\frac{1}{2}}} \exp\left[-\frac{1}{2}(y-a_y)^{\mathrm{T}} C_y^{-1} (y-a_y) \right]$$

利用上述推导过程，我们实现了利用高斯随机变量 x 得到均值向量为 a_y、协方差矩阵为 C_y 的高斯随机过程样本 y

$$y = H_x + a_y = |C_y|^{\frac{1}{2}} x + a_x$$

【例 4-5】利用 MWORKS.Syslab 编写一个生成高斯随机序列的程序，利用该程序计算均值为 0、协方差矩阵 $C = \begin{bmatrix} 1 & 1/2 \\ 1/2 & 1 \end{bmatrix}$ 的二维高斯分布，并将结果可视化。

```
mu = [0 0];
Sigma = [1 1/2; 1/2 1];  #设置均值和协方差矩阵
x1 = -4:0.08:4   #在 x1 轴上生成等间隔采样点
x2 = -4:0.08:4   #在 x2 轴上生成等间隔采样点
X1, X2 = meshgrid2(x1, x2)  #创建网格矩阵，包含所有(x1, x2)点的组合
X = [X1[:] X2[:]]
y = mvnpdf(X, mu, Sigma)   #计算每个采样点的多元正态分布的概率密度值

y = reshape(y, length(x2), length(x1))   #将概率密度值矩阵的形状改变为与 x1 和 x2 长度相匹配的矩阵
figure()
surf(x1, x2, y) #绘制 3D 表面图
caxis([minimum(y[:]) - 0.5 * range(y[:]), maximum(y[:])]) #设置颜色的范围
axis([-4 4 -4 4 0 0.2])
xlabel("x1")
ylabel("x2")
zlabel("概率密度")
```

运行程序，二维正态分布生成图如图 4-12 所示。

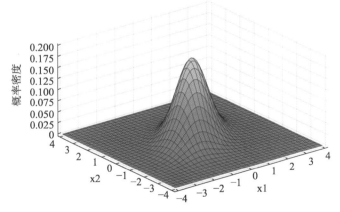

彩图

图 4-12　二维正态分布生成图

4.1.4　信号加噪

对于一个随机过程 $x(t)$，在给定时间 t 下的数学期望和方差可表示如下：

$$E\big[x(t)\big]=\int_{-\infty}^{\infty}xf(x)\mathrm{d}x$$

$$D\big[x(t)\big]=E\Big\{\big(x(t)-E\big[x(t)\big]\big)^2\Big\}$$

对于给定的两个任意时刻 t_1、t_2 的随机变量的统计特征，可利用常相关函数描述：

$$R(t_1,t_2)=E\big[x(t_1),x(t_2)\big]=\int_{-\infty}^{\infty}\int_{-\infty}^{\infty}x_1x_2f(x_1,x_2)\mathrm{d}x_1\mathrm{d}x_2$$

通常，在通信系统内，信号与噪声常被建模为一种平稳的随机过程。其中，N 阶平稳随机过程的概率密度函数定义如下：

$$f\big[x(t_1),x(t_2),\cdots,x(t_n)\big]=f\big[x(t_1+\tau),x(t_2+\tau),\cdots,x(t_n+\tau)\big]$$

从中可以得知，平稳随机过程的统计特性不随时间的平移而变化。对 τ 取值为 $\tau=t_1$ 可以得到，N 阶平稳随机过程的概率分布只与 $N-1$ 个时间间隔 $t_2-t_1,t_3-t_1,\cdots,t_n-t_1$ 有关。

对于一个平稳的随机过程，我们认为它的数学期望和时间无关，记作 m_x，其自相关函数只和时间间隔 τ 有关，表示为

$$R(t_1,t_1+\tau)=R(\tau)$$

依据这些数学特性，我们可以判断一个随机过程是否平稳。即如果一个随机过程的数学期望和时间无关，且它的自相关函数只和时间间隔 τ 有关，可以认为该随机过程是广义平稳或宽平稳的。

宽平稳的随机过程一般具有"各态历经性"，其数学期望和相关函数可以用时间平均代替统计平均：

$$m_x=\overline{m}_x=\lim_{T\to\infty}\int_{-T/2}^{T/2}x(t)\mathrm{d}t$$

$$R(\tau)=\overline{R(\tau)}=\lim_{T\to\infty}\int_{-T/2}^{T/2}x(t)x(t+\tau)\mathrm{d}t$$

自然界中的随机过程或信号，往往是多个个体叠加形成的，我们难以直接对时域进行研究，但可以借助傅里叶变换工具通过功率谱进行分析。并非所有的随机过程都可以进行傅里叶变换，满足平方可积和平方可加的随机过程才可以进行傅里叶变换，而平稳随机过程恰好满足这一特性，平稳随机过程的功率谱定义如下：

$$P_x(f)=\lim_{x\to\infty}\frac{1}{T}E\Big[X_{\mathrm{T}}(f)^2\Big]$$

其中，$X_{\mathrm{T}}(f)$ 是随机过程 $x(t)$ 经过傅里叶变换后得到的结果，平均功率对应为

$$P=\int_{-\infty}^{\infty}P_x(f)\mathrm{d}f=\int_{-\infty}^{\infty}\lim_{x\to\infty}\frac{1}{T}E\Big[X_{\mathrm{T}}(f)^2\Big]\mathrm{d}f$$

依据维纳–辛钦定理，一个平稳随机过程的功率谱是随机过程自相关函数的傅里叶变换：

$$P_x(f)=F\big[R_x(\tau)\big]=\int_{-\infty}^{\infty}R_x(\tau)\mathrm{e}^{-\mathrm{i}2\pi f\tau}\mathrm{d}\tau$$

下面我们将运用维纳–辛钦定理证明随机过程 $x(t) = A\cos(2\pi f_c t + \theta)$ 是一个宽平稳过程并求其自相关函数和功率谱，其中 θ 是区间 $(0, 2\pi)$ 内均匀分布的随机变量。

余弦函数 $A\cos(2\pi f_c t + \theta)$ 是周期函数，取时间长度为一个周期，可将其平均简化为

$$\bar{m}_x = \frac{1}{T_c} \int_{-T_c/2}^{T_c/2} A\cos(2\pi f_c t + \theta)\mathrm{d}t = 0$$

其对过程的统计平均为

$$m_x = \int_0^{2\pi} A\cos(2\pi f_c t + \theta)\frac{1}{2\pi}\mathrm{d}\theta = 0$$

得到 $m_x = \bar{m}_x = 0$，即过程的数学期望和事件无关。

该随机过程的自相关函数为

$$R(t_1, t_2) = \overline{A^2\cos(2\pi f_c t_1 + \theta)\cos(2\pi f_c t_2 + \theta)} = A^2\{\overline{\cos[2\pi f_c(t_2 - t_1)]} +$$

$$\overline{\cos[2\pi f_c(t_2 + t_1)] + 2\theta}\} = \frac{A^2}{2}\cos[2\pi f_c(t_2 - t_1)]$$

故该随机过程的自相关函数仅和时间间隔有关，记作

$$R_x(\tau) = \frac{A^2}{2}\cos[2\pi f_c(t_2 - t_1)]$$

又因为该随机过程的数学期望和时间无关，且自相关函数仅和时间间隔 τ 有关，因此该随机过程是宽平稳的。

利用傅里叶变换可以得到该随机过程的功率谱为

$$P_x(f) = F[R_x(\tau)] = \frac{A^2}{2}[\delta(f - f_c) + \delta(f + f_c)]$$

【例 4-6】利用数值计算的方法计算上述随机过程的自相关函数和功率谱，并绘制图像（共取得 1024 个采样点，延迟个数为 64 个，频率估计点数目为 512 个，动态均值 AVG=50）。

```
N = 1024
AVG = 50
maxlags = 64
nfft = 512
global Rx_m = zeros(2 * maxlags + 1)
global Px_m = zeros(maxlags)
global Sx_m = zeros(nfft)
n = 0:N-1
t = n / maxlags
for j = 1:AVG
    global X = cos.(2 * pi * 10 * t .+ 2 * pi * rand())
    global X_512 = X[1:512]
    global Sx_m = Sx_m + abs.(fft(X_512)) .^ 2 / nfft
    global Rx, lags = xcorr(X, maxlag=maxlags, scale="unbiased")
    global Px = fftshift(abs.(fft(Rx[1:maxlags])))
    Rx_m .= Rx_m .+ Rx
    Px_m .= Px_m .+ Px
end
figure(0);
Rx_m .= Rx_m ./ AVG;
```

```
Sx_m .= Sx_m ./ AVG;
Px_m .= Px_m ./ AVG;
plot(2π .* lags ./ maxlags, Rx_m)
xlabel("时间间隔/s")
ylabel("自相关函数")
title("自相关函数")
axis([-2 * pi 2 * pi -1.2 1.2])
df = maxlags;
fr = range(0, df, nfft) .- maxlags / 2;
figure(1);
stem(fr, fftshift(Sx_m / maximum(Sx_m)))
axis([-20 20 0 1.2])
xlabel("频率/Hz")
ylabel("功率谱 PSD")
title("功率谱：周期图计算 PSD")
df = maxlags;
freq = range(0, df, maxlags) .- maxlags / 2;
figure(2);
stem(freq, Px_m / maximum(Px_m))
axis([-20 20 0 1.2])
xlabel("频率/Hz")
ylabel("功率谱 PSD")
title("功率谱：对相关函数做傅里叶变换")
```

运行程序，结果如图 4-13~图 4-15 所示。

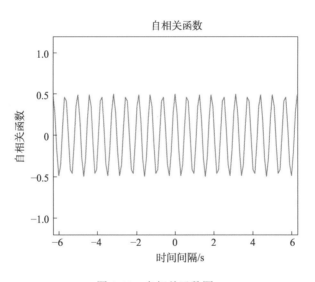

图 4-13　自相关函数图

对于通信系统中电子元器件的热噪声，我们常利用白色随机过程建模表示。白色随机过程的功率谱在较宽的频率范围内是一个常数，在理想情况下，白色随机过程的功率谱对所有的频率 f 来说是平坦的，表示为

$$P_x(f) = \frac{N_0}{2}, -\infty < f < \infty$$

当功率谱经过傅里叶逆变换后，可以得到白噪声的自相关函数为

$$R_x(\tau) = \frac{N_0}{2}\delta(\tau)$$

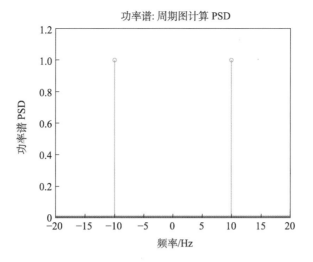

图 4-14　相关函数的功率谱图

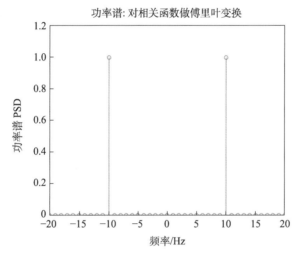

图 4-15　相关函数的傅里叶变换结果

从式中可以得到，当且仅当 $\tau = 0$ 时，白噪声的自相关函数不为 0，这表明白噪声在任意两个时刻的随机变量是不相关的。白噪声的平均功率为

$$\int_{-\infty}^{\infty} P_x(f)\mathrm{d}f \to \infty$$

在实际应用中，不可能存在无限大功率的随机过程，因此我们需要给白噪声一个限定的频率范围 $(-B, B)$：

$$P_x(f) = \begin{cases} \dfrac{N_0}{2}, |f| \leqslant B \\ 0, 其他情况 \end{cases}$$

白噪声平均功率是一个有限值 BN_0，此类白噪声常称为带限白噪声，其自相关函数为

$$R(\tau) = BN_0 \frac{\sin(2\pi B\tau)}{2\pi B\tau}$$

观察自相关函数的形式可以得知，当 $\tau = \frac{m}{2B}(m=1,2,3\cdots)$ 时，自相关函数为 0，因此如果对带限白噪声以 $\Delta t = \tau = \frac{1}{2B}$ 的时间间隔进行采样，可以得到互不相关的随机变量。

对于二进制随机信号进行仿真时，经常使用二进制序列发生器，其产生的随机序列可以近似为功率谱为常数、均匀分布的随机信号。我们给定初始的二进制序列向量 $\boldsymbol{S} = [s_1, s_2, s_3, \cdots, s_N]$，假设连接器向量 $\boldsymbol{G} = [g_1, g_2, g_3, \cdots, g_N]$，则该二进制序列发生器的输出信号为

$$f_n = \left(\sum_{i=1}^{N} s_i g_i\right) \bmod 2$$

二进制序列发生器在特定连接器取值下输出序列的最大周期为 $2^N - 1$，其中第 4，8，10 级序列发生器的连接器向量取值如表 4-1 所示。

【例 4-7】计算二进制随机信号功率谱密度和自相关函数，并利用 MWORKS.Syslab 将结果可视化。

一个二进制随机信号可表示为

表 4-1　连接器向量取值

N	连接器向量 G
4	$[0,1,0,1]$
8	$[0,1,1,1,0,0,0,1]$
10	$[0,0,1,0,0,0,0,0,0,1]$

$$x(t) = \sum_{n=\infty}^{\infty} a_n f(t - nT_{\mathrm{b}})$$

其中，$f(t)$ 是信号脉冲函数，一般为矩形脉冲，表示一位二进制信号。T_{b} 为脉冲持续时间，a_n 是取值为 $\{1, -1\}$ 的二项分布。

截断信号为

$$x_{\mathrm{T}}(t) = \sum_{n=-N}^{N} a_n f(t - nT_{\mathrm{b}}), \frac{T}{2} = \left(N + \frac{1}{2}\right)T_{\mathrm{b}}$$

经过傅里叶变换后得到

$$X_{\mathrm{T}}(f) = F[x_{\mathrm{T}}(t)] = F[f(t)] \sum_{n=-N}^{N} a_n \mathrm{e}^{-\mathrm{i}2\pi nT_{\mathrm{b}}}$$

依据随机过程的功率谱定义，有

$$\rho_x(f) = \lim_{x \to \infty}\left\{\frac{1}{T}\big|F[f(t)]\big|^2 E\left(\left|\sum_{n=-N}^{N} a_n \mathrm{e}^{-\mathrm{i}2\pi fnT_{\mathrm{b}}}\right|^2\right)\right\} = \big|F[f(t)]\big|^2 \lim_{N \to \infty}\frac{2N+1}{(2N+1)T_{\mathrm{b}}} = \frac{\big|F[f(t)]\big|^2}{T_{\mathrm{b}}}$$

若信号脉冲函数是矩形波，则功率谱为

$$\rho_x(f) = \frac{1}{T_{\mathrm{b}}}\big|\mathrm{sinc}(fT_{\mathrm{b}})\big|^2$$

由于自相关函数和功率谱是一个傅里叶变换对，因此有如下关系：

$$R_x(\tau) = \begin{cases} \dfrac{T_b - |\tau|}{T_b}, |\tau| \le T_b \\ 0, \text{其他情况} \end{cases}$$

基于此表达式可以看出，二进制序列发生器产生的序列的自相关函数可以近似为单位脉冲函数，其功率谱近似为白噪声过程的功率谱。

下面利用 MWORKS.Syslab 完成数据可视化。

```
PN_coff = [0 1 1 1 0 0 0 1]
PN_seed = [1 0 1 0 0 1 0 1]
nbits = 2^8 - 1
samp = 5
P = zeros(1, nbits * samp)
global PN_reg = PN_seed;
for i in 1:nbits
    global P[(i-1)*samp+1:min((i - 1) * samp + samp, nbits * samp)] .= PN_reg[1]
    global f = mod((PN_reg*transpose(PN_coff))[1], 2)
    global PN_reg = vcat([f], PN_reg[1:7])
    global PN_reg = transpose(PN_reg)
end
t1 = 0:100;
figure(0);
stem(t1, P[1:101], filled=true, markersize=3);
ylabel("随机二进制序列")
axis([0 100 -1.5 1.5])
T= nbits*samp;
P=2*P.-1;
X=fft(P);
psd=X.*conj(X);
Rx=real(ifft(psd))/T;
psd=abs.(psd)/T;
df=samp;
freq = range(0, df, T).-samp/2
figure(1);
plot(freq,fftshift(psd))
ylabel("随机序列功率谱")
figure(2)
stem(t1, Rx[1:101],filled=true, markersize=3)
ylabel("自相关函数")
```

运行程序，结果如图 4-16～图 4-18 所示。

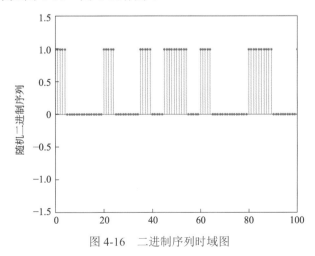

图 4-16　二进制序列时域图

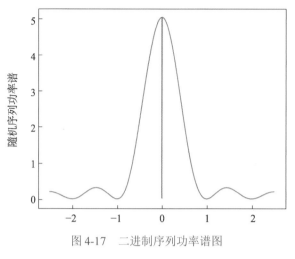

图 4-17 二进制序列功率谱图

图 4-18 二进制序列自相关函数图

通过对信号分析方法和随机过程知识的介绍和应用，我们对随机过程这一基本理论有了了解，下一节我们将利用随机过程的基本知识和仿真方法去构建通信系统的信道模型。

4.2 信道

信道是一类连接信源和信宿的通信设备，负责将信号从信源传输至信宿。在进行通信系统仿真时，为了模拟现实通信中信号传输不良的情景，我们建模的信道往往是存在噪声的。本节将以信道为主体介绍仿真时的相关概念和案例。

学习视频

4.2.1 前置知识

在正式进行信道仿真前，需要先介绍一部分前置知识和基本函数的使用方法来帮助读者理解仿真过程。

在 MWORKS.Syslab 的通信工具箱中，提供了大量的基础函数用于生成信源，包括源与汇函数、生成随机数函数、传输和信道模型函数等，下面介绍这些函数的使用方法。

在 MWORKS.Syslab 的源与汇函数中，提供了 randerr、randsrc、wgn 函数来生成信源。

1. randerr 函数

randerr 函数用于生成比特误差样本，以模拟通信系统中的比特错误，使用方法如下。

（1）out=randerr(m)用于生成一个 m×m 的二进制数矩阵，矩阵中的每一行有且只有一个非 0 元素，且非 0 元素在每一行中的位置是随机的。

（2）out=randerr(m,n)用于生成一个 m×n 的二进制数矩阵，矩阵中的每一行有且只有一个非 0 元素，且非 0 元素在每一行中的位置是随机的。

（3）out=randerr(m,n,errors)用于生成一个 m×n 的二进制数矩阵，其中 errors 代表输出的二进制数矩阵中每一行的非 0 元素数目，errors 可以是整数、行向量和两行的矩阵。

若 errors 为整数，则 errors 定义每行中的非 0 元素数目。

若 errors 为行向量，则 errors 定义每行中可能的非 0 元素数目，此向量中包含的每个非 0 元素数目都以相等的概率出现。

若 errors 为两行的矩阵，则第一行定义每行中可能的非 0 元素数目，第二行指定可能的错误计数概率，且第二行中的元素之和必须为 1。

（4）out = randerr(m, n, errors, seed)用于生成一个 m×n 的二进制数矩阵，其中 seed 为用于生成随机数的初始值，决定了 rand 系列函数统一存储的随机数生成值，注意 seed 为小于 2^{32} 的非负整数。

【例 4-8】利用 randerr 函数生成一个有 seed 输入的随机二进制数矩阵，尝试在改变 seed 后对比输出结果，体会 seed 在 randerr 函数中的重要性。

```
m = 2;
n = 8;
errors = 2;
seed = 1234;
#使用 randerr 函数用同一个命令生成两次随机错误二进制数矩阵，每次调用 randerr 函数，输出的二进制数矩阵都是相同的
out1 = randerr(m, n, errors, seed)

#更改 seed 并第二次调用 randerr 函数，在每次调用相同 seed 的 randerr 函数时，二进制数矩阵的输出值都是相同的，但和前一个 seed 输出的二进制数矩阵不同
seed = 345;
out2 = randerr(m, n, errors, seed)
```

2. randsrc 函数

randsrc 函数可根据参数里给定的数字表生成一个随机矩阵，矩阵中包含的元素都是数据符号，它们之间互相独立，使用方法如下。

（1）out=randsrc(m)用于产生一个 m×m 的随机极性矩阵，每个位置上的元素以相等的概率取值为–1 和 1。

（2）out=randsrc(m,n)用于产生一个 m×n 的随机极性矩阵，每个位置上的元素以相等的概率取值为–1 和 1。

（3）out = randsrc(m, n, [alphabet; prob])用于产生一个 m×n 的矩阵，每个元素从行向量 alphabet 的元素中独立选择，忽略 alphabet 中的重复值。行向量 prob 列出了各元素相应的概

率，因此 alphabet 中的元素对应地以 prob 中的概率相继出现。注意 prob 中的元素个数不能超过 alphabet 中的元素个数，prob 中元素的总和必须为 1。

（4）out = randsrc(m, n, [alphabet; prob], seed) 接收[alphabet; prob]和 seed 的参数组合，用于初始化统一随机数生成器。

【例 4-9】利用 randsrc 函数生成一个矩阵，其中–1 或 1 的概率是–3 或 3 的概率的 4 倍，利用柱状图来可视化结果。

```
#利用 randsrc 函数生成一个矩阵，其中 -1 或 1 的概率是 -3 或 3 的概率的 4 倍
out = randsrc(10, 10, [-3 -1 1 3; 0.1 0.4 0.4 0.1])
out
#绘制柱状图，展示-1 与 1 的可能性更大
histogram(out, [-4 -2 0 2 4])
```

运行程序，结果如图 4-19 所示。

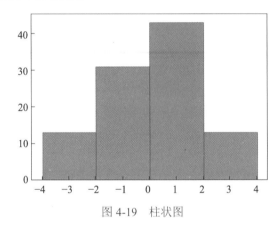

图 4-19　柱状图

3. wgn 函数

wgn 函数用于生成高斯白噪声样本，具体使用方法如下。

（1）noise = wgn(m, n, power)用于生成以伏特为单位的高斯白噪声样本的 m×n 的矩阵，power 指定白噪声的功率，单位默认是 dBW。

（2）noise = wgn(m, n, power, imp)用于生成以伏特为单位的高斯白噪声样本的 m×n 的矩阵，imp 指定负载阻抗，单位默认是 Ω。

（3）noise = wgn(m, n, power, imp, seed)用于生成以伏特为单位的高斯白噪声样本的 m×n 的矩阵，接收 power, imp 的参数组合，同时指定用于初始化正态随机数生成器的 seed，常用于生成可重复噪声样本的信息。

（4）noise = wgn(m, n, power, imp, seed, outputtype)用于生成以伏特为单位的高斯白噪声样本的 m×n 的矩阵，接收 power, imp, seed 的参数组合，用 outputtype 把输出类型指定为"实数"或"复数"形式。

（5）noise = wgn(m, n, power, imp, seed, outputtype, powertype)用于生成以伏特为单位的高斯白噪声样本的 m×n 的矩阵，接收 power, imp, seed, outputtype 的参数组合，用 powertype 将功率单位指定为 dBW、dBm 或 linear。

【例 4-10】利用 wgn 函数分别生成实数和复数形式的具有 1000 个元素的列向量形式的高

斯白噪声样本，其功率为1W，负载阻抗为1Ω，尝试更改功率，检查并输出白噪声信号的功率。

```
#生成实数形式的具有 1000 个元素的列向量，并确认功率约为 1W，即 0 dBW
Random.seed!(1234)
y1 = wgn(1000, 1, 0, 1,abs(rand(Int)))
a = TyMath.var(y1)

#生成复数形式的具有 1000 个元素的列向量，并确认功率约为 0.25W，即 -6 dBW
y2 = wgn(1000, 1, -6, 1, abs(rand(Int)), "complex")
b = TyMath.var(y2)

Random.seed!(1234)
y3 = wgn(1000, 1, 0, 1, abs(rand(Int)), "complex")
c = TyMath.var(y3)
```

如果希望生成一些满足统计特性的随机数，可以调用 MWORKS.Syslab 数学工具箱内的生成随机数函数，下面将逐一介绍。

4. randi 函数

randi 函数用于产生均匀分布的伪随机正整数，使用方法如下。

（1）X = randi(imin,imax,n)的返回值是一个 n 维列向量，列向量包含区间(imin,imax)内的均匀离散分布的伪随机正整数，在输入时可以不设置 imin 的值，此时默认产生(1,imax)范围内的均匀离散分布的伪随机正整数。

注意，设置 imin 与 imax 的值时，它们只能是 Int64 类型的值，即只能为正整数标量值。

（2）X = randi(imin,imax,sz1,sz2...,szN)的返回值是一个大小为 sz1×sz2×...×szN 的数组，其中 sz1,sz2,...,szN 指代了每个维度的大小。

（3）X = randi(imax,sz)返回一个数组，其中 sz 规定了 size(X)。例如，X= randi(10,(3,4)) 会返回一个大小为 3×4 的数组，且数组元素均是 1 到 10 之间的伪随机正整数。

（4）X= randi(rng,imax,...)利用随机数生成器保存当前生成数状态，且生成对象内的元素返回(1,imax)范围内的均匀离散分布的伪随机正整数。

【例 4-11】利用 randi 函数生成一个由(1,10)范围内的均匀离散分布的伪随机正整数组成的 1×5 的向量，并利用随机数生成器来保存状态。

```
#保存当前随机数生成器状态，并创建一个由伪随机正整数组成的 1 × 5 的向量
s = MersenneTwister(1234);
r = randi(s, 10, 1, 5)

#随机数生成器状态恢复为 s，并创建一个由伪随机正整数组成的 1 × 5 的向量，值与之前相同
s = MersenneTwister(1234);
r1 = randi(s, 10, 1, 5)
```

5. randn 函数

randn 函数用于生成服从标准正态分布的随机数，使用方法如下。

（1）X = randn()返回一个服从标准正态分布的随机数。

（2）X = randn(n)返回一个 n 维列向量，向量内的元素服从标准正态分布。

（3）X = randn(sz1,...,szN)返回由标准正态随机数组成的大小为 sz1×...×szN 的数组，其中 sz1,...,szN 指示每个维度的大小。

（4）X = randn(rng,...) 利用随机数生成器保存当前生成数状态。

【例 4-12】利用 randn 函数生成一个 1000 维的列向量，且向量内元素均为实部和虚部都服从(1,10)范围内标准正态分布的随机复数，计算其统计特性。

```
a = randn(1000) + 1im*randn(1000)
b = var(a)
c = mean(a)
```

MWORKS.Syslab 工具箱内还提供了传输和信道模型函数，用于分析信号在传播模型中的传播过程，下面将介绍两个常用的函数，高斯白噪声信道函数 awgn 和二进制对称信道函数 bsc。

6. awgn 函数

awgn 函数可以为信源信号叠加高斯白噪声，常在研究信道加性噪声的理想模型时使用，通信中的主要噪声源——热噪声就属于高斯白噪声。该函数的使用方法如下。

（1）out = awgn(in, snr)中的 in 代表输入信号，其数据类型必须为 Float64，且要以列向量的形式输入。如果 in 为复数形式的，则认为加入了复噪声。snr 代表信噪比，指定的输入形式为标量，单位为 dB。

（2）out = awgn(in, snr, signalpower) 中的 signalpower 代表信号功率，输入形式为标量或 measured。如果输入形式为标量，则其规定了输入信号的输入功率，单位为 dBW。如果输入形式为 measured，则函数可以在加入白噪声前测量信号功率值。

（3）out = awgn(in, snr, signalpower, seed)中的 seed 决定了随机数生成器的 seed，输入形式为标量。

（4）out = awgn(in, snr, signalpower, powertype) 中的 powertype 是指定信号功率单位的参数，其输入形式为 dB 或 linear。若以 dB 的形式输入，则 snr 以 dB 为单位，signalpower 以 dBW 为单位；若以 linear 的形式输入，则 snr 为比值的形式，signalpower 以 W 为单位。

【例 4-13】输入一个三角波信号，并叠加高斯白噪声，绘制可视化结果。

```
Random.seed!(123)
t = (0:0.1:10)'
x = sawtooth(t)
c = x[:]
d = x[1:3]
y = awgn(x[:], 30,1,100)
plot(t[:], [x[:] y])
xlim([0 10])
ylim([-1.5 1.5])
legend(["原始信号", "带有白噪声"]; loc="upper right")
```

运行程序，结果如图 4-20 所示。

7. bsc 函数

bsc 函数通过二进制对称信道以指定的错误概率传输二进制信号，可在二进制对称信道中引入比特错误，并独立处理输入数据的每个元素。该函数的使用方法如下。

（1）ndata, err = bsc(data, probability)：data 是输入的二进制信号，输入形式必须为二进制数组。probability 代表错误概率，必须是一个 0 到 1 之间的标量。返回值 ndata 为经过二进制对称信道后的信号，err 记录信号各个位置的比特错误情况，ture 代表发生了错误，flase 代表没有发生错误。

（2）ndata, err = bsc(data, probability, seed)：用于初始化均匀随机数生成器。在生成可重复的噪声样本时，可以在调用时使用相同的 seed 输入。

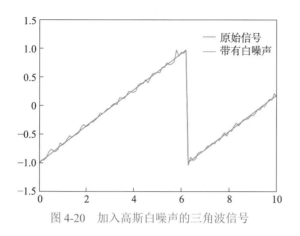

彩图

图 4-20   加入高斯白噪声的三角波信号

【例 4-14】有一个长度为 100 的二进制信号，其通过错误概率为 0.20 的二进制对称信道，计算传输的误码个数和误码率。

```
rng = MersenneTwister(1234)
z = rand(rng, 0:1, 100)
nz = bsc(z, 0.15,1234)
numerrs, pcterrs = biterr(z, nz[1])
numerrs
pcterrs
```

4.2.2   信号与信道

1. 信号与 MWORKS 中的信源

1）信号

在仿真中，我们研究的信号一般为确知信号，确知信号在数学上可以用一个以时间为自变量的函数表示。确知信号代表该信号的取值在任何时间上都是确定和可以预知的，通常利用数学表达式来表示它在任何时间上的取值。例如，振幅、频率和相位都恒定的正弦波是确知信号。确知信号常按照周期和能量来分类。

按照周期来分类，确知信号可以分为周期信号和非周期信号，若确知信号满足以下数学条件：

$$s(t) = s(t + T_0) \quad -\infty < t < \infty$$

其中，$T_0 > 0$，是一个常数，则该信号为周期信号，否则为非周期信号。T_0 称为该信号的周期，$1/T_0$ 称为该信号的基频 f_0。

按照能量来分类，信号可分为能量信号和功率信号。在通信理论中，信号功率的定义为电流在单位电阻（$R=1\Omega$）上所消耗的功率，此定义经过了归一化处理，数学表达式如下：

$$P=V^2 / R = I^2 R = V^2 = I^2$$

一般情况下可以认为，确知信号的电流 I 或电压 V 的平方都等于功率，常用 S 代表信号的电流或电压来计算信号功率。如果信号的电流和电压的数值随时间变化，那么 S 可以写作关于时间 t 的函数 $s(t)$。$s(t)$ 代表信号的电压或电流波形，信号能量 E 为信号瞬时功率的积分值：

$$E = \int_{-\infty}^{\infty} s^2(t)\mathrm{d}t$$

信号能量的单位为焦耳（J）。若信号的能量为一个正的有限值，即

$$0 < E = \int_{-\infty}^{\infty} s^2(t)\mathrm{d}t < \infty$$

则该信号是能量信号，信号的平均功率定义如下：

$$P = \lim_{T \to \infty} \frac{1}{T} \int_{-T/2}^{T/2} s^2(t)\mathrm{d}t < \infty$$

可以看出，能量信号的平均功率趋于 0。

在通信系统中，信号一般都具有有限的功率和有限的持续时间，因此都具有有限的能量。若信号的持续时间很长，则认为信号具有无限长的持续时间。此时信号的平均功率不再趋于 0，而是一个有限值，但它的能量趋于无穷大，此类信号称为功率信号。

能量信号和功率信号的分类标准对非确知信号同样适用。

下面将介绍一些基本的连续信号，这些信号是构造复杂信号的基础，我们可以利用基本的连续信号检验通信系统的基本性质和性能。

（1）单位阶跃信号 $u(t)$ 的定义如下：

$$u(t) = \begin{cases} 0, t < 0 \\ 1, t \geqslant 0 \end{cases}$$

单位阶跃信号常用于构造矩形脉冲信号：

$$\pi\left(\frac{t}{T}\right) = u\left(t + \frac{T}{2}\right) - u\left(t - \frac{T}{2}\right) = \begin{cases} 0, |t| < \dfrac{T}{2} \\ 1, |t| \geqslant \dfrac{T}{2} \end{cases}$$

【例 4-15】尝试利用单位阶跃信号构造一个 $2 < t < -2$ 的矩形脉冲信号。

```
f1 = x -> heaviside(x + 2);
f2 = x -> heaviside(x - 2);
f = (x -> f1(x) - f2(x))
fplot(f)
title ("矩形脉冲信号")
```

运行程序，结果如图 4-21 所示。

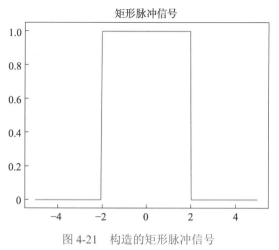

图 4-21 构造的矩形脉冲信号

（2）单位脉冲信号 $\delta(t)$ 是一种分布函数，定义如下：

$$\int_{-\infty}^{\infty} x(t)\delta(t)\mathrm{d}t = x(0)$$

其具有以下性质

$$\delta(t) = \frac{\mathrm{d}\big[u(t)\big]}{\mathrm{d}t}$$

$$\delta(at) = \frac{1}{|a|}\delta(t)$$

（3）sinc 信号的定义如下：

$$\mathrm{sinc}(t) = \frac{\sin(\pi t)}{\pi t}\big[t = 0时, \mathrm{sinc}(0) = 1\big]$$

此定义对应于宽度为 2π 和高度为 1 的矩形脉冲信号的连续傅里叶逆变换，sinc 信号又称采样信号。

（4）复指数信号的定义如下：

$$x(t) = \mathrm{e}^{st} = \mathrm{e}^{(\sigma+\mathrm{j}\omega)t} = \mathrm{e}^{\sigma t}\big[\cos(\omega t) + \mathrm{j}\sin(\omega t)\big]$$

复指数信号常被分解为实部和虚部两部分，其中 ω 是正弦函数和余弦函数的角频率，在实际的通信中，不能产生复指数信号，但是可以利用复指数信号来表示其他信号，因此复指数信号在通信系统仿真中有重要作用。

【例 4-16】利用 MWORKS.Syslab 编写一个程序，为输入的复指数信号绘制实部、虚部、模、相角随时间的变化图。

```
function sigexp(a, s, w, t1, t2)
    t = t1:0.01:t2
    theta = s + im * w
    fc = a * exp.(theta .* t)
    real_fc = real(fc)
    imag_fc = imag(fc)
    mag_fc = abs.(fc)
    phase_fc = angle.(fc)
```

```
figure(0)
plot(t, real_fc)
title("实部")
xlabel("时间/s")
axis([t1 t2 -((maximum(mag_fc) + 0.2)) maximum(mag_fc) + 0.2])

figure(1)
plot(t, imag(fc))
title("虚部")
xlabel("时间/s")
axis([t1 t2 -((maximum(mag_fc) + 0.2)) maximum(mag_fc) + 0.2])

figure(2)
plot(t, mag_fc)
title("模")
xlabel("时间/s")
axis([t1 t2 0 maximum(mag_fc) + 0.5])

figure(3)
plot(t, phase_fc)
title("相角")
xlabel("时间/s")
axis([t1 t2 -((maximum(phase_fc) + 0.5)) maximum(phase_fc) + 0.5])
end
sigexp(6, -0.3, 8, 0, 5)
```

运行程序，结果如图 4-22～图 4-25 所示。

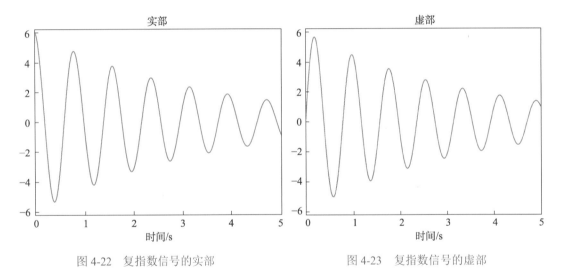

图 4-22　复指数信号的实部　　　　　　　　　图 4-23　复指数信号的虚部

2）MWORKS 中的信源

MWORKS 中内置的数字信号发生器包括伯努利二进制信号发生器、泊松分布整数产生器，随机整数产生器。

（1）伯努利二进制信号发生器。

假设实验只有两种可能的结果 A 和 $\overline{A}$，其中 $P(A) = p(0 < p < 1)$，$P(\overline{A}) = 1 - p = q$。若实验重复地进行 n 次，则这一系列重复的实验称为 n 重伯努利实验，简称伯努利实验。伯努利实验的结果的概率分布称为伯努利分布，其构成了一类重要的数学模型，被广泛应用于现实工

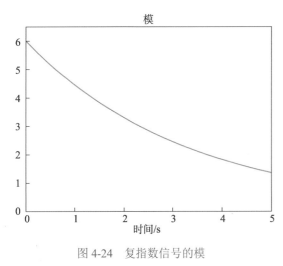

图 4-24　复指数信号的模　　　　　　图 4-25　复指数信号的相角

程和研究中。

设 X 代表伯努利实验中结果为 A 的次数，X 是一个随机变量，可以求解其分布函数和概率密度。X 可能的取值为 $0,1,2,\cdots,n$，是一系列离散的正整数值。由于各次实验之间是互相独立的，因此在 $k\left(0 \leqslant k \leqslant n\right)$ 次实验下结果为 A，在其他 $(n-k)$ 次实验下结果为 $\overline{A}$ 的概率为

$$p^k\left(1-p\right)^{n-k}$$

通过排列组合可以得知，概率的求解组合共有 C_n^k 种，它们之间是互不相容的，实验中结果 A 发生 k 次的概率为

$$C_n^k p^k\left(1-p\right)^{n-k}$$

同时可观察到

$$\sum_{k=0}^{n} C_n^k \mathrm{p}^k\left(1-p\right)^{n-k}=\left(p+q\right)^n=1$$

$C_n^k p^k\left(1-p\right)^{n-k}$ 是二项式 $\left(p+q\right)^n$ 的展开式中出现 p^k 的一项，故随机变量 X 服从参数为 n, p 的二项分布，记作

$$X \sim B\left(n, p\right)$$

特别地，当 $n=1$ 时，二项分布转化为 0–1 分布。

在 MWORKS.Syslab 的统计工具箱内，提供了大量计算伯努利分布的函数，包括 binopdf、binocdf、binostat、binoinv 等。其中，binopdf (x, n, p) 用于计算 x 处的服从参数 n, p 的伯努利分布的概率密度函数值，binocdf (x, n, p) 用于计算 x 处的服从参数 n, p 的伯努利分布的累积分布函数值（CDF），binostat(n, p) 用于计算服从参数 n, p 的伯努利分布的均值和方差，binoinv(x, n, p) 用于计算 x 处的服从参数 n, p 的伯努利分布的逆累积分布函数值（ICDF）。

【例 4-17】向空中投掷硬币 100 次，落地后正面朝上的概率为 0.5，求这 100 次中恰好有 45 次正面朝上的概率和正面朝上不超过 45 次的概率，并绘制该伯努利分布的分布函数与概率密度函数。

```
p1 = binopdf(45, 100, 0.5); #计算 X=45 的概率
```

```
p2 = binocdf(45, 100, 0.5); #计算 X<=45 的概率
#生成列向量，容器存储对应伯努利分布的概率
p = zeros(100, 1);
px = zeros(100, 1);
for i = 1:100
    p[i] = binopdf(i, 100, 0.5)
    px[i] = binopdf(i, 100, 0.5)
end
#绘制图像
x = 1:1:100;
#在同一窗口下绘制两幅图像
subplot(2, 1, 1)
ax1 = subplot(2, 1, 1)
ax2 = subplot(2, 1, 2)
#分布函数
plot(ax1, x, p, "--")
title(ax1, "分布函数")
ylabel(ax1, "概率")
#概率密度函数
plot(ax2, x, px, "*")
title(ax2, "概率密度函数")
ylabel(ax2, "概率")
```

运行程序，输出为

```
P1=0.048474296626432295
P2=0.1841008086633481
```

运行结果如图 4-26 所示。

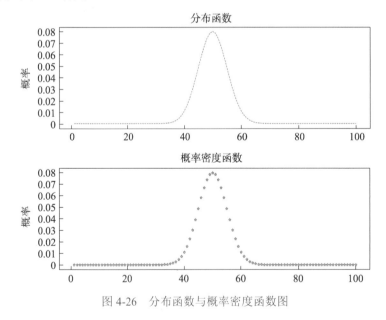

图 4-26　分布函数与概率密度函数图

（2）泊松分布整数产生器。

若离散随机变量 X 的取值是非负整数 $k = 0, 1, 2, 3, \cdots$ 且 $X = k$ 的概率为

$$p_k = P(X = k) = \frac{\lambda^k}{k!} e^{-\lambda}$$

则称离散随机变量 X 服从泊松分布，相应地，服从泊松分布的随机变量 X 的数学期望和方

差为

$$E(X) = \lambda$$
$$\mathrm{Var}(X) = \lambda$$

两个互相独立且分别服从参数 λ_1 和 λ_2 的泊松分布的随机变量的和，同样服从泊松分布，其参数为 $\lambda_1 + \lambda_2$。

在对二项分布的概率进行计算时，需要计算组合数 C_n^k，在独立实验次数 n 的数值较大时，计算较为困难。根据泊松定理可知，当一次实验的事件概率很小且独立实验次数很多时，即 p 趋于 0 且 n 趋于无穷大时，二项分布 $X \sim B(n,p)$ 趋于参数为 λ 的泊松分布，即

$$X \sim \mathrm{Poisson}(\lambda)$$

其中，$\lambda = np$ 为一个有限值。因此泊松分布可以对单次实验概率很小但实验次数很多的事件进行建模和近似计算。

在 MWORKS.Syslab 的统计工具箱内提供了关于泊松分布的相关函数，如 poisscdf、poissfit、poissinv 等。

【例 4-18】生成服从泊松分布的随机数并绘制图像（生成一个满足参数为 lambda 的泊松分布对象时，可以使用 Poisson(lambda)函数来完成）。

```
lambda = 4;#设置泊松分布参数
len = 5;
y1 = rand(Poisson(lambda), len)#产生 len 个随机数
P = 3;
Q = 4;
y2 = rand(Poisson(lambda), P, Q)#产生 P 行 Q 列的矩阵，可在工作区中查看
#绘制柱状图
M = 1000;
y3 = rand(Poisson(lambda), M);
bin = 12;#选择合适的方格数量
h = histogram(y3, bin)
xlabel("取值")
ylabel("计数值")
```

运行结果如图 4-27 所示。

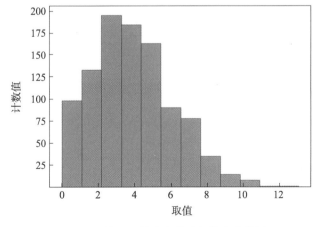

图 4-27　基于泊松分布的随机数产生结果

【例 4-19】尝试验证泊松定理，其中二项分布为 $X \sim B(1000, 0.05)$，并利用图像来可视化结果（在生成泊松分布对象时，可以使用 $poisspdf(x, lambda)$ 函数来计算 x 处的参数为 lambda 的泊松分布概率密度函数值）。

```
p = zeros(100, 1);
for i = 1:100
    p[i] = binopdf(i, 1000, 0.05)
end
y1 = p
x = 1:1:100;
lambda = 1000 * 0.05
y2 = poisspdf(x, lambda);
figure()
bar(x, y2, width=1)
hold("on")
plot(x, y1, linewidth=2, "#FF0000")
legend(["二项分布", "泊松分布"], loc="northwest")
xlabel("观测次数")
ylabel("概率")
title("二项分布与泊松分布")
```

运行结果如图 4-28 所示。

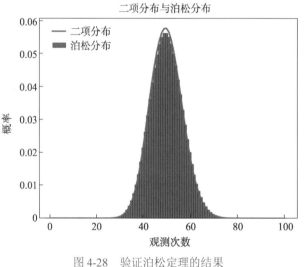

彩图

图 4-28　验证泊松定理的结果

（3）随机整数产生器。

在 MWORKS.Syslab 中可以使用 randi 函数来生成均匀分布的伪随机正整数，其用法已在 4.2.1 节的标题 4 中介绍过，此处不再赘述。

2. MWORKS 中的随机数信号发生器模块

1）伯努利二进制信号发生器模块

伯努利二进制信号发生器模块用于产生随机二进制序列，并且在这个二进制序列中的 0 和 1 的个数服从伯努利分布，即

$$P(x) = \begin{cases} p, & x = 0 \\ 1 - p, & x = 1 \end{cases}$$

伯努利二进制信号发生器输出 0 的概率为 p ，输出 1 的概率为 $1-p$ 。根据伯努利分布的特性可知，输出信号的均值为 $1-p$ ，方差为 $p(1-p)$ 。

伯努利二进制信号发生器模块参数如图 4-29 所示。

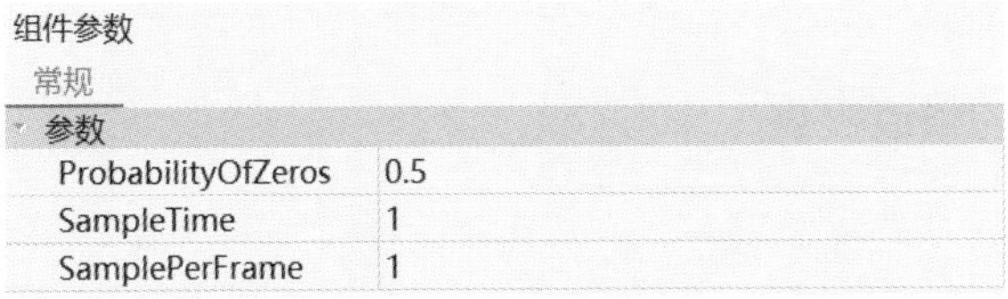

组件参数	
常规	
▸ 参数	
ProbabilityOfZeros	0.5
SampleTime	1
SamplePerFrame	1

图 4-29　伯努利二进制信号发生器模块参数

（1）ProbabilityOfZeros 用于设置伯努利二进制信号发生器输出 0 的概率，对应上述公式中的 p ，是一个 0 到 1 之间的实数。

（2）SampleTime 用于设置伯努利二进制信号发生器输出序列中每个二进制符号的持续时间，也就是采样时间。

（3）SamplePerFrame 用于设置伯努利二进制信号发生器输出序列帧包含的采样数。

2）泊松分布整数产生器

泊松分布整数产生器利用泊松分布产生随机整数。泊松分布整数产生器模块参数如图 4-30 所示。

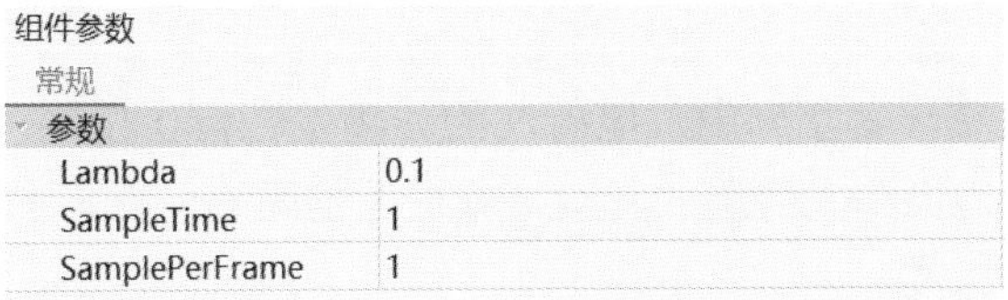

组件参数	
常规	
▸ 参数	
Lambda	0.1
SampleTime	1
SamplePerFrame	1

图 4-30　泊松分布整数产生器模块参数

（1）Lambda 用于设置泊松分布的参数 λ ，若输入为标量，则输出向量中的每个元素都服从相同参数的泊松分布。

（2）SampleTime 用于设置泊松分布整数产生器输出的每个整数的持续时间，也就是采样时间。

（3）SamplePerFrame 用于设置泊松分布整数产生器输出整数帧包含的采样数。

3）随机整数产生器

随机整数产生器用于产生 $[0, N-1]$ 范围内均匀分布的随机整数。随机整数产生器输出整数的范围 $[0, N-1]$ 可以由用户自定义，随机整数产生器模块参数如图 4-31 所示。

（1）SetSize 用于设置随机整数产生器输出随机数的取值范围。

（2）SampleTime 用于设置随机整数产生器输出的每个整数的持续时间，也就是采样时间。

（3）SamplePerFrame 用于设置随机整数产生器输出的整数帧包含的采样数。

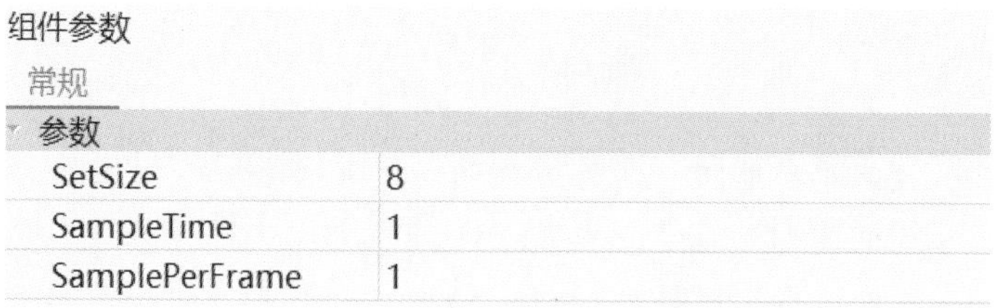

组件参数	
常规	
▾ 参数	
SetSize	8
SampleTime	1
SamplePerFrame	1

图 4-31　随机整数产生器的模块参数

3. MWORKS 中的信道模型

1）信道的基本知识

如前文所述，信道是一类连接信源和信宿的通信设备，其主要功能是负责将信号从信源传输至信宿。依据传输介质的不同，信道可以分为无线信道和有线信道两大类。按照自身传输特性来分类，信道可以分为恒定参量信道和随机参量信道，又称恒参信道和随参信道。

在通信系统中，信道中常会存在噪声，噪声对信号的传输有严重的影响，其常被认为是一种有源干扰，而信道由于自身传输特性对传输信号造成的不良影响可以被视为一种无源干扰。

（1）无线信道。

在无线信道中，信号的传输是依赖电磁波在空间中的传播来实现的。理论上，所有频率的电磁波都可以人为构造，但是在工程应用中，考虑到发送端的信号发射与接收端的信号接收，一般要求发送/接收端的天线尺寸不小于电磁波波长的 1/4。因此，越低频率的电磁波的波长越大，进而难以制造出合适的天线设备实现传播。所以，日常通信时的电磁波频率单位的数量级一般是 MHz。

一般认为，在外太空（真空）中，电磁波的传播是在自由空间内进行的，而在地球上，电磁波的传播常会受到地面和大气层的影响。依据通信距离、频率和位置，电磁波可以分为地波、天波和视线信号三类。

地波的频率较低（2MHz 以下），其传播时趋于弯曲的地球表面，具有一定的绕射能力，能够传播数百甚至数千千米。

天波的频率较高（2～30MHz），该类电磁波能够被电离层反射。由于紫外线的作用，地球的大气层被电离而产生多个电离层。底层的电离层对电磁波主要产生吸收和衰减作用，并且作用效果随电磁波频率的升高而减弱。因此，高频的信号可以通过电离层。位于高层的电离层可以反射电磁波，该类电离层是高频信号能够远程传播的基础，高频信号通过高层电离层和地面的多次反射，传播距离可以达到一万千米以上。

视线信号的频率一般在 30MHz 以上，该类高频信号能够穿透电离层，不被反射回地面。此外，视线信号传播的绕射能力很差，因此其只能完成类似光波一样的传播。在实际应用中，为了增加传播距离，常要增加天线的高度，还要利用无线电中继的方法，在发送端和接收端之间建造多个天线。

上述三种传播方法都会因传播距离的增大而导致电磁波的扩散，进而导致信号强度的逐步衰减。

（2）有线信道。

有线信道主要传输电信号和光信号。

传输电信号的有线信道主要有三类，即明线、对称电缆和同轴电缆。

明线是平行架设在电线杆上的架空线路，其是由导电裸线或含有绝缘层的导线构成的。其传输损耗小，但是容易受到外部环境的影响，抗干扰能力较差，现在已经大量地被电缆所替代。

对称电缆和同轴电缆统称为电缆。

对称电缆由若干成对的置于保护套内的双导线构成，工程中称为芯线。在实际应用时，为了减少导线之间的相互影响，会将每一对导线制作成扭绞形导线，称为双绞线。双绞线抗干扰能力较强，常被用在有线电话网络的接入电路中。

同轴电缆是由内外两根同心圆柱形导体构成的，导体间以绝缘材料相隔离。内部圆柱形导体一般为实心导线，外部导体则是空心导电管或金属编制网。为了增强抗干扰能力，其外部有一层绝缘保护层，通常需要接地使用，可以起到很好的电屏蔽作用，其常应用于有线电视广播网中。

传输光信号的有线信道称为光导纤维，简称光纤。光纤是利用两种折射率不同的导光材料进行信号传输的，其内层材料称为纤芯，外层包裹材料称为包层。通常情况下，纤芯材料的折射率要大于包层材料，进而能够使光信号在两层边界处发生多次反射，以达到远距离传输的效果。

2）信道的数学模型

若从不同角度对通信系统的性能进行研究，则信道有着不同的定义。在研究通信系统的调制和解调性能和通信系统的电路特性对信号的影响时，信道一般称为调制信道。在研究数字通信系统的信道编码和译码技术时，编码器和译码器之间的信道称为编码信道。

（1）调制信道模型。

基本的调制信道由输入端和输出端构成，输入端的信号电压 $u_i(t)$ 和输出端的信号电压 $u_o(t)$ 之间的数学关系如下

$$u_o(t) = f[u_i(t)] + n(t)$$

其中，$n(t)$ 是噪声。在对通信系统进行建模时，我们认为噪声 $n(t)$ 是直接叠加在信号上的，噪声 $n(t)$ 始终存在，不会因为输入信号的消失而消失，因此该噪声称为加性噪声或加性干扰。$f[u_i(t)]$ 表示信道输入和输出信号之间的关系，为了方便分析，通常 $f[u_i(t)] = k(t)u_i(t)$，即信道对输入信号作用了一个系数 $k(t)$。$k(t)$ 是一个复杂的函数，其反映了信道的特性，也反映了信道特性是随时间变化的（此类信道称为时变信道）。此外，$k(t)$ 也可以被视为信道对信号的一种干扰，此类干扰称为乘性干扰，此类干扰的特性不同于加性干扰，其会随着输入信号的消失而消失。

在 $k(t)$ 被视为干扰时，信号会发生各种失真现象，如线性失真、时间延迟、衰减等。这些失真会随着时间发生变化，因此 $k(t)$ 需要利用随机过程描述。此类特性随机变化的信道也

称随参信道。同时，也有部分信道的特性不随时间发生改变或随时间变化极小，此类信道称为恒参信道。

（2）编码信道模型。

调制信道对信号的影响主要在于使信号发生失真，而编码信道的输入信号和输出信号都是数字信号，因此其对信号的影响在于传输过程中使数字信号序列发生变化，即使数字信息序列中发生数字错误。

在研究编码信道时，常用转移概率来对信道特性进行描述。以简单的二进制通信系统为例，发生错误的情况有两种："0"转移为"1"和"1"转移为"0"，错误概率即发生这两种现象的概率，分别用 $P(0/1)$ 和 $P(1/0)$ 来表示。在工程实践中，编码信道的转移概率需要通过大量的实验数据来分析，在二进制通信系统内，"0"和"1"被正确传输和错误传输的关系如下：

$$P(0/0)=1-P(1/0)$$

$$P(1/1)=1-P(0/1)$$

编码信道中存在一类较为简单的无记忆信道，这种信道的前后码元发生错误的概率是相互独立的，即一个码元的错误与前后码元的错误是否发生无关。

4.2.3 信道的噪声

信号在传输时，不可避免地会受到各种干扰，这种干扰统称为噪声。依据在信道中占主导地位的噪声的特点，可以将信道分为加性高斯白噪声信道、多径瑞利退化信道和多径莱斯退化信道。下面以加性高斯白噪声信道为例进行介绍。

加性高斯白噪声是一类基本的噪声，其表现为信号随均值随机波动。加性高斯白噪声的均值为 0，方差为信号功率的大小。在 MWORKS 中，加性高斯白噪声信道模块的作用就是为输入信号加入高斯白噪声。

加性高斯白噪声信道模块参数如图 4-32 所示。

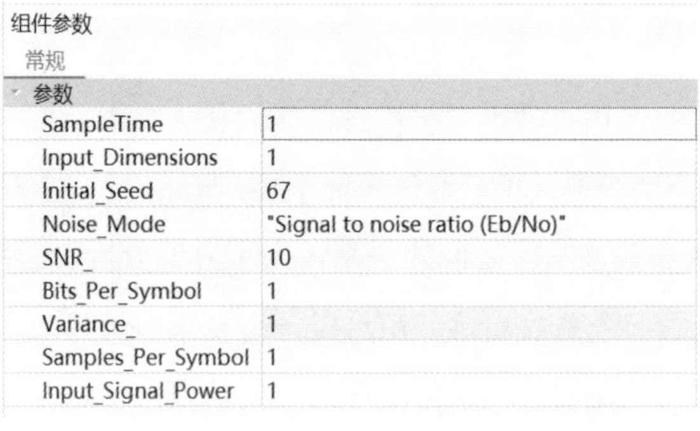

组件参数	
常规	
参数	
SampleTime	1
Input_Dimensions	1
Initial_Seed	67
Noise_Mode	"Signal to noise ratio (Eb/No)"
SNR	10
Bits_Per_Symbol	1
Variance_	1
Samples_Per_Symbol	1
Input_Signal_Power	1

图 4-32 加性高斯白噪声信道模块参数

（1）SampleTime 用于设置采样时间，即该模块独立仿真的周期。

（2）Input_Dimensions 用于设置输入信号的维度。

（3）Initial_Seed 用于设置加性高斯白噪声信道模块的初始化 seed。不同的 seed 对应不同的输出结果，相同的 seed 对应相同的输出结果，因此 seed 可让人们方便地进行可重复性的操作，进行可以多次仿真。

（4）Noise_Mode 用于设置加性高斯白噪声信道模块的噪声模式，共有四个参数可选择，分别是 Eb/N0（比特噪声比），Es/N0（符号噪声比），SNR（信噪比）和 Variance（噪声方差）。在使用 Eb/N0 和 Es/N0 这两个参数时，会分别根据信噪比 Eb/N0 和 Es/N0 确定高斯白噪声功率，对应的单位都是 dB。在使用 SNR 时，需要设定两个参数，信噪比和信号周期；在使用 Variance 时，高斯白噪声的功率由 Variance 决定，且必须为正。

（5）SNR_用于设置加性高斯白噪声信道模块的信噪比，单位为 dB，只有在噪声模式设置为 Eb/N0、Es/N0 和 SNR 时才有效。

（6）Bits_Per_Symbol 用于设置加性高斯白噪声信道模块每个符号所含的位数，只有在噪声模式为 Eb/N0 时才有效。

（7）Variance_用于设置加性高斯白噪声信道模块的噪声方差，只有在噪声模式为 Variance 时才有效。

（8）Samples_Per_Symbol 用于设置加性高斯白噪声信道模块每个符号所含的采样数，即采样频率，当噪声模式为 Eb/N0 或 Es/N0 时才有效。

（9）Input_Signal_Power 用于设置加性高斯白噪声信道模块的输入信号功率，单位为 W。

4.3 信道编译码技术

4.3.1 信道编译码技术概述

1. 信道编译码技术的发展

信道编译码技术是通信系统中的重要组成部分，它的出现极大地提高了通信系统的性能，特别是在噪声环境下的稳定性和可靠性。本节旨在深入解读信道编译码技术的概念、工作原理和应用领域，以便读者对这一关键技术有全面、深入的理解。

学习视频

信道编译码技术起源于香农的信息论，香农在 1948 年首次提出了信道容量的概念，并提出了香农编码定理，指出了存在一种编码方案，可以在达到信道容量的前提下，实现错误概率接近于零的通信。然而，由于早期的编译码技术涉及的计算复杂度高，实用性不强，因此该理论在实际通信系统中的应用并不广泛。随着计算机技术的发展，一些复杂的编码算法已经能够在实时通信系统中得到应用，如 Turbo 编码、低密度奇偶校验（LDPC）编码等，所以，香农的信息论得到广泛应用。

信道编码技术是通信系统中的一种重要技术，它的主要目的是通过在发送端添加冗余信息，使人们在接收端检测和纠正由于信道噪声引起的误码。编码后的信号在通过信道时，即使受到噪声干扰，也可以通过译码算法检测出错误并进行纠正，从而提高通信系统的可靠性。

信道编码技术可分为两大类：线性块编码和卷积码编码。线性块编码是将 k 个信息位编码为 n 个编码位的编码方式，其中 $n>k$。最常见的线性块编码包括循环冗余校验（CRC）、海明编码和里德-所罗门编码。卷积码编码则是一种通过卷积操作生成冗余位的编码方式，其特点是每个编码位都是前 k 个信息位的函数。

信道编码技术广泛应用于各种通信系统中，如无线通信系统、卫星通信系统、深空通信系统等。特别是在高噪声、低信噪比的环境中，信道编译码技术对提高通信系统的性能起到了至关重要的作用。当前，它已经成为 5G 通信、卫星通信等领域中的关键技术之一。

例如，在无线通信系统中，信道编码技术通过增加冗余位，增强了信号抗干扰和抗衰落的能力，从而提高了无线通信的可靠性和稳定性。在 5G 通信中，信道在高频段工作，信道条件复杂，信道编码技术起着至关重要的作用。在卫星通信系统和深空通信系统中，由于通信距离长，信噪比低，信道编码技术更必不可少。它不仅可以提高信号的接收质量，还可以在一定程度上降低发射功率，节省能源。

信道译码技术的目的是对接收到的带有噪声的编码信号进行处理，以恢复原始的信息位。常见的译码算法有维特比算法、BCJR 算法（也称 Turbo 译码算法）等。

近年来，随着深度学习技术的发展，深度学习在信道编译码技术中的应用引起了广泛关注。通过使用神经网络对编译码算法进行模型化和优化，可以进一步提高编译码效率和通信系统性能。

此外，信道编译码技术在物联网、车联网等新兴领域发挥着重要作用。在这些场景中，设备通常需要在低功耗和有限的硬件资源下进行高效的通信，这就对编译码技术提出了更高的要求。

总的来说，随着科技的不断进步，人们对通信质量和速度的需求也越来越高，这就需要我们不断研究和发展更先进的信道编译码技术，以满足未来通信的需求。

2. 信道编译码技术的理论基础

在仿真环境中，信道编译码模型是用来模拟实际通信系统中的信道编译码过程的。在 MWORKS 中，我们可以通过使用内置函数和 Communication 工具箱来快速构建和验证各种信道编译码模型。

MWORKS 提供了一套完整的信道编译码仿真工具，我们可以在不需要实际硬件的情况下，进行详细的信道编译码研究和分析。然而，虽然仿真环境为我们提供了便利，但我们仍需要先对信道编译码理论有深入的理解，再有效利用这些工具。下面介绍信道编译码技术的理论基础。

编译码技术是针对数字信息序列（数字信号）的映射和逆映射过程。如前所述，信道编码的目的主要是提升通信系统的可靠性，其依靠增加冗余信息的方法来使原本互相独立的数字信息序列的码元之间产生关联，使得通信系统能够具备检错或纠错能力。

针对通信系统信道中噪声引发的误码现象，我们可将差错分为如下三类。

（1）随机差错：信息在信道中传输时，信息传输的差错是随机出现的，数字信息序列中的码元传输差错是互相独立的。一般情况下，随机差错是由随机噪声引发的，因此存在随机差错的信道也称随机信道。

（2）突发差错：突发差错是连串出现的，不同于随机差错，突发差错的数字信息序列中各码元的传输差错是具有关联性的。突发差错一般由深度衰落或脉冲干扰引发，存在突发差错的信道也称突发信道。

（3）混合差错：若信息传输时既存在随机差错，又存在突发差错，则这类信道称为混合信道，混合信道中的差错称为混合差错。

根据香农第二编码定理的证明，用任意接近信道容量 C 的传输速率 R 传输，并且传输的差错率无限小的编码方法是存在的。信道编码的目的就是寻找这种方法。

在理论中，信道编码过程是一个可用 (n,k) 表示的编码过程，即输入 k 位信息码元，输出 n 位信息码元。常见通信系统中的数字信息序列一般是以二进制码元为主的，从信号空间映射的角度来看，k 位信息码元共有 2^k 种组合，构成一个 k 维码元空间。n 位信息码元共有 2^n 种组合，构成一个 n 维码元空间。下面介绍信道编码理论中的基本术语。

（1）编码效率 η：在输入 k 位信息码元时，信道编码器会输出 n 位信息码元，其中信道添加了 $n-k$ 位冗余码元，此信道编码的编码效率 η 可表示为

$$\eta = \frac{k}{n}$$

η 越小，信道的检错、纠错能力越强。信道编码技术的目标是在满足误码率要求的前提下尽可能地提高编码效率，这需要设计者考虑到应用时可靠性和有效性的权衡问题。

（2）编码增益：在给定误码率的前提下，编码增益就是非编码系统与编码系统所需要的信噪比 $\left(E_b / N_0\right)$ 的差值 G，单位为 dB。

$$G = \left(\frac{E_b}{N_0}\right)_u - \left(\frac{E_b}{N_0}\right)_c$$

其中，$(E_b / N_0)_u$ 和 $(E_b / N_0)_c$ 分别代表编码前和编码后所需的 (E_b / N_0)。不同的编译码技术拥有不同的编码增益，误码率性能的提升是以牺牲系统简洁度和频带利用率为代价换取的。

（3）码长：二进制编码中的码元个数称为码长，如"100101"的码长是 6。

（4）码重：二进制编码中码元"1"的个数称为码重，记作 $W(V)$，如"100101"的码重是 3。

（5）码距：对于两个等码长的二进制编码 V_1 和 V_2，它们对应码位上码元状态不同的位数总和称为码组的距离，简称码距，又称汉明距离，记作 $d(V_1, V_2)$。例如，若设 $V_1 = (110110011)$，$V_2 = (100101010)$，则 $d(V_1, V_2) = 4$。

（6）最小码距：所有可能二进制编码之间最小的码距称为最小码距，记作 $d_{\min}$。最小码距 $d_{\min}$ 是信道编码技术中非常重要的参数，它直接影响着信道编码的检错和纠错能力。

（7）检错：若最小码距为 $d_{\min}$，则最多可以检测 $d_{\min} - 1$ 位的传输差错。

（8）纠错：若最小码距为 $d_{\min}$，则最多可以纠正 $t = (d_{\min} - 1)/2$ 位的传输差错。其中 $(d_{\min} - 1)/2$ 的结果需要向下取整。

4.3.2　差错控制编码

信息在信道中传输时会受到无源噪声和有源噪声的影响，其中无源噪声属于随机差错，在其干扰下，各个码元出现错误的概率是互相独立且没有统计规律的；有源噪声属于突发差

错，可以等效于突然在外界施加一个干扰噪声源，其引发的差错往往是成群的，差错的持续时间也称突发差错的长度。

对于不同类型的信道，应当采取不同的差错控制编码技术，主要有以下四种。

1. 检错重发

在发送码元序列中加入差错控制码元，接收端利用此码元检测到有错码时，利用反向信道通知发送端，要求发送端重发信号，直到信号被正确接收为止。所谓检测到有错码，是指我们知道在一组接收码元中有一个或一些错码，但是不知道该错码应该如何纠正。在二进制系统中，这种情况发生在不知道一组接收码元中的哪个码元错了时。因为若知道哪个码元错了，则将该码元取补即能纠正，不需要重发。在多进制系统中，即使我们知道了错码的位置，也无法确定其正确取值。采用检错重发技术时，通信系统需要有双向信道传输重发命令。

2. 前间纠错

前向纠错一般简称为FEC，采用该技术时，利用发送端在发送码元序列中加入的差错控制码元，我们不但能够发现错码，而且能将错码恢复为正确值。在二进制系统中，能够确定错码的位置，就相当于能够纠正错码。

采用FEC时，不需要反向信道传输重发命令，也没有因反复重发而产生的时延，故实时性好。但是为了能够纠正错码，而不仅检测到有错码，和检错重发相比，其需要加入更多的差错控制码元，因此，其所用设备要比检测重发设备复杂。

3. 反馈校验

反馈校验不需要在发送码元序列中加入差错控制码元。其原理是，让接收端将接收到的码元原封不动地转发回发送端，在发送端将它和原发送码元逐一比较，若发现有不同，就认为接收端收到的序列中有错码，发送端立即重发。这种技术的原理和设备都很简单，但是需要双向信道，传输效率较低，因为每个码元都需要占用两次信道。

4. 检错删除

检错删除和检错重发的区别在于，采用检错删除技术时，接收端在发现错码后会立即将其删除，不会重发。这种方法只适用于少数特定系统，在那里，发送码元具有较大的冗余度，删除部分接收码元不影响系统应用。例如，在多次重发某些遥测数据后，仍然存在错码时，可以为了提高传输效率不再重发，而采取检错删除的方法。这样做，接收端虽然会有少许损失，但是能够及时接收后续的信息。

以上四种技术可以结合实际情况使用。例如，当接收端出现少量错码并有能力纠正时，可采用前向纠错技术，当接收端出现较多错码但没有能力纠正时，可采用检错重发技术。

在上述四种技术中，除第三种外，其余三种的共同点是都要在接收端识别有无错码。但是，由于信息码元序列是一种随机序列，接收端无法预知码元的取值，也无法识别其中有无错码。因此在发送端，需要在信息码元序列中增加一些差错控制码元，称为监督（Check）码元。这些监督码元和信息码元之间有某种确定的关系，如某种函数关系，使接收端有可能利用这种关系发现或纠正可能存在的错码。

4.3.3 线性分组码

线性分组码通常表示为(n,k)，其中n是编码后的码长。线性分组码的编码器将信息码元序列分割为独立的k位信息码元，并根据编码规则生成$n-k$位监督码元。监督码元只和当前k位信息码元有关，且编码规则为线性规则，可以利用线性方程组来表示。下面以$(7,3)$线性分组码为例，讨论线性分组码的编码方法。

1. 线性分组码的编码

$(7,3)$线性分组码的码长为7，一个码字内信息码元数为3，信息码元用$\boldsymbol{m}=[m_2 m_1 m_0]$来表示，监督码元数为4，监督码元用$\boldsymbol{b}=[b_3 b_2 b_1 b_0]$来表示。编码器负责根据编码规则为收到的信息码元计算监督码元，将信息码元和监督码元合并为码字输出。假设编码规则为

$$\begin{cases} b_3 = m_2 + m_0 \\ b_2 = m_2 + m_1 + m_0 \\ b_1 = m_2 + m_1 \\ b_0 = m_1 + m_0 \end{cases}$$

其中，"+"代表模2加（异或运算），在确定好信息码元后，可以根据编码规则计算出4位监督码元，二者共同构成了一个7位码字输出。在计算机仿真中，常以矩阵的形式存储码元：

$$\begin{bmatrix} b_3 \\ b_2 \\ b_1 \\ b_0 \end{bmatrix} = \begin{bmatrix} 1 & 0 & 1 \\ 1 & 1 & 1 \\ 1 & 1 & 0 \\ 0 & 1 & 1 \end{bmatrix} \begin{bmatrix} m_2 \\ m_1 \\ m_0 \end{bmatrix} = \boldsymbol{b}^{\mathrm{T}} = \boldsymbol{Q}^{\mathrm{T}} \boldsymbol{m}^{\mathrm{T}}$$

其中，$\boldsymbol{Q}$是方程的系数矩阵，代表对矩阵$\boldsymbol{m}$的变换操作。相应地，信息码元可以放置于监督码元的前面，也可以放置在其后面，这类结构的码称为系统码。若将其分散交错排列，则称为非系统码。系统码和非系统码在检错、纠错能力上是一样的。一般常用的是系统码，得到的相应的系统码码字如下：

$$\boldsymbol{C}=[m_2 m_1 m_0 : b_3 b_2 b_1 b_0]=[\boldsymbol{m}:\boldsymbol{b}]=[\boldsymbol{m}:\boldsymbol{mQ}]=\boldsymbol{m}[\boldsymbol{I}_3 : \boldsymbol{Q}]$$

其中，$\boldsymbol{I}_3$是三阶单位阵矩阵，令$\boldsymbol{G}=[\boldsymbol{I}_3 : \boldsymbol{Q}]$，$\boldsymbol{G}$称为生成矩阵，每当有对应的信息码元$\boldsymbol{m}$输入时，编码器会输出相应的码字。

2. 线性分组码的校验

下面将讲解线性分组码的错误纠正过程。

假设码字$\boldsymbol{C}=[c_6 c_5 c_4 c_3 c_2 c_1 c_0]$，将编码过程中的信息码元和监督码元表示出来，得到监督方程：

$$\begin{cases} c_6 + c_4 + c_3 = 0 \\ c_6 + c_5 + c_2 = 0 \\ c_6 + c_5 + c_1 = 0 \\ c_5 + c_4 + c_0 = 0 \end{cases}$$

写成矩阵形式有

$$\left[Q^{\mathrm{T}} : I_4 \right] C^{\mathrm{T}} = 0^{\mathrm{T}}$$

其中，I_4 是 4 阶单位阵矩阵，令 $H = \left[Q^{\mathrm{T}} : I_4 \right]$，相应有

$$H C^{\mathrm{T}} = 0^{\mathrm{T}}$$

显然，所有的许用码字 C 都应当满足上述监督关系。假设 R 是接收端的码字，如果 $R = C$，则必然满足

$$R H^{\mathrm{T}} = C H^{\mathrm{T}} = 0$$

如果上式不成立，则认为 $R \neq C$，说明在传输过程中出现了错码。相应地，定义 R 的伴随式

$$S = R H^{\mathrm{T}}$$

其中，$R = C + E$，E 代表信道的错误图样，则

$$S = R H^{\mathrm{T}} = 0 + E H^{\mathrm{T}}$$

$$S = E H^{\mathrm{T}}$$

由上式可知，伴随式 S 与发送的码字无关，只取决于信道的错误图样 E，这代表伴随式 S 包含了信道所有错误信息，因此在接收到码字 R 后，要先计算伴随式，对信道错误进行评估。假设接收到的码字 $R = [r_6 r_5 r_4 r_3 r_2 r_1 r_0]$，则伴随式 S 的计算如下：

$$\begin{bmatrix} s_1 \\ s_2 \\ s_3 \\ s_4 \end{bmatrix} = \begin{bmatrix} 1 & 0 & 1 : & 1 & 0 & 0 & 0 \\ 1 & 1 & 1 : & 0 & 1 & 0 & 0 \\ 1 & 1 & 0 : & 0 & 0 & 1 & 0 \\ 0 & 1 & 1 : & 0 & 0 & 0 & 1 \end{bmatrix} \begin{bmatrix} e_6 \\ e_5 \\ e_4 \\ e_3 \\ e_2 \\ e_1 \\ e_0 \end{bmatrix}$$

若接收到的码字 R=[0111010]，可得到 S=[0000]，表明接收到了许用码字，传输过程中没有出现错误。

3. 线性分组码的译码

下面将重点分析如何纠正传输错误。

纠正传输错误时，重点在于寻找错误位置，即能否通过伴随式 S 得到错误图样 $E = [e_6 e_5 e_4 e_3 e_2 e_1 e_0]$，在获得 E 后，根据 $R + E = C$ 可以恢复许用码字；在纠正时，由于采用二进制编码进行传输，只需要将错误位置取反，即可纠正错误。

假定接收到的码字 R =[0011010]，计算伴随式 S=[0111]，表明接收到了错误码字。依据 $S = E H^{\mathrm{T}}$，有

$$\begin{bmatrix} 0 \\ 1 \\ 1 \\ 1 \end{bmatrix} = \begin{bmatrix} 1 & 0 & 1 : & 1 & 0 & 0 & 0 \\ 1 & 1 & 1 : & 0 & 1 & 0 & 0 \\ 1 & 1 & 0 : & 0 & 0 & 1 & 0 \\ 0 & 1 & 1 : & 0 & 0 & 0 & 1 \end{bmatrix} \begin{bmatrix} e_6 \\ e_5 \\ e_4 \\ e_3 \\ e_2 \\ e_1 \\ e_0 \end{bmatrix}$$

写成方程组形式，有

$$\begin{cases} e_6 + e_4 + e_3 = 0 \\ e_6 + e_5 + e_4 + e_2 = 0 \\ e_6 + e_5 + e_1 = 0 \\ e_5 + e_4 + e_0 = 0 \end{cases}$$

通过对这个方程组进行求解，可以确定 $e_6, e_5, e_4, e_3, \cdots, e_0$ 的值。但实际上，由于方程组中有 4 个方程和 7 个未知数，因此该方程组为不定方程组。在进行方程组求解时，会得到错1 位的解有 1 个，错 2 位的解不存在，错 3 位的解有 1 个等。但是，码元错误数多的概率要小于码元错误少的概率，所以一般选择码元错误数最少的错误图样进行纠正，因此确定该信道的错误图样为错 1 位图样，即 **E**=[0100000]。

4.3.4　汉明码

1. 汉明码的纠错

汉明码是一种能纠正错误的线性码，用（N,K）表示，其主要参数如下。

（1）监督码元的位数 $r(r \geqslant 3)$。

（2）码长 $N = 2^r - 1$。

（3）信息码元的位数 $K = N - r = 2^r - 1 - r$。

（4）码距 $d_{\min} = 3$。

例如，在 r=3 时，$N = 2^3 - 1 = 7$，$K = N - r = 7 - 3 = 4$，$(7,4)$ 的汉明码矩阵为

$$H = \begin{bmatrix} Q^{\mathrm{T}} : I_3 \end{bmatrix}$$

其中

$$Q^{\mathrm{T}} = \begin{bmatrix} 1 & 0 & 1 & 1 \\ 1 & 1 & 0 & 1 \\ 0 & 1 & 1 & 1 \end{bmatrix}$$

$$Q = \begin{bmatrix} 1 & 1 & 0 \\ 0 & 1 & 1 \\ 1 & 0 & 1 \\ 1 & 1 & 1 \end{bmatrix}$$

生成矩阵为

$$G = \begin{bmatrix} I_4 : Q \end{bmatrix} = \begin{bmatrix} 1 & 0 & 0 & 0 & : & 1 & 1 & 0 \\ 0 & 1 & 0 & 0 & : & 0 & 1 & 1 \\ 0 & 0 & 1 & 0 & : & 1 & 0 & 1 \\ 0 & 0 & 0 & 1 & : & 1 & 1 & 1 \end{bmatrix}$$

由 $K = 4$ ，可得共有 $2^K = 2^4 = 16$ 个信息码元，也就有 16 个许用码字。

在 (N, K) 汉明码中，有 r 位监督码元，也就有 r 个监督方程，伴随式 S 中有 r 个元素，除全 0 状态外，共有 $2^r - 1$ 种不同组合，而汉明码的码长 $N = 2^r - 1$ ，其错 1 位的情况也就有 $2^r - 1$ 种，用 S 中 r 位的 $2^r - 1$ 种不同组合正好可以表示 $2^r - 1$ 种错 1 位的情况，也就充分发挥了 r 位监督码元的作用，这使得汉明码拥有较高的编码效率：

$$\eta = \frac{k}{N} = \frac{2^r - 1 - r}{2^r - 1}$$

由上式可知，r 较大时，η 趋近于 1，因此汉明码是一种效率极高的编码。

2. 汉明码的编译码模块

1）汉明码编码模块

在选定编码方案时，可以使用指定二进制多项式的方案或使用默认方案。在使用默认方案时，输入 N 和 K 为输入参数，模块将使用 gfprimdf（M）作为 GF(2^M) 的二进制多项式，其中 gfprimdf 函数是 MWORKS.Syslab 中专门用于生成本原多项式的函数，M 代表本原多项式阶数，GF(2^M) 代表有限域上的二进制 M 阶本原多项式。如果使用指定二进制多项式的方案，则第一项输入 N 作为参数；第二项输入一个二进制向量作为参数。这个二进制向量以升幂的顺序列出二进制多项式的系数，此外，也可以通过 MWORKS.Syslab 中的 gfprimdf 函数来求二进制多项式。

汉明码编码模块参数如图 4-33 所示。

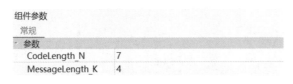

图 4-33　汉明码编码模块参数

（1）CodeLength_N 用于设定码长，同时也是输出向量的长度。

（2）MessageLength_K 用于设定信息码元的位数，也是输入向量的长度；或者表示二进制多项式的系数向量。

2）汉明码译码模块

汉明码译码模块用于从接收的汉明码中恢复出的原始信息。为了能够正确译码，模块所有的参数需要与相应的汉明码编码模块的参数相匹配。

汉明码译码模块参数如图 4-34 所示。

（1）CodeLength_N 设定码长，同时也是输出向量的长度。

（2）MessageLength_K 设定信息码元的位数，也是输入向量的长度；或者表示二进制多项式的系数向量。

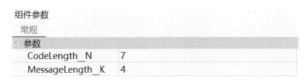

图 4-34　汉明码译码模块参数

4.3.5　循环码

循环码是线性分组码的一个子类，重要的线性分组码大多是循环码或与循环码有重要联系的码。相较于其他的码，循环码的编译码易于用简单的具有反馈连接的移位寄存器实现，这使得其在工程中被大量使用。

1. 循环码概述

一个线性分组码(n,k)，如果它的任一个码字经过循环移位后仍然是该码的一个码字，则该码称为循环码。

在代数编码理论中，常用多项式来表示一个码字：

$$C(x) = c_{n-1}x^{n-1} + c_{n-2}x^{n-2} + \cdots + c_0$$

任意一个$(7,3)$线性分组码的码字可以表示为

$$C(x) = c_6 x^6 + c_5 x^5 + \cdots + c_0$$

其中，x 是码元位置的标记，不是重点关注部分，因此不必关心 x 的取值。这类多项式称为码字多项式。例如，码字[0100111]可表示为

$$C(x) = 0x^6 + 1x^5 + 0x^4 + 0x^3 + 1x^2 + 1x^1 + 1 = x^5 + x^2 + x^1 + 1$$

将其左移一位，得到[1001110]，码字多项式变为$C^1(x)$：

$$C^1(x) = 1x^6 + 0x^5 + 0x^4 + 1x^3 + 1x^2 + 1x^1 + 0 = x^6 + x^3 + x^2 + x$$

需要注意，码字多项式的计算和一般实数域与复数域的多项式计算不同，其计算方式是基于模 2 的，具体方式如下。

（1）码字多项式相加，同幂次的系数模 2 加，两个多项式相加，结果系数为 0。

$$\left(x^6 + x^5 + x^4 + x^2\right) + \left(x^6 + x^3 + x^2 + 1\right) = x^6 + x^5 + x^2 + 1$$

（2）码字多项式相乘，对相乘多项式做模 2 加运算。

$$\left(x^3 + x^2 + 1\right) \times (x+1) = \left(x^4 + x^3 + x\right) + \left(x^3 + x^2 + 1\right) = x^4 + x^2 + x + 1$$

（3）码字多项式相除，除法过程中多项式相减，按模 2 加方式进行。当被除式 $N(x)$ 幂次大于除式 $D(x)$ 的幂次时，可以表示为商式 $q(x)$ 和一个分式之和：

$$\frac{N(x)}{D(x)} = q(x) + \frac{r(x)}{D(x)}$$

其中，余式 $r(x)$ 的幂次低于 $D(x)$ 的幂次。将 $r(x)$ 称为对 $N(x)$ 取模 (x) 的运算结果，表示为

$$r(x) = N(x) \bmod D(x)$$

基于此运算规则，一个 N 位码字多项式 $C(x)$ 和经过 i 次左移后的码字多项式 $C^i(x)$ 可以表示为

$$C^i(x) = x^i C(x) \bmod (x^N + 1)$$

2. 循环码的生成多项式

$(7,3)$ 循环码的非 0 码字多项式是由一个多项式 $g(x) = x^4 + x^3 + x^2 + 1$ 分别乘以 x^i 得到的。一般地，循环码是由一个常数项不为 0 的 $r = n - k$ 次多项式 $g(x)$ 确定的，这个多项式称为生成多项式。

$$g(x) = x^r + g_{r-1}x^{r-1} + \cdots + g_1 x + 1$$

生成多项式一旦确定，码字则确定。因此循环码编码的关键在于寻找一个合适的生成多项式。(n,k) 循环码的生成多项式是 $x^n + 1$ 的一个 $n - k$ 次因式。例如：

$$x^7 + 1 = (x+1)(x^3 + x^2 + 1)(x^3 + x + 1)$$

在式中可以找到两个 $n - k$ 次因式：

$$g_1(x) = (x+1)(x^3 + x^2 + 1) = x^4 + x^2 + x + 1$$

$$g_2(x) = (x+1)(x^3 + x + 1) = x^4 + x^3 + x^2 + x + 1$$

它们都可以作为 $(7,3)$ 循环码的生成多项式。

3. 循环码的编码

下面以 $(7,4)$ 循环码为例，讲解循环码监督码元产生的方法。$(7,4)$ 循环码的码字为

$$\boldsymbol{C} = [c_6 c_5 c_4 c_3 c_2 c_1 c_0] = [m_3 m_2 m_1 m_0 : b_2 b_1 b_0]$$

码字多项式为

$$C(x) = m_3 x^6 + m_2 x^5 + m_1 x^4 + m_0 x^3 + b_2 x^2 + b_1 x^1 + b_0 = x^3 m(x) + b(x)$$

其中，$m(x)$ 是信息多项式，$b(x)$ 是监督多项式，两侧同时减去 $b(x)$，有

$$x^3 m(x) = C(x) - b(x)$$

码字多项式可以被生成多项式除尽，即 $g(x)$ 为 $C(x)$ 的一个因式：

$$C(x) = g(x)q(x)$$

码字多项式减去 $b(x)$ 后再除以 $g(x)$，可得

$$\frac{x^3 m(x)}{g(x)} = \frac{C(x) - b(x)}{g(x)} = q(x) + \frac{b(x)}{g(x)}$$

其中，对比码字多项式除法式结果，可以得到 $b(x) = -r(x)$，即监督多项式是 $x^3 m(x)$ 除以 $g(x)$ 所得的余式，利用多项式除法可以得到 $b(x)$。

4. 循环码的译码

假设发送的码字为 C，对应的许用多项式为 $C(x)$，信道错误图样多项式为 $E(x)$，则接收到的码字多项式为

$$R(x) = C(x) + E(x)$$

其中，许用码字多项式 $C(x)$ 可以被生成多项式除尽，因此，用 $g(x)$ 除以 $R(x)$ 所得到的余式等于用 $g(x)$ 除以 $E(x)$ 所得到的余式 $S(x)$：

$$S(x) = E(x) \bmod g(x)$$

$S(x)$ 称为伴随式。若 $S(x) = 0$，则 $E(x) = 0$，$R(x) = C(x)$，没有传输错误；若 $S(x) \neq 0$，则传输过程中出现了错误。

4.3.6 卷积码

卷积码与线性分组码不同，在 (n,k) 的线性分组码中，每个码字的 n 个码元只和本码字中的 k 个信息码元有关，各码字中的监督码元只对本码字中的信息码元有监督作用。在卷积码中，(n,k) 码字内的 n 个码元不仅和该码字内部的信息码元有关，而且和前 m 个码字内的信息码元有关。即各个子码内的监督码元不仅对本子码有监督作用，而且对前 m 个子码的信息码元也有监督作用。因此，常用 (n,k,m) 来表示卷积码。m 一般代表编码存储，它反映了输入信息码元在编码器中需要存储的时间长短；$n=m+1$ 称为编码约束度，代表相互约束的码字个数；m 称为编码约束长度，代表相互约束的码元个数。注意，卷积码也有系统码和非系统码之分。

1. 卷积码的编码

1）卷积码编码的多项式描述形式

卷积码编码器将输入的信息码元序列分割成 k 位信息码元，根据相应的监督关系，生成 $n{-}k$ 位监督码元，将 k 位信息码元和 $n{-}k$ 位监督码元连接成 n 位编码码字。当前码字中的 $n{-}k$ 位监督码元与当前码字和前 m 个信息码字中的信息码元有关。

假设在 t 时刻，当前编码码字 $\boldsymbol{C}_t = \left[c_t^0 c_t^1 c_t^2 \cdots c_t^{n-2} c_t^{n-1} \right]$ 的编码码元 c_t^i 是当前信息码字 $\boldsymbol{M}_t = \left[m_t^0 m_t^1 m_t^2 \cdots m_t^{n-2} m_t^{n-1} \right]$ 及其前 m 个信息码字 $\boldsymbol{M}_{t-1}$、$\boldsymbol{M}_{t-2}$、$\cdots$、$\boldsymbol{M}_{t-m}$ 中信息码元的线性组合。$\boldsymbol{C}_t$ 是一个 n 维行向量，$\boldsymbol{M}_i$ 是一个 k 维行向量，则卷积码编码过程可以用一个矩阵表达

式表示：

$$C_t = M_t G_0 + M_{t-1} G_1 + \cdots + M_{t-m} G_m$$

其中，G_i 是一个 $k \times n$ 的矩阵，g_{pq}^i 代表矩阵 G_i 中、第 p 行、第 q 列的元素。在二进制编码中，$g_{pq}^i \in (1,0)$，代表信息码组 M_{t-i} 的第 p 个信息码元是否参与编码码字 C_t 的第 q 个码元的计算，$g_{pq}^i = 1$ 代表参与，否则代表不参与。C_t 是 M_{t-1}、M_{t-2}…、M_{t-m} 中参与计算的信息码元的模 2 和的集合。(n,k,m) 卷积码的编码过程如图 4-35 所示。

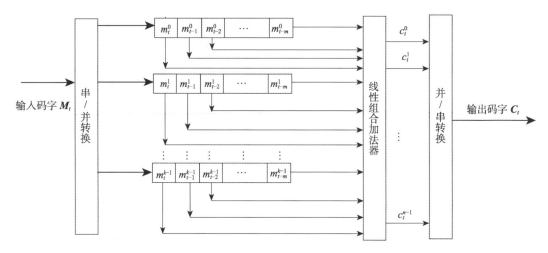

图 4-35 (n,k,m) 卷积码的编码过程

2）卷积码编码的网格图描述形式

网格图法可以表示卷积码编码的全过程，能够清楚展示从 0 时刻开始的卷积码编码的全部状态转移过程，即表示编码器所有的可能输入导致的输出情况和编码器的状态改变。

如图 4-36 所示，该编码器共有四个状态，一位输入对应两位输出，是一个编码效率为 1/2 的编码器。我们将点建模为某一时刻的状态，线段代表状态转移的过程，其中实线代表当前输入为 0 时编码器对应的状态改变；虚线代表当前输入为 1 时编码器对应的状态改变。每一条线段首尾连接构成的八进制数表示当前编码器的输出结果。

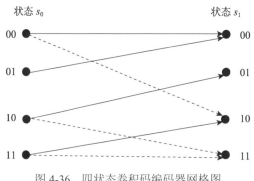

图 4-36 四状态卷积码编码器网格图

对于一个(n,k,m)卷积码的编码过程，我们把初始 0 时刻的状态记作 s_0，网格图可以拓展到 m 时刻的 2^m 个状态。从 $m+1$ 时刻的状态开始，每个状态都有 2^k 个输入分支和 2^k 个输出分支，每个分支都可以对应 k 位输入信息码元和 n 位输出编码码字。

2. 卷积码的译码

卷积码的译码过程大致可分为两大类：代数译码和概率译码。概率译码又可分为维特比译码和序列译码。其中基于概率方法的维特比译码是最常用的一种译码方式，将重点介绍。

1）维特比译码算法的基本原理

面对高传码率和高信噪比条件下的通信情景，基于贝叶斯定理的最大后验概率（MAP）译码器因为自身高计算复杂度的缺点，往往难以胜任译码任务，这激发了人们对更高效的译码算法的需求。维特比译码算法正是为了应对这一实际需求而产生的，它由美国工程师安德鲁·维特比（Andrew Viterbi）于 1967 年首次提出，核心思想是通过动态规划的方式来寻找卷积码的最优路径，以最小化误码率。与传统的 MAP 译码算法的原理不同，维特比算法采用了一个重要的假设，即最优路径上的各个状态之间是相互独立的。在等先验概率的情况下，维特比译码算法和 MAP 译码算法的误码率和误帧率近似相等，但是其计算复杂度远远小于 MAP 译码算法。

对一个(n,k,m)卷积码进行编码，我们假设一个码长为 L 的二进制信息码元序列为 $u=(u_0 u_1 u_2 \ldots u_{L-1})$，在经过卷积码编码器后，输出得到的二进制编码序列 $v=(v_0 v_1 v_2 \ldots v_{L+m-1})$；其中，$u_i$ 代表 k 位信息码元，v_i 代表 n 位编码码字。输出得到的序列 v 经过离散无记忆信道（DMC）后，输出码字为 $r=(r_0 r_1 r_2 \ldots r_{L+m-1})$，其中，$r_i$ 代表接收到的 n 位编码码字。

对于卷积码的译码过程，我们可以理解为，寻找一个译码端的对应状态，但是在译码端的状态空间里可能有大量的状态存在，而真实的译码信息码元在状态空间内只有一个状态，因此我们需要借助概率论中的最大似然估计方法来寻找概率最大的一个状态。我们可以将译码问题建模为，在已知编码后的码组序列 v 的情况下，寻找概率最大的输出码字 r 的问题。因此需要计算 r_i 和 v_i 的似然值，使对数似然函数 $\ln[p(r/v)]$ 的取值最大，在离散无记忆信道条件下，有

$$p\left(\frac{r}{v}\right)=\prod_{i=0}^{L+m-1} p(r_i/v_i)$$

$$\ln\left[p\left(\frac{r}{v}\right)\right]=\sum_{i=0}^{N-1}\ln\left[p\left(\frac{r_i}{v_i}\right)\right]$$

其中，$p(r_i/v_i)$ 称为信道转移概率，$\ln\left[p\left(\dfrac{r}{v}\right)\right]$ 称为路径值，记作 $M(r/v)$，$M(r_i/v_i)=\ln\left[p\left(\dfrac{r_i}{v_i}\right)\right]$ 代表第 i 条路径的分支度量值。

一条路径的前 j 个分支度量值的和可以表示为

$$M(r/v)_j=\sum_{i=0}^{j-1}$$

维特比译码器会在网格图中寻找具有最大路径值（最大似然比）的路径上的 v 来作为接收的编码码字的估计值。译码器会采取迭代的工作方式，从初始时刻开始比较每个状态的所有路径值，并选取具有最大路径值的路径，最终确定幸存路径作为卷积译码器的输出结果。

2）维特比译码算法的运行流程

维特比译码算法的运行流程如下：

（1）从时间 $j=m$ 开始，计算进入每个状态的路径度量值。对每个状态，挑选并存储相应的幸存路径和路径值。此时刻存储的幸存路径一般是该状态当前幸存路径的前一个状态值。

（2）j 增加 1，计算此时刻每一状态全部可能路径的度量值，新的度量值是通过前一状态的幸存路径度量值与此时刻进入该状态的分支度量值加和得到的，完成后便得到了此状态的全部可选路径，对于每个状态，共有 2^k 个可能的度量值，此时需要选取并存储具有最大度量值的路径及相应的度量值，删除其他路径。

（3）判断是否已经到达末尾时刻。如果当前时刻 $j<L+m$，则重复步骤（2），否则停止计算。

从 0 时刻到 m 时刻，状态从 0 个拓展到了 2^m 个。从 m 时刻到 L 时刻中的每个中间过程，都存在 2^k 个幸存路径和 2^k 个状态相对应。L 时刻以后，幸存路径会逐渐减少，直到 $L+m$ 时刻，仅剩一条幸存路径进入 s_0 状态，也就相当于卷积码的最终 0 状态。在 $L+m$ 时刻，通过回溯 s_0 状态，维特比算法一定会找到最大似然路径。如果卷积码没有返回 0 状态，那么 L 时刻度量值最大的状态将是最有可能的末状态，因此从该时刻开始回溯，找到最大似然路径。

4.3.7 Turbo 码

在 Turbo 码出现前，有大量的通信编译码技术研究集中于逼近香农信道容量理论的极限值，但始终与极限值存在 2～3dB 的差距，大量的研究者选择信道的截止速率 R_0 作为达到差错控制编码性能的极限的速率，而香农极限更多地被认为是一个理论极限值，无法在真实物理世界中达到。

依据香农信道容量理论，在信道传输速率 R 不大于信道容量 C 的前提下，只有在码长为无限的码集合中随机选取编码，并且采用最大似然译码（MLD）时，才能使误码率接近于 0。但是 MLD 算法的复杂性随着码长的增加以指数形式增长，在码长趋向于无穷时，MLD 算法是难以实现的，因此当时的研究者认为随机性编码是难以在现实的编码构造中实现的。但是，1993 年被提出的 Turbo 信道编码方案，很好地应用了香农信道编码定理中的随机性编码条件而很好地逼近了香农极限的编码性能。为了提升纠错能力，Turbo 编码采用了多种简单编码方案的组合，通常是两个编码方案的组合。在编码端，其将这两个编码器放置在并行或串联的结构中，并在它们之间引入一个交织器。这个过程相当于将原始数据序列分成多个较短的子序列，然后分别对这些子序列进行编码。这种组合编码的方式使得 Turbo 码在低信噪比条件下能够接近理论性能极限，提高了纠错性能。

1. Turbo 码的编码原理

Turbo 码的编码器通常采用并行级联的连接方式，并行级联结构如图 4-37 所示。

图 4-37 中，Turbo 码的编码器主要由两个子编码器、一个交织器和一个删余结构组成。

假设有一个长度为 k 的信息序列 $X = (x_1 x_2 \cdots x_k)$，其一条支线直接进入第一个子编码器RSC1，另一条支线经过交织器。交织器将信息序列重新排列为长度相同但位的位置已经改变的交织序列 u_1，交织器的特性由 $I = (I_1 I_2 \ldots I_k)$ 来描述。这样我们就得到了两个不同的输出校验序列 Y_{1i} 和 Y_{2i}。为了提高 Turbo 码的编码效率，可以采用删余（puncturing）技术。利用这个技术，我们可周期性地从两个校验序列中删除一些校验位，并将删除后的序列与未编码的信息序列 X 合并以进行调制。例如，如果假设两个子编码器的编码效率均为 1/2，且我们希望得到编码效率为 1/2 的 Turbo 码，可以使用删余矩阵 P=[1 0, 0 1]来完成。这意味着我们将对来自 RSC1 的校验序列 Y_{1i} 中的偶数位置的位与来自 RSC2 的校验序列 Y_{2i} 中的奇数位置的位进行删除。

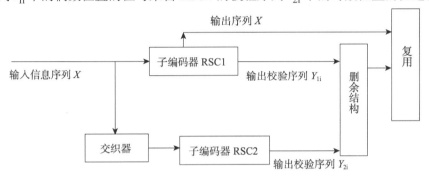

图 4-37　Turbo 码编码器的并行级联结构

1）子编码器

子编码器的数量和编码方式是任意的，为了简化编码器的结构设计，提升编码器的可靠性，常会采用两个具有相同结构的递归系统卷积（RSC）编码器作为子编码器，其结构如图 4-38 所示。

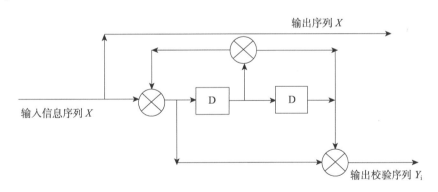

图 4-38　子编码器结构

图 4-38 展示了一个编码效率为 1/2 递归系统卷积码编码器，输入信息序列 $X = (x_1 x_2 \cdots x_k)$，输出序列 X 和校验序列 Y_i。由图 4-37 可知，输入为 X，输出是 $XY_{1i}Y_{2i}$，编码效率为 1/3。其中输出的第一位是信息位，属于系统码。一般情况下，两个 RSC 编码器通常是相同的，利用一个交织器并联。可以从子编码器的结构图中看出，相较于普通的卷积码编码器，其增加了一个反馈路径，变成了一个无限脉冲响应（IIR）滤波器，具有递归的特性，与 Turbo 码的特

性类似。

2）交织器

交织器在 Turbo 码的编码器中扮演了关键角色。尽管它的功能仅仅是简单地对 n 位的信息序列进行随机重排，但它对 Turbo 码性能产生了深远影响。交织器能够增大校验序列的码重，有效提高低码重信息序列通过子编码器后输出的校验序列的码重，增大编码码字之间的最小码距，增强纠错能力。在图 4-37 中，输入信息序列经过子编码器 RSC1 后，输出校验序列 Y_{1i} 的码重较低，但其通过交织器处理再输入子编码器 RSC2 进行卷积码编码后，RSC2 的输出校验序列 Y_{2i} 的码重将显著提高。交织器通过随机化码字的重量分布，为随机编码提供了保障，使得短码能够近似于长码，从而使 Turbo 码呈现出接近随机长码的特性。

3）删余结构

在卫星通信和移动通信等对编码效率要求较高的使用场景中，需要对编码效率较低的 Turbo 码进行改进，即需要利用删余结构进行周期性的校验位删除操作。如图 4-37 所示，利用两个编码效率均为 1/2 的子编码器级联得到的 Turbo 编码器直接输出序列，编码效率不满足要求的编码效率 1/2，因此在子编码器后要加入一个删余结构（删余矩阵 $\boldsymbol{P}=[1\ 0,\ 0\ 1]$）来删除校验序列 Y_{1i} 的偶数位的校验码元和 Y_{2i} 的奇数位的校验码元。虽然删余操作会使我们损失一部分校验信息，但是删余操作可以有效地提高编码效率。删余结构常被部署在高信噪比的应用场景下。

2. Turbo 码的译码原理

Turbo 码译码器是基于软判决的迭代译码算法来完成译码过程的。Turbo 码译码器结构如图 4-39 所示，其由子译码器（DEC1，DEC2）、交织器、解交织器和判决器构成。

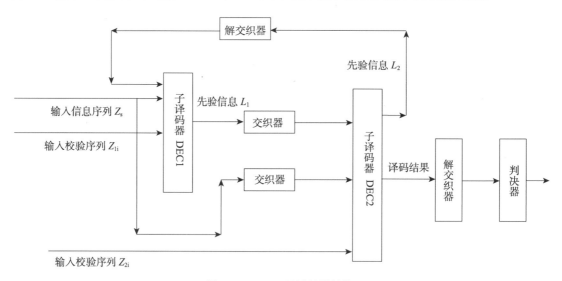

图 4-39　Turbo 码译码器结构

译码过程如下：将接收到的 Turbo 码序列输入译码器，其被分解为三个子序列 Z_{1i}、Z_{2i} 和 Z_s，其中 Z_s 是信息序列，Z_{1i}、Z_{2i} 是校验序列，分别对应着子编码器输出的 Y_{1i} 和 Y_{2i} 校验序列。将信息序列 Z_s 和校验序列 Z_{1i} 联合输入子译码器 DEC1，将得到的先验信息 L_1 输入交织器，得到交织信道的先验信息。在图 4-39 中可以看到，信息序列 Z_s 还会通过一条线路被输入另一个交织器，其经过交织器处理后，我们可以得到交织信道的信息序列。交织信道的信息序列会同校验序列 Z_{2i} 一起被输入子译码器 Dec2，经过译码处理后输出交织信道的先验信息 L_2 和交织信息的译码结果。交织信息的译码结果被输入解交织器和判决器做逐步处理和还原，最终得到原始未编码的信息序列 $X=(x_1 x_2 \dots x_k)$；交织信号的先验信息 L_2 也被输入解交织器做处理，转换为信道的先验信息，再被输入子译码器 DEC1 形成反馈闭环，完成信道先验信息的迭代过程，使译码器能够自主修正信息的最大似然比，使结果逐渐逼近真值。

在设计 Turbo 码译码器的过程中，需要考虑选取合适的迭代次数。迭代次数与 Turbo 码的纠错性能密切相关，迭代次数过少，会导致最大似然比修正不充分，译码得到的信息序列与真值偏差较大，Turbo 码整体的纠错能力低；迭代次数过多，会导致译码过程存在处理延时，不能满足低延迟通信的需求。根据工程经验，迭代次数达到 6 次后，该参数对 Turbo 码整体的纠错能力没有太多的贡献，因此一般情况下会选择 6 次作为迭代次数。

4.3.8　LDPC 码

LDPC 码（低密度奇偶校验码）于 1962 年由 Gallager 提出。LDPC 码只有在处理长码时才能展现出优良性能，但受限于当时计算机的能力，LDPC 码在最初被提出时没有得到研究人员和工程师的注意，直至 1996 年，人们对 LDPC 码做出了改进，其才被广泛地应用在移动通信、无线网络通信等领域。

LDPC 码是一种基于校验矩阵定义的特殊线性分组码，其校验矩阵是一种稀疏矩阵，矩阵内部的非 0 元素较少。在结构上，校验矩阵每一列的非 0 元素数量 j 是一个固定值，每一行的非 0 元素数量 k 也是一个固定值，且满足 $k>j$ 的关系。在校验矩阵中，每一列都代表一个码字的一个信息位，每一行都代表一个监督方程。

LDPC 码和 Turbo 码有类似的特点，都具有逼近香农极限的纠错性能。相比于 Turbo 码，LDPC 码的编译码复杂度要低一些，在一些长码编译的情况下，LDPC 码比 Turbo 码更能逼近香农极限的纠错性能。此外，根据校验矩阵的属性，LDPC 码可分为规则 LDPC 码和非规则 LDPC 码。在校验矩阵的所有行列的非 0 元素数量都相同时，由其生成的 LDPC 码是规则 LDPC 码，反之，则是非规则 LDPC 码。在一般情况下，非规则 LDPC 码的纠错性能要好于规则 LDPC 码。

1. LDPC 码的编码

1）基于校验矩阵的编码表示

在编码中，校验矩阵起到了纠错的作用，若收到的信息码元和校验矩阵中每一行对应的每个元素的乘积的和均为 0，则校验通过。其表达式如下：

$$\boldsymbol{H} \cdot \boldsymbol{C}^{\mathrm{T}} = 0$$

在 LDPC 码的校验矩阵中，每一列非 0 元素的数量 j 是固定的，且 $j>3$；每一行非 0 元

素的数量 k 也是固定的，满足约束关系 $k>j$，j 和 k 均是正整数。下面以一个 $k=4$，$j=3$，信息码元长度为 20 的校验矩阵为例，说明构造过程。

（1）首先将校验矩阵分为 j 部分（即 3 部分），每部分都有相同的行数，每部分的每一列都只含有 1 个 "1" 元素。校验矩阵构造表如表 4-3 所示。

（2）校验矩阵最上侧的第一部分是有规律的，"1" 元素在该部分的每一行降幂排列，即第 i 行的 $k(i-1)+1 \sim ik$ 个元素均为 "1"，其余元素均为 0。

表 4-3　校验矩阵构造表

1	1	1	1	0	0	0	0	0	0	0	0	0	0	0	0	0	0	0	0
0	0	0	0	1	1	1	1	0	0	0	0	0	0	0	0	0	0	0	0
0	0	0	0	0	0	0	0	1	1	1	1	0	0	0	0	0	0	0	0
0	0	0	0	0	0	0	0	0	0	0	0	1	1	1	1	0	0	0	0
0	0	0	0	0	0	0	0	0	0	0	0	0	0	0	0	1	1	1	1
1	0	0	0	1	0	0	0	1	0	0	0	1	0	0	0	0	0	0	0
0	1	0	0	0	1	0	0	0	1	0	0	0	1	0	0	0	0	0	0
0	0	1	0	0	0	1	0	0	0	1	0	0	0	1	0	0	0	0	0
0	0	0	1	0	0	0	1	0	0	0	1	0	0	0	1	0	0	0	0
0	0	0	0	0	0	0	0	0	0	0	0	0	0	0	0	1	0	0	1
1	0	0	0	0	0	1	0	0	0	0	1	0	0	0	1	0	0	1	0
0	1	0	0	1	0	0	0	0	1	0	0	1	0	0	0	0	1	0	0
0	0	1	0	0	1	0	0	0	0	1	0	0	0	1	0	1	0	0	0
0	0	0	1	0	0	0	1	1	0	0	0	0	0	0	1	0	0	0	1
0	0	0	0	1	0	0	0	0	0	1	0	0	1	0	0	0	0	0	1

第一部分：前 5 行　第二部分：中 5 行　第三部分：后 5 行

（3）相较于第一部分的构造过程，其余部分的构造过程具有随机性，但是整个校验矩阵需要满足以下约束条件：每一列的 "1" 元素的个数为 j，每一行的 "1" 元素个数为 k。

从上述构造过程中可以看出，LDPC 码的一部分构造过程具有随机性，具有随机编码的特征，符合逼近香农极限的三个特征。

2）用 Tanner 图形法表示编码过程

Tanner 图形法是一种较为直观的表示校验矩阵的形式，下面以信息码元长度为 6 的校验矩阵为例来说明，如图 4-40 所示。

图 4-40 中的圆形代表变量节点，对应着纠错码中的各个信息码元中的各位；方形代表校验节点，类似于神经网络中的神经元节点，负责对输入的信息码元序列进行处理并输出一个结果。校验节点作为一个汇集点让相关的变量节点相连，可以表示校验矩阵中一行的校验方程。

更多关于 Tanner 图形法的知识，读者可查阅相关文献自行学习。

2. LDPC 码的译码

如果直接采用最大似然译码算法来对 LDPC 码进行译码，会导致译码过程的计算复杂度过高。因此，常利用置信传播译码算法对 LDPC 码进行译码。置信传播译码算法有两种计算方式，基于概率的算法与基于对数似然的算法。由于基于对数似然的算法将信息传输过程中的乘法运算转化为了加法运算，同时省去了归一化计算过程，因此常被应用在 LDPC 码的译

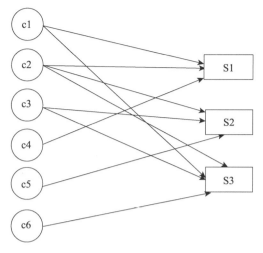

图 4-40　Tanner 图形法

码过程中。

假设原始的信息码元序列为 $C = (c_1 c_2 \cdots c_N)$，通过 LDPC 码的编码后，序列为 $X = (x_1 x_2 \cdots x_N)$，经过信道传输后，在译码端接收到的码元序列为 $Y = (y_1 y_2 \cdots y_N)$。

规定集合 $M(n)$ 是与变量节点 n 相连的校验节点的集合，$M(n)/m$ 代表集合 $M(n)$ 中不包含校验节点 m 的集合部分。

对数似然比（LLR）由下列公式表示：

$$LLR = \ln \frac{P_r(c_n = 0 \mid y_n)}{P_r(c_n = 1 \mid y_n)} \propto \ln \frac{P_r(y_n \mid c_n = 0)}{P_r(y_n \mid c_n = 1)}$$

首先对译码过程进行初始化操作，对于每个节点 m 和 n，有

$$\varphi_{mn} = \ln \left[\frac{P_r(y_n \mid c_n = 0)}{P_r(y_n \mid c_n = 1)} \right] = \frac{2 y_n}{\sigma^2} = \varphi_{n0}$$

随后进行码元消息迭代、传输和更新，对于校验节点，更新表示为

$$\phi_{mn} = 2 \tanh^{-1} \left(\prod_{n' \in N(m)/n} \tanh \left(\frac{\varphi_{mn'}}{2} \right) \right)$$

变量节点的更新计算表示为

$$\varphi_{mn} = \varphi_{n0} + \sum_{m' \in M(n)/m} \phi_{m'n}$$

式中，$N, m \in M(n)$，对于变量节点 $n = 1, 2, \cdots, N$，有

$$\varphi_n = \varphi_{n0} + \sum_{m \in M(n)} \phi_{mn}$$

完成码元信息的传输和节点更新后，开始进行译码尝试：

$$\hat{c}_n = \left[1 - \mathrm{sgn}\left(\varphi_n\right)\right] / 2$$

在译码过程中，译码器会不断检验是否满足校验约束关系 $\boldsymbol{H} \cdot \boldsymbol{C}^{\mathbf{T}} = 0$，若满足校验关系或循环迭代次数达到了门限值 $I_{\max}$，则译码结束；若达到了预先设置的最大迭代次数但没有达到门限值 $I_{\max}$，则认为译码失败，终止译码过程。

本 章 小 结

本章主要介绍了通信系统中的信号与信道模型，首先引入了理论知识来帮助读者快速了解信号与信道的现实物理特性，同时重点地介绍了 MWORKS 中的仿真函数与仿真模块；然后结合通信系统内的基本模型来帮助读者加深对信号与信道模型的理解，使读者掌握 MWORKS 中的信号与信道仿真函数及仿真模块的应用；最后讲解了信道编译码技术，包括差错控制编码、线性分组码、汉明码、循环码等。

习 题 4

1. 已知一个离散序列为 $x(n) = \sin(0.2\pi n), n = 0, 1, 2, \cdots, 31$。

（1）利用 $L=32$ 的 DFT 计算该序列的频谱，并且求出谱峰中的频率。

（2）对序列分别进行 $L=64, 128, 256, 512$ 的 DFT 操作（补 0 操作），并分别计算谱峰的频率值。

（3）讨论你做不同点 DFT 所获得的结果，并总结不同点 DFT 对计算谱峰的影响。

2. 已知一个离散序列为

$$x(n) = \cos(\omega_0 n) + 0.75 \cos(\omega_1 n), 0 \leqslant n \leqslant 63$$

其中，$\omega_0 = 0.4\pi$，$\omega_1 = \omega_0 + \pi/64$。

（1）对 $x(n)$ 做 64 点 FFT，绘制信号的频谱图。

（2）如果（1）中绘制的频谱图结果无法清晰地分辨两个谱峰，是否可以通过补 0 并进行更多点的 FFT 来分辨，尝试验证。

3. 已知一个离散序列为

$$x(n) = 10\sin(\omega_0 n + \pi/3) + 8\cos(2\omega_1 n + \pi/6), 0 \leqslant n \leqslant 128$$

其中，$\omega_0 = 0.2$，$\omega_1 = 0.3$。

（1）对 $x(n)$ 做 FFT，绘制信号的频谱图。

（2）给 $x(n)$ 加入信噪比为 SNR=10 的高斯白噪声，绘制功率谱图。

4. 随机过程是否可以使用傅里叶变换进行频谱分析？若不行，则应当如何来对随机过程进行频谱分析？

5. 已知有三个二进制编码(001010)、(101101)、(010001)。如果将它们用于检错，则能够检验出几位错码？如果将它们用于纠错，能纠正几位错码？如果将它们用于纠检错，能够纠错、检错几位错码？

第5章
数字信号基带传输

数字信号是相对模拟信号产生的概念，相比于模拟信号，它不随着时间连续变化，而是呈现离散的分布。基带信号是指未经调制的信号，特征是其频谱从零频率或很低的频率开始，占据较宽的频带。数字基带信号是指未经调制的数字信号。数字基带信号可以不经调制直接进行传输，这种传输方式称为数字信号基带传输，这种传输系统称为数字基带传输系统。

通过本章的学习，读者可以了解（或掌握）：

❖ 数字基带信号的概念。

❖ 数字基带传输系统的概念。

❖ 数字基带信号的码型。

❖ 码间串扰的概念。

5.1 概述

本章主要介绍数字基带信号的概念，并介绍数字基带传输系统的构成等基本知识。数字信号基带传输作为数字信号最基础的传输方式，至今仍然被使用，足以证明它应用的广泛性和实用性。

学习视频

5.1.1 信号

1. 信号的概念

我们常把从外界获取到的各种有意义的消息称为信息。而什么是信号呢？信号是反映信息的各种物理量，是系统直接进行加工、变换以实现通信的对象。信号是信息的表现形式，信息是信号的具体内容；信号是信息的载体，通信系统通过信号来传输信息。在《信号与系统》课程中，信号是传输有关一些现象的行为或属性的信息的函数。如果抽象地来谈信号，其实它就是数学上的函数，通常这个函数的自变量是时间或者位置。

2. 信号的分类

（1）按照连续性，信号可分为连续信号和离散信号。连续信号就是在连续时间内都有定义的信号，即对于任意时间值（除若干不连续点外），我们都可以给出确定的函数值。离散信号即仅在一些离散的瞬间才有定义的信号，在其他时间上没有定义。

（2）按照能否用确切的时间函数表示，信号可分为确定信号和随机信号。确定信号可以表示为确定的时间函数，即其在任意时刻的值都能被精确确定。随机信号不能用确定的时间函数表示，即其在任意时刻的值都不能被精确确定，它在任意时刻的值都具有不确定性，我们只可能知道它的统计特性。

（3）按照是否具有周期性，信号可分为周期信号和非周期信号。周期信号是指每隔一定时间，按相同规律重复变化的信号；非周期信号是指不具有周期性的信号。

（4）按照总能量是否有限，信号可分为能量信号和功率信号。信号能量的计算公式如下：

$$W = \int_{-\infty}^{+\infty} x^2(t)\,\mathrm{d}t$$

能量 W 为有限值的信号称为能量信号，能量信号具有零平均功率。信号平均功率的计算公式如下：

$$P = \frac{1}{t_2 - t_1} \int_{t_1}^{t_2} x^2(t)\,\mathrm{d}t$$

平均功率为有限值而信号总能量为无限值的信号称为功率信号，功率信号具有无限大的能量。

一个信号可以既不是能量信号也不是功率信号，但不可能既是能量信号又是功率信号，因为能量信号具有零平均功率，功率信号具有无限大的能量。

（5）按照维数的不同，信号可分为一维信号和多维信号。可以表示为一个变量的信号称

152

为一维信号；可以表示为多个变量的信号称为多维信号。

5.1.2　数字基带信号

1. 数字基带信号

在数字通信系统中，来自数据终端的原始数据信号，如计算机输出的二进制序列、电传机输出的代码等，往往包含了丰富的低频分量甚至直流分量，这些未经调制的数字信号的频谱一般都是在零频和零频附近开始的，故我们一般将其称为数字基带信号。

2. 数字信号基带传输

在某些具有低通特性的有线信道（如双绞线、电缆）中，当传输距离不太远时，数字基带信号可以不经调制直接传输，这种方式称为数字信号基带传输，基带传输是最基本的数据传输方式。目前数字信号一般都使用基带传输的方式。基带传输方式不适合语言和图像等信息，故目前一般用于基带网络的布局，如控制局域网等。基带传输要求传输的距离不能太远，一般不超过 25 千米，其传输质量会随着传输距离的增加而线性降低。而大多数信道，如各种无线信道和远距离有线信道，其传输特性是带通的，并不支持低频分量的传输，故需要使用调制解调器对数字基带信号进行调制和解调，将其转换成具有一定频带范围的模拟信号进行传输。这种经过调制和解调的数字信号的传输方式称为数字信号频带传输，这种传输系统称为数字频带传输系统。

5.1.3　数字基带传输系统的构成

数字基带传输系统的结构如图 5-1 所示。系统的传输函数为 $H(\omega) = G_T(\omega)C(\omega)G_R(\omega)$，$n(t)$ 为信道内的噪声。系统主要由脉冲形成器、发送滤波器、信道、接收滤波器和采样判决器等组成。

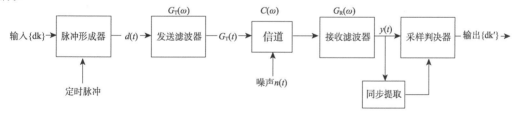

图 5-1　数字基带传输系统的结构

1. 脉冲形成器

脉冲形成器的输入是计算机输出的二进制序列或者电传机输出的代码等经过转换后形成的二进制脉冲序列，用 {dk} 表示。脉冲形成器可以把二进制脉冲序列转化成适合信道传输的码型，并提供同步定时信息，保证同步工作的顺利进行。脉冲形成器产生的波形由振幅、脉冲宽度、周期和相位延迟决定。一个好的脉冲形成器可以按固定间隔生成方波脉冲。

按照输出信号特性和工作原理，脉冲形成器可分为以下三类。

（1）恒幅脉冲形成器：输出脉冲幅度保持恒定不变，可以根据需要调整脉冲宽度和重复频率。

（2）变幅脉冲形成器：输出脉冲幅度可以随时间调整，可用于模拟各种非线性系统中的信号。

（3）多通道脉冲形成器：可以同时生成多个不同相位和幅度的脉冲信号，常应用于通信、雷达等领域。

在虚拟仿真建模中，我们可能不方便直接模拟一个脉冲形成器，故可以使用一个随机数生成器加以替代。我们先用随机数生成器生成一系列二进制信号，再用信号转换器将随机生成的二进制信号转换成数字信号，即可获得一个随机脉冲序列。

在 MWORKS.Sysplorer 中，我们可以调用随机数生成器模块，该模块用于生成一系列随机数。该模块及参数如图 5-2 所示。

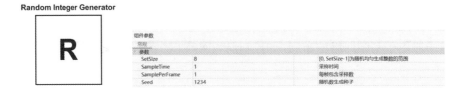

图 5-2　随机数生成器模块及参数

2. 发送滤波器

滤波是指对特定频率进行有效提取，并对提取出的部分进行特定处理（增益、衰减、滤除）。传统的滤波器只有滤波的功能，而当今的滤波器，特别是音频领域内的大部分滤波器，既有滤波的基础功能，又有信号放大的功能。

在信号领域内，滤波器分为无源滤波器和有源滤波器。有源滤波器是由集成运放和 RC 网络构成的，由于集成运放的增益和输入阻抗都很高，且输出阻抗又很低，故有源滤波器还有信号放大的作用。

发送滤波器又称脉冲成形滤波器，用以配合脉冲形成器改善原波形的频谱特性，使原波形变成适合信道传输的波形。常用的发送滤波器有升余弦发送滤波器、平方根滤波器和高斯滤波器。

1）升余弦发送滤波器

升余弦发送滤波器本质上是一个低通滤波器，但是它的滚降因子会对波形的幅度产生一定的影响。

在 MWORKS.Sysplorer 中，我们可以调用升余弦发送滤波器模块，该模块用于将原波形变成适合信道传输的波形。该模块及参数如图 5-3 所示。

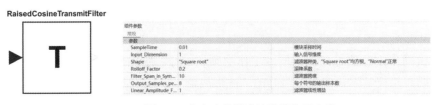

图 5-3　升余弦发送滤波器模块及参数

2）平方根滤波器

平方根滤波器一般是指平方根升余弦成形滤波器，它具有提升接收端信噪比的作用。若不考虑由信道引起的码间串扰，两个平方根升余弦函数相乘（相当于时域卷积）就可得到升余弦形式的合成的系统传输函数（升余弦满足奈奎斯特第一准则）。

在使用时，通常把平方根滤波器放置在收发两端，即将接收滤波器和发送滤波器均设计（匹配）为平方根滤波器。

3）高斯滤波器

高斯滤波器也叫高斯低通滤波器，它具有三个特点：

（1）带宽窄，具有良好的截止特性；

（2）具有较低的过冲脉冲响应，以防止调制器的瞬间频偏过大；

（3）保持滤波器输出脉冲的面积不变，以便于进行相干解调。

3. 接收滤波器

接收滤波器也称接收机。信号经过接收端的电阻，会受到热噪声的影响，热噪声符合高斯白噪声的性质，它是加性的。所以接收端通常会用一个滤波器去降低噪声干扰，最常用的接收滤波器有两种：低通滤波器和匹配滤波器。

接收滤波器的主要作用是滤除带外噪声，对信道特性进行均衡，使输出的基带波形便于采样判决器进行判决。

在 MWORKS.Sysplorer 中，我们可以调用升余弦接收滤波器模块，该模块用于降低噪声干扰。该模块及参数如图 5-4 所示。

图 5-4　升余弦接收滤波器模块及参数（由于版面限制，截图不全）

4. 信道

信道是信号在通信系统中传输的通道，由信号从发送端传输到接收端所经过的传输介质构成。广义的信道除了包括传输介质，还包括传输信号的相关设备。狭义的信道按照传输介质来划分，可分为有线信道、无线信道和存储信道三类。

加性高斯白噪声（Additive White Gaussian Noise，AWGN）是一个数学模型，用于对发送端和接收端之间的信道进行仿真。这个模型是线性增加的宽带噪声模型，具有恒定的频谱密度和高斯分布的幅度。AWGN 模型不适用于衰落、互调和干扰测试。AWGN 信道则是指添加高斯白噪声在信号上的信道。为什么要在信道中添加噪声呢？因为噪声是所有信道的一个固有部分。香农定理告诉我们，在存在噪声的情况下，通过指定带宽的信道传输信息的最大速率是

$$C = B \log_2 \left(1 + \frac{S}{N}\right)$$

其中，C 是信道容量，单位为比特/秒(bit/s)；B 是信号带宽，单位为 Hz；S 是在该带宽上接收的平均功率，单位为 W；N 是该带宽上的噪声的平均功率，单位为 W。

要想以可重复的方式对真实的信道条件进行仿真，就必须将随机噪声添加到所需的信号中。

在 MWORKS.Sysplorer 中，我们可以调用 AWGN 信道模块，该模块用于模拟 AWGN 信道。该模块及参数如图 5-5 所示。

图 5-5　AWGN 信道模块及参数

5. 采样判决器

采样判决器用于对信号进行采样，得到信号在不同时刻的一些离散的值，并利用采样对原来的基带信号进行恢复。

数字基带传输系统的输入信号一般是由终端设备编码器产生的脉冲序列，为了使这种脉冲序列适合在信道上传输，其一般要经过码型变换器，码型变换器可把二进制序列变换为多种其他的码型（如双极性码中的 AMI 码或 HDB3 码等），有时我们还要对脉冲序列进行波形变换，减小信号在基带传输系统内的码间串扰。

当信号经过信道时，由于信道特性不理想及噪声的干扰，信号可能会变形。在接收端，为了减小噪声对信号的影响，可以使信号先进入接收滤波器，再经过均衡器，校正由于信道特性（包括接收滤波器在内）不理想而产生的波形失真或码间串扰，最后在取样定时脉冲到来时，让采样判决器进行判决，以恢复基带数字信号脉冲。

5.2　数字基带信号的码型

在实际的数字基带传输系统中，传输介质一般为电缆，为了减少传输损耗，必须根据实际情况选择适合在信道上传输的码型。在选择传输码型时，主要考虑以下五点：

学习视频

（1）码型中不应含有直流分量，低频和高频分量也应尽可能少。

（2）码型中应含有丰富的定时信息，以便于提取定时信息。

（3）码型变换设备应该简单可靠，且不受信源变化的影响。

（4）码型应具有一定的检错能力。

（5）码型应具有较高的传输能力。

5.2.1　常用码型

1. 常用码型的定义

按码元的个数，码型一般分为三种，分别是二元码、三元码和多元码。常用的码型主要包括以下十种。

1）单极性非归零码

单极性非归零码简称 NRZ 码，其用高电平和低电平分别表示二进制信息中的 1 和 0，电平在整个码元期间保持不变。

单极性非归零码的优点是易于用 TTL 电路产生，缺点是含有直流分量，在带限信道中不利于传输，不适合远距离传输，只适合近距离传输或在计算机内部传输。

2）单极性归零码

单极性归零码简称 RZ 码，它与单极性非归零码的不同之处在于，其信号在一个码元终止时刻之前总会回归 0 电平。一般地，其在前半段时间内电平为 1，在后半段时间内电平为 0。

3）双极性非归零码

双极性非归零码简称 BNRZ 码，其与单极性非归零码类似，但其使用电平–1 表示信息 0。其缺点是无法从码型中提取同步信息，需要采用外同步方式。

4）双极性归零码

双极性归零码简称 BRZ 码，与单极性归零码类似，其信号也会在一个码元终止时刻之前回归 0 电平。其特点是使用 1、–1、0 三个电平来表示信息 1 和 0，所以严格来说，它是一个三元码。

5）传号交替反转码

传号交替反转码简称 AMI（Alternative Mark Inversion）码，其特点是使用交替的 1 和–1 电平来表示信息 1，使用 0 电平来表示信息 0。可以将其看成是单极性非归零码的变形，其优点是不含直流分量，在零频附近的低频分量少。经过全波整流，其可以变为 RZ 码，可以提取同步信息。其缺点是可能会出现长的连 0 串，造成提取定时信号困难。

6）三阶高密度双极性码

三阶高密度双极性码简称 HDB3 码，是为了克服 AMI 码会出现长的连 0 串缺点的一种 AMI 改进码。HDB3 码除具有 AMI 码的优点之外，还具有正负脉冲平衡的优点，便于直接传输。

其编码规则如下：

（1）先进行 AMI 编码。

（2）当出现一个连 0 串（0 的个数超过 3）时，将第 4 个 0 替换为与前一个非 0 符号同号的脉冲，这个脉冲称为破坏脉冲 V。

（3）相邻的 V 必须正负交替插入。为此，当 V 的取值能满足规则（2）却不能满足此规则时，将连 0 串中的第一个 0 变为 B，B 的符号与前一个非 0 码的符号相反，与后面的 V 的符号相同。

举例如下：

消息码：1 0 0 0 0 1 0 0 0 0 1 1 0 0 0 0 1 1

AMI 码：–1 0 0 0 0 +1 0 0 0 0 –1 +1 0 0 0 0 –1 +1

HDB3 码：–1 0 0 0 –V +1 0 0 0 +V –1 +1 –B 0 0 –V +1 –1

7）数字双相码

数字双相码也叫曼彻斯特（Manchester）码，其编码规则是，用两个不同相位的二进制编码来表示 0，用相反的相位来表示 1。如用 10 来表示 1，用 01 来表示 0。其优点是没有直流分量，编码简单，且含有足够的定时信息；缺点是带宽很大，频带利用率低。

8）传号反转码

传号反转码简称 CMI 码，它和数字双相码类似，也是一种双极性二电平码。其中信息 1 用 11 和 00 交替表示；信息 0 用 01 表示。其优点是易于实现，有较多的电平跳变，含有丰富的定时信息。

9）密勒码

密勒码（Miller 码）又称延迟调制码，是一种变形的数字双相码。其编码规则为，原始符号 1 用码元起始不跳变、中心点出现跳变来表示，即用 10 或 01 表示；信息码连 1 时，后面的 1 要交错编码；将信息码中的 0 编码为双极非归零码 00 或者 11，即码元中间不跳变；信息码连 0 时，使连续两个 0 的边界处发生电平跳变。

10）反向不归零码

反向不归零码简称 NRZI 码，其既能传输时钟信号，也能尽量不损失带宽。USB2.0 通信使用的就是 NRZI 码。NRZI 码的编码方式非常简单，其和 NRZ 码的区别是，NRZI 码用信号的翻转代表一个逻辑，信号保持不变代表另一个逻辑，即用信号电平翻转表示 0，信号电平不变表示 1。

2. 常用码型的转换

终端设备输出信号时，输出的往往是二进制编码信号，在现实中，我们往往使用码型变换器对码型进行转换，把二进制编码转换成更多其他的码型，以适应信道。而在模拟建模的条件下，我们往往需要编写函数来构建一个码型变换器，对我们已有的二进制编码进行转换。

在 MWORKS.Syslab 中，可以通过编写函数将二进制编码转换成其他的码型，下面将通过几个例子来演示具体操作。

【例 5-1】实现将二进制编码转换成单极性非归零码。

```
#定义一个函数，将二进制编码转换为 NRZ 码
function binary_to_nrz(binary::String)
  nrz = "" #初始化 NRZ 码字符串
  for bit in binary #遍历二进制编码中的每一位
    if bit == '0' #如果当前位是 0
      nrz *= "-" #在 NRZ 码中添加"-"
    else #如果当前位是 1
      nrz *= "+" #在 NRZ 码中添加"+"
    end
  end
  return nrz #返回 NRZ 码
end
```

在 MWORKS.Syslab 中输入如下代码验证：

```
binary = "01010111"
nrz = binary_to_nrz(binary)
println("Binary: ", binary)
println("NRZ: ", nrz)
```

得到输出：

```
Binary: 01010111
NRZ: -+-+-+++
```

【例 5-2】实现将二进制编码转换为单极性归零码。

```
#定义一个函数，将二进制编码转换为 RZ 码
function binary_to_rz(binary::String)
    rz = "" #初始化 RZ 码字符串
    for bit in binary #遍历二进制编码中的每一位
        if bit == '0' #如果当前位是 0
            rz *= "0" #在 RZ 码中添加"0"
        else #如果当前位是 1
            rz *= "10" #在 RZ 码中添加"10"
        end
    end
    return rz #返回 RZ 码
end
```

在 MWORKS.Syslab 中输入如下代码验证：

```
binary = "01010111"
rz = binary_to_rz(binary)
println("Binary: ", binary)
println("RZ: ", rz)
```

得到输出：

```
Binary: 01010111
RZ: 0100100101010
```

【例 5-3】实现将二进制编码转换为双极性非归零码。

```
#定义一个函数，将二进制编码转换为双极性非归零码（BNRZ）
function binary_to_bipolar_nrz(binary::String)
    bipolar_nrz = "" #初始化 BNRZ 码字符串
    for bit in binary#遍历二进制编码中的每一位
        if bit == '0'#如果当前位是 0
            bipolar_nrz *= "0"#在 BNRZ 码中添加"0"
        else#如果当前位是 1
            bipolar_nrz *= "-1"#在 BNRZ 码中添加"-1"
        end
    end
    return bipolar_nrz #返回 BNRZ 码
end
```

在 MWORKS.Syslab 中输入如下代码验证：

```
binary = "01010111"
bipolar_nrz = binary_to_bipolar_nrz(binary)
println("Binary: ", binary)
println("Bipolar NRZ: ", bipolar_nrz)
```

得到输出：

```
Binary: 01010111
Bipolar NRZ: 0-10-10-1-1-1
```

【例 5-4】 实现将二进制编码转换为传号交替反转码。

```
#定义一个函数，将二进制编码转换为 AMI 码
function binary_to_ami(binary::String)
  ami = "" #初始化 AMI 码字符串
  ones_count = 0 #初始化连续 1 的计数器
  for bit in binary #遍历二进制编码中的每一位
    if bit == '1' #如果当前位是 1
      ones_count += 1 #连续 1 的计数器的值加 1
      if ones_count % 2 == 1 #如果连续 1 的计数器的值是奇数
        ami *= "+1" #在 AMI 码中添加"+1"
      else #如果连续 1 的计数器的值是偶数
        ami *= "-1" #在 AMI 码中添加"-1"
      end
    else #如果当前位是 0
      ami *= "0" #在 AMI 码中添加"0"
    end
  end
  return ami #返回 AMI 码
end
```

在 MWORKS.Syslab 中输入如下代码验证：

```
binary = "11000011"
ami = binary_to_ami(binary)
println("Binary: ", binary)
println(AMI)
```

得到输出：

```
Binary: 11000011
AMI:+1-10000+1-1
```

【例 5-5】 实现将二进制编码转换为 HDB3 码。

```
#定义一个函数，将二进制编码转换为 HDB3 码
function binary_to_hdb3(binary::String)
  hdb3 = "" #初始化 HDB3 码字符串
  ones_count = 0 #初始化连续 1 的计数器
  polarity = "+1" #初始化极性
  b_count = 0 #初始化连续 0 的计数器
  for bit in binary #遍历二进制编码中的每一位
    if bit == '1' #如果当前位是 1
      ones_count += 1 #连续 1 的计数器的值加 1
      if ones_count % 2 == 1 #如果连续 1 的计数器的值是奇数
        hdb3 *= polarity #在 HDB3 码中添加当前极性
      else #如果连续 1 的计数器的值是偶数
        hdb3 *= "-1" #在 HDB3 码中添加"-1"
        polarity = polarity == "+1" ? "-1" : "+1" #改变极性
      end
    else #如果当前位是 0
      b_count += 1 #连续 0 的计数器的值加 1
      if b_count == 4 #如果连续 0 的计数器的值达到 4
```

```
        hdb3 *= "000V" #在 HDB3 码中添加"000V"
        b_count = 0 #连续 0 的计数器的值归零
      else #如果连续 0 的计数器的值未达到 4
        hdb3 *= "0" #在 HDB3 码中添加"0"
      end
    end
  end
  return hdb3 #返回 HDB3 码
end
```

在 MWORKS.Syslab 中输入如下代码验证：

```
binary = "100001000011000011"
hdb3 = binary_to_hdb3(binary)
println("Binary: ", binary)
println("HDB3: ", hdb3)
```

得到输出：

```
Binary: 100001000011000011
HDB3: +1000000V-1000000V-1-1000000V+1-1
```

【例 5-6】实现将二进制编码转换为曼彻斯特码。

```
#定义一个函数，将二进制编码转换为曼彻斯特码
function bin_to_manchester(bin::String)
  manchester = "" #初始化曼彻斯特码字符串
  for i in 1:length(bin) #遍历二进制编码中的每一位
    if bin[i] == '0' #如果当前位是 0
      manchester *= "01" #在曼彻斯特码中添加"01"
    else #如果当前位是 1
      manchester *= "10" #在曼彻斯特码中添加"10"
    end
  end
  return manchester #返回曼彻斯特码
end
```

在 MWORKS.Syslab 中输入如下代码验证：

```
binary = "1010"
manchester = bin_to_manchester(binary)
println("Binary: ", binary)
println("Manchester: ",manchester)
```

得到输出：

```
Binary: 1010
Manchester: 10011001
```

【例 5-7】实现将二进制编码转换为 CMI 码。

```
#定义一个函数，将二进制编码转换为 CMI 码
function binary_to_cmi(binary::String)
  #初始化一个空的 CMI 码字符串
  cmi = ""
  #初始化一个变量，表示当前的电平，初始值为 0
  level = 0
  #遍历二进制编码中的每一位
  for c in binary
    #如果当前位是 0，则在 CMI 码中添加一个半位的 0 和一个半位的 1
```

```
        if c == '0'
            cmi *= "01"
        #如果当前位是 1，则在 CMI 码中添加一个全位的当前电平，并将电平取反
        else
            cmi *= string(level) * string(level)
            level = 1 - level
            end
    end
    #返回 CMI 字符串
    return cmi
end
```

在 MWORKS.Syslab 中输入如下代码验证：

```
binary = " 01011010"
cmi = binary_to_cmi(binary)
println("Binary: ", binary)
println("CMI: ", cmi)
```

得到输出：

```
Binary: 01011010
CMI: 000111010011010001
```

【例 5-8】实现将二进制编码转换为密勒码。

```
#定义一个函数，将二进制编码转换为 Miller 码
function binary_to_miller(binary::String)
    #将二进制字符串转换为数字数组
    binary_array = [parse(Int, i) for i in split(binary, "")]

    #初始化 Miller 码数组
    miller_array = []

    #初始化 Miller 码的最后一位
    last_miller = -1

    for bit in binary_array
        if bit == 0
            #如果当前位是 0，则添加两个 0 或两个 1 到 Miller 码数组中
            if last_miller == -1
                push!(miller_array, 1)
                push!(miller_array, 1)
                last_miller = 1
            else
                push!(miller_array, -1)
                push!(miller_array, -1)
                last_miller = -1
            end
        else
            #如果当前位是 1，则添加一个 0 和一个 1 或-1 到 Miller 码数组中
            push!(miller_array, 0)
            if last_miller == -1
                push!(miller_array, 1)
                last_miller = 1
            else
                push!(miller_array, -1)
                last_miller = -1
            end
        end
```

```
      end
  end

    return miller_array
end
```

在 MWORKS.Syslab 中输入如下代码验证：

```
binary = "010100111010"
miller = binary_to_miller(binary)
println("Binary: ", binary)
println("Miller: ", miller)
```

得到输出：

```
Binary: 010100111010
Miller: Any[1, 1, 0, -1, 1, 1, 0, -1, 1, 1, -1, -1, 0, 1, 0, -1, 0, 1, -1, -1, 0, 1, -1, -1]
```

【例 5-9】实现将二进制编码转换为反向不归零码。

```
#定义一个函数，将二进制编码转换为 NRZI 码
function binary_to_nrzi(binary::String)
    nrzi = "" #初始化 NRZI 码字符串
    last = '+' #初始化上一位电平为"+"
    for bit in binary #遍历二进制编码中的每一位
        if bit == '0' #如果当前位是 0
            nrzi *= last #在 NRZI 码中添加上一位电平
        else #如果当前位是 1
            if last == '+' #如果上一位电平是"+"
                last = '-' #改变电平为"-"
            else #如果上一位电平是"-"
                last = '+' #改变电平为"+"
            end
            nrzi *= last #在 NRZI 码中添加改变后的电平
        end
    end
    return nrzi #返回 NRZI 码
end
```

在 MWORKS.Syslab 中输入如下代码验证：

```
binary = "01010111"
nrzi = binary_to_nrzi(binary)
println("Binary: ", binary)
println("NRZI: ", nrzi)
```

得到输出：

```
Binary: 01010111
NRZI: +--++-+-
```

3. 常用波形的绘制

下面通过几个例子演示常用波形的绘制。

【例 5-10】绘制单极性非归零码波形和单极性归零码波形。

在 MWORKS.Syslab 中输入如下代码：

```
#首先需要确定单个码元信号，以一秒为一个码元周期，每次采样 128 个点，得到两个码元信号，分别是 RZ 码信号和 NRZ 码
信号
rng = MT19937ar(1) #固定随机数种子
Ts = 1 #符号周期
N_sample = 128 #每个符号的采样点数
dt = Ts / N_sample #采样时间间隔
N = 100 #符号数
t = 0:dt:(N*N_sample-1)*dt #序列传输时间
gt1 = ones(Int64, N_sample) #NRZ 码波形
gt2 = [ones(Int64, N_sample ÷ 2); zeros(Int64, N_sample ÷ 2)] #RZ 码波形

#然后根据码元数生成 N 个二进制的随机序列，随机序列为 1 时取一个码元信号，随机序列为 0 时取一个零信号

RAN = round.(rand(rng, 1, N)) #随机二进制序列
se1 = Int64[] #存储 NRZ 码波形序列
se2 = Int64[] #存储 RZ 码波形序列
for i = 1:N #生成序列
    if RAN[i] == 1
        append!(se1, gt1) #如果随机数为 1，则添加 NRZ 波形
        append!(se2, gt2) #如果随机数为 1，则添加 RZ 波形
    else
        append!(se1, zeros(Int64, N_sample)) #如果随机数为 0，则添加 0
        append!(se2, zeros(Int64, N_sample)) #如果随机数为 0，则添加 0
    end
end

#绘制，观察波形是否正确
figure()
plot(t[1:20*N_sample+1], se1[1:20*N_sample+1]) #绘制 NRZ 码波形
xlabel("Time")
ylabel("Amplitude")
ylim(0, 2)
title("NRZ")
figure()
plot(t[1:20*N_sample+1], se2[1:20*N_sample+1]) #绘制 RZ 码波形
xlabel("Time")
ylabel("Amplitude")
ylim(0, 2)
title("RZ")
```

编译后运行，绘制的波形如图 5-6 和图 5-7 所示。

【例 5-11】绘制 AMI 码波形。

在 MWORKS.Syslab 中输入如下代码：

```
function ami_waveform(bits::Vector{Int})
    x = []
    y = []
    current_level = 1   #当前电平为正电平
    for bit in bits
        if bit == 1
            current_level *= -1   #如果是 1，则改变电平为负电平
        end
        push!(x, length(y))   #将时间点添加到 x 轴上
        push!(y, current_level)   #将当前电平添加到 y 轴上
    end
    plot(x, y)   #绘制 AMI 码波形，设置 y 轴范围和标签
```

```
        ylim=(-1.5, 1.5)
        xlabel("Time")
        ylabel("Amplitude")
end

bits = [0, 1, 0, 0, 1, 0, 1]    #AMI 码波形的数字信号序列
ami_waveform(bits)    #调用函数绘制 AMI 码波形
```

绘制得到的波形如图 5-8 所示。

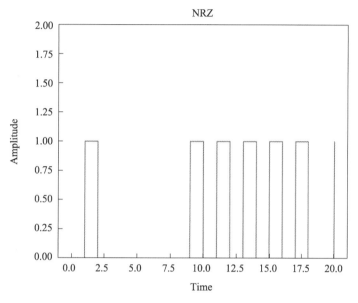

图 5-6　单极性非归零码波形

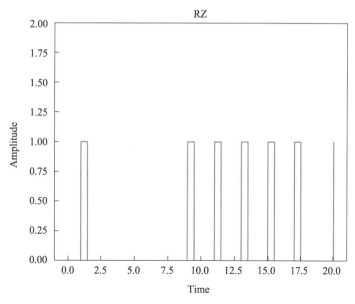

图 5-7　单极性归零码波形

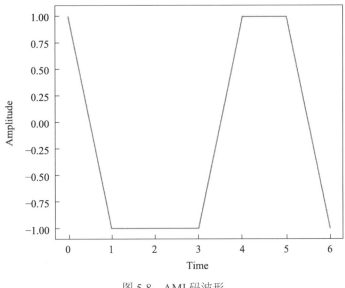

图 5-8　AMI 码波形

【例 5-12】绘制 HDB3 码波形。

在 MWORKS.Syslab 中输入如下代码：

```
function hdb3_waveform(bits::Vector{Int})
    x = []
    y = []
    current_level = 1   #当前电平为正电平
    previous_bit = 0    #上一位为 0
    zero_count = 0      #连续 0 的个数为 0 个

    for bit in bits
        if bit == 1
            current_level *= -1   #如果是 1，则改变电平为负电平
            zero_count = 0
        else
            zero_count += 1
            if zero_count == 4 && previous_bit == 0
                #如果连续出现 4 个 0，并且上一位为 0，则进行编码转换
                push!(y, current_level)
                push!(x, length(y))
                push!(y, current_level)
                push!(x, length(y))
                push!(y, 0)
                push!(x, length(y))
                push!(y, 0)
                push!(x, length(y))
                zero_count = 0
            end
        end
        previous_bit = bit
        push!(y, current_level)
        push!(x, length(y))
    end

    plot(x, y) #绘制 HDB3 码波形，设置 y 轴范围和标签
```

```
        ylim(-1.5, 1.5)
        xlabel("Time")
        ylabel("Amplitude")
end

bits = [0, 0, 0, 0, 1, -1, -1, 0] #HDB3 码波形的数字信号序列
hdb3_waveform(bits) #调用函数绘制 HDB3 码波形
```

绘制的 HDB3 码波形如图 5-9 所示。

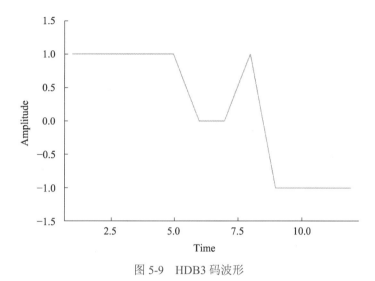

图 5-9　HDB3 码波形

5.2.2　码型的功率谱分布

1. 定义

由于数字基带信号是一个随机脉冲序列，没有确定的频谱函数，所以只能用功率谱来描述其频谱特性。下面介绍一些常见的基本码型的功率谱密度计算方法。

假设数字基带信号以某种标准脉冲波形 $g(t)$ 在码元周期 T_s 内传输，则数字基带信号可表示为随机序列

$$s(t) = \sum_{-\infty}^{+\infty} a_n g(t - nT_s)$$

式中，a_n 为基带信号在 $nT_s < t < (n+1)T_s$ 时间间隔内的幅度，由编码规律和输入编码决定。

由于在一般情况下，数字基带信号不是广义平稳随机过程，因此不能直接引用确定信号的自相关函数和功率谱密度之间存在的傅里叶变换关系。但如果假设周期性平稳随机过程是各态历经性的，则可以导出功率谱密度计算公式为

$$\varphi_s(f) = \frac{1}{T_s} |G(f)|^2 \left\{ R(0) - E^2(a) + 2\sum_{k=1}^{\infty} \left[R(k) - E^2(a) \cos(2\pi kfT_s) \right] \right\}$$

其中，$G(f)$ 是脉冲波形 $g(t)$ 的傅里叶变换。

$$E(a) = E(a_n) = \overline{a_n}$$

$$R(k) = E(a_n a_{n+k}) = \overline{a_n a_{n+k}}$$

除上式所定义的连续谱之外，在频率 $\dfrac{k}{T_s}$ 处还存在如下的离散线谱：

$$S\left(\frac{k}{T_s}\right) = \frac{2E^2(a)}{T_s}\left|G\left(\frac{k}{T_s}\right)\right|^2 \delta\left(f - \frac{n}{T_s}\right)$$

式中，$\delta(\ )$ 为狄拉克函数。

数字基带信号功率谱集中在低频部分，功率谱形状主要依赖于单个码元波形的频谱函数 $G1(f)$ 或 $G2(f)$，两者之中应取较大带宽的一个作为序列带宽。通常以谱的第一个零点作为矩形脉冲的近似带宽，它等于脉宽的倒数，即 $B = 1/\tau$。$f = 1/T$，为定时信号的频率，在数值上与码速率 R 相等，即 $f = R$，故有 $B = R$。

2. 常用码型的功率谱密度

1）单极性不归零码

单极性不归零码在有脉冲时为"1"，无脉冲时为"0"。

其脉冲宽度 τ =码元周期 T_s。

其功率谱密度为

$$P_s(f) = \frac{T_s}{4}\mathrm{Sa}^2(\pi f T_s) + \frac{1}{4}\delta(t)$$

2）单极性归零码

单极性归零码在有脉冲时为"1"，无脉冲时为"0"。

其脉冲宽度 τ =码元周期 T_s。

其功率谱密度为

$$P_s(f) = \frac{T_s}{4}\mathrm{Sa}^2(\pi f T_s)$$

3）双极性不归零码

双极性不归零码在正脉冲处为"1"，负脉冲处为"0"。

其脉冲宽度 τ <码元周期 T_s。

其功率谱密度为

$$P_s(f) = \frac{T_s}{16}\mathrm{Sa}^2(\pi f T_s / 2) + \frac{1}{16}\delta(t) + \frac{1}{16}\sum_{m\text{为奇数}}\mathrm{Sa}^2(\pi m / 2)\delta(f - f_s m)$$

4）双极性归零码

双极性归零码在正脉冲处为"1"，负脉冲处为"0"。

其脉冲宽度 $\tau <$ 码元周期 T_s。

其功率谱密度为

$$P_s(f) = \frac{T_s}{4} \text{Sa}^2 (\pi f T_s / 2)$$

5.3 数字基带信号传输与码间串扰

码间串扰（Inter-Symbol Interference，ISI）是由信号的带宽大于信道的带宽所引起的。由于实际信道的频带总是有限的，且偏离理想特性，所以通过信道的信号在频域上会产生失真、在时域上会发生时散效应。

5.3.1 数字基带信号传输的定量分析

在 5.1.3 小节中，我们介绍了数字基带传输系统的构成，本节我们来介绍数字基带传输系统中数字基带信号传输的定量分析。数字基带信号传输的定量分析主要涉及以下五方面。

（1）功率：数字基带信号的功率可以通过计算信号的平方的均值得到，即 $P = E(X^2)$，其中 X 为信号样本。信号功率是评估信号强度的重要指标，也是计算信噪比的基础。

（2）带宽：数字基带信号的带宽是指信号频谱中的最高频率和最低频率之间的差值。带宽是衡量信号传输速率的重要指标，通常用赫兹（Hz）作为单位。

（3）采样频率：数字基带信号的采样频率是指在单位时间内对信号进行采样的次数。采样频率越高，越可以准确地重构原始信号，但也会增加传输和处理的计算量。

（4）误码率：数字基带信号在传输过程中可能会出现误码，即接收端接收到的信号与发送端发送的信号不同。误码率是衡量数字基带信号传输质量的重要指标，通常用百分比表示。

（5）码间串扰：在数字基带信号传输过程中，相邻的码元之间可能会相互影响，导致码间串扰。码间串扰会降低信号传输质量，通常用分贝（dB）表示。

通过对数字基带信号的功率、带宽、采样频率、误码率和码间串扰等指标进行定量分析，可以评估数字基带信号传输质量，优化传输方案，提高信号传输效率和可靠性。

下面对数字基带传输系统定量分析模型进行分析，如图 5-10 所示。

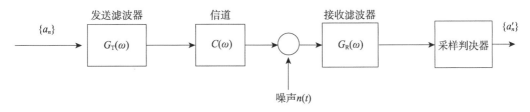

图 5-10　数字基带传输系统定量分析模型

在模型中，假设 $\{a_n\}$ 为输入发送滤波器的二进制序列，在这种情况下，a_n 的取值为 0，

1 或者–1，1。我们可以把这个序列对应的数字基带信号表示如下：

$$d(t) = \sum_{n=-\infty}^{+\infty} a_n \delta(t - nT_\mathrm{B})$$

这个信号是由时间间隔为 T_B 的单位冲激函数 $\delta(t)$ 构成的，其中，每个 $\delta(t)$ 的强度都由 a_n 决定。

设发送滤波器的传输特性为 $G_\mathrm{T}(\omega)$，信道的传输特性为 $C(\omega)$，接收滤波器的传输特性为 $G_\mathrm{R}(\omega)$，则模型中展示的数字基带传输系统的总传输特性为

$$H(\omega) = G_\mathrm{T}(\omega) C(\omega) G_\mathrm{R}(\omega)$$

其单位冲激响应为

$$h(t) = \frac{1}{2\pi} \int_{-\infty}^{+\infty} H(\omega) \mathrm{e}^{\mathrm{j}\omega t} \mathrm{d}\omega$$

$h(t)$ 是在单个 $\delta(t)$ 的作用下，由 $H(\omega)$ 形成的输出波形。因此在 $d(t)$ 的作用下，接收滤波器输出的信号 $r(t)$ 可表示为

$$r(t) = d(t)h(t) + n_\mathrm{R}(t) = \sum_{n=-\infty}^{+\infty} a_n h(t - nT_\mathrm{B}) + n_\mathrm{R}(t)$$

式中，$n_\mathrm{R}(t)$ 为加性噪声 $n(t)$ 经过接收滤波器后输出的噪声。

采样判决器对 $r(t)$ 进行采样判决，以确定所传输的二进制序列 $\{a_n\}$ 的值，举例如下：

假设我们想要确定第 i 个码元 a_i 的取值，应在 $t = iT_\mathrm{B} + t_0$ 时刻（t_0 为信道和接收滤波器所造成的延迟）对 $r(t)$ 进行采样，以确定 $r(t)$ 在该采样点上的值，可得：

$$r(iT_\mathrm{B} + t_0) = a_i h(t_0) + \sum_{n \neq i} a_n h\big[(i - n)T_\mathrm{B} + t_0\big] + n_R(iT_\mathrm{B} + t_0)$$

式中，$a_i h(t_0)$ 为第 i 个接收码元波形的采样值，它是确定 a_i 的重要依据；$\sum_{n \neq i} a_n h\big[(i - n)T_\mathrm{B} + t_0\big]$ 为除第 i 个码元以外的其他码元波形在第 i 个采样时刻上的总和（代数和），它对当前码元 a_i 的判决起着干扰的作用，所以称为码间串扰值，由于 a_n 是以一定概率出现的，故码间串扰值通常是一个随机变量；$n_\mathrm{R}(iT_\mathrm{B} + t_0)$ 为输出噪声在采样时刻上的值，它是一种随机干扰，也会影响对第 i 个码元的正确判决。

此时，在实际采样值 $r(iT_\mathrm{B} + t_0)$ 中，不仅有本码元的值，还有码间串扰值及噪声，故当将 $r(iT_\mathrm{B} + t_0)$ 加到判决电路中时，对 a_i 取值的判决可能是对的也可能是错的。

例如，在进行二进制数字通信时，a_i 的可能取值是 0 或 1，若判决电路的判决门限为 V_d，则此时的判决规则为

$$\begin{cases} r(iT_\mathrm{B}+t_0)>V_\mathrm{d}\text{时，判}a_i\text{为}1 \\ r(iT_\mathrm{B}+t_0)<V_\mathrm{d}\text{时，判}a_i\text{为}0 \end{cases}$$

很明显，只有当码间串扰值和噪声足够小时，才能基本保证上述判决的正确性；否则，有可能发生误判的情况，从而造成误码的产生。因此，为了使基带信号脉冲传输能够获得足够小的误码率，必须最大限度地减小码间串扰值和随机噪声的影响。这也是为什么我们要研究数字信号基带传输的原因。

5.3.2 无码间串扰的基带传输

如前文所述，系统传输总特性不理想，会导致前后码元的波形畸变、展宽，并使前面的波形出现很长的拖尾，蔓延到当前码元的采样时刻上，从而对当前码元的判决造成干扰。简单来说，码间串扰就是不同时刻发送的码元之间的相互影响，比特时间越短，码间串扰越大。对于信道，我们期待它是理想的，不会让原信号产生任何变形，其（归一化）频率响应$C(f)$被期待处处为 1，即在相应的时域上，其（归一化）冲击响应为$c(t)=\delta(t)$。但实际上，信道通常只在某个给定的带宽内保持平坦，其（归一化）频率响应不会对所有频率f都恒为 1。

1. 无码间串扰的条件

码间串扰的出现一般难以避免，对于数字基带通信系统来说，关键是能否在码元采样判决时刻消除码间串扰的影响。

码间串扰取决于数字基带传输系统的总特性$H(\omega)$，而一个满足无码间串扰的系统应该满足如下条件（时域上）：

$$h(nT)=\begin{cases} 1, n=0 \\ 0, n\neq 0 \end{cases}$$

即数字基带传输系统的冲激响应波形在本码判决时刻不为 0，在其他采样点上均为 0。

这一条件是数字基带传输系统无码间串扰的充要条件，它也可以用传输系统总的频率响应$H(\omega)$（频域上）来表述，称为奈奎斯特（Nyquist）准则。

无码间串扰的频域条件如下：

$$\sum_{i=-\infty}^{+\infty}H\left(\omega+\frac{2\pi i}{T}\right)=\text{常数}, |\omega|<\frac{\pi}{T}$$

若码元的周期为T，则系统需要的最小带宽为

$$W_\mathrm{IL}=\frac{1}{2T}$$

若已知系统的带宽为W_IL，则可得到的无码间串扰系统的最大码元速率为

$$R_\mathrm{s}=\frac{1}{T}=2W_\mathrm{IL}$$

对于无码间串扰的数字基带传输系统，可获得最大的频带利用率为

$$\varphi_{\mathrm{B}} = \frac{R_{\mathrm{s}}}{W_{\mathrm{IL}}} = 2\left(\mathrm{Baud}\,/\,\mathrm{Hz}\right)$$

这是在无码间串扰条件下，系统所能达到的极限情况。

因此，有时候也将"在采样值无失真的条件下，频带利用率最大可达每赫兹 2 波特"这一性准则为奈奎斯特第一准则，将此理想低通传输特性的带宽（$W_{\mathrm{IL}} = \dfrac{1}{2T}$）称为奈奎斯特带宽，将系统无码间串扰的最高传输速率（R_{s}）称为奈奎斯特速率。

2. 无码间串扰的传输特性的设计

很容易想到下面这种设计，此时 $i=0$，即

$$H_{\mathrm{eq}}(\omega) = H(\omega) = \begin{cases} T_{\mathrm{s}}, |\omega| \leqslant \dfrac{\pi}{T_{\mathrm{s}}} \\[3mm] 0, |\omega| > \dfrac{\pi}{T_{\mathrm{s}}} \end{cases}$$

此时，$H(\omega)$ 表示一个理想低通滤波器，它的冲激响应

$$h(t) = \frac{\sin \dfrac{\pi}{T_{\mathrm{s}}} t}{\dfrac{\pi}{T_{\mathrm{s}}} t} = \mathrm{Sa}\left(\frac{\pi}{T_{\mathrm{s}}} t\right)$$

式中，Sa 函数是采样函数，Sa $(x)=\sin(x)/x$。

1）理想低通特性

满足奈奎斯特第一准则的情况有很多种，一种极限的情况就是理想低通情况。理想低通滤波器的传输函数具有这样的特性：其在频率低于截止频率时，可以满足无失真系统的条件。频率低于截止频率的这个区域称为导通区域，频率高于截止频率的区域就是所谓的截止区域。此时系统的传输特性和冲激响应分别为

$$H(\omega) = 1, |\omega| < 2\pi w$$

$$h(t) = \frac{\sin \dfrac{\pi}{\omega} t}{\pi t} = \mathrm{Sa}\left(\frac{\pi}{\omega} t\right) / \omega$$

式中，理想低通滤波器的截止频率为 w，则不产生码间串扰的最高码元速率 $2w$，此时 $2w$ 也就是奈奎斯特速率。具有理想低通特性的系统可以实现无码间串扰，也可以达到理论上的性能极限。虽然理想低通特性达到了数字基带传输系统的极限传输速率和极限频带利用率，但是这种特性在物理上是无法实现的。又由于其是无法实现的，且理想的冲激响应"尾巴"很长，衰减慢，因此当存在定时偏差时，可能出现严重的码间串扰。

2）余弦滚降特性

使频域条件成立的情况不止理想低通情况，或者说理想低通情况只是一个极端的例子。为了解决理想低通特性存在的问题，将理想低通波形中的一部分割去，并移到边缘部分，就

可以得到余弦滚降波形。

余弦滚降波形的滚降系数 $\alpha = \omega_2 / \omega_1$，$\omega_1$ 为无滚降时的截止频率，ω_2 为有滚降时的截止频率，且 α 的取值范围为 $[0,1]$。$\alpha = 0$ 时，传输特性为理想低通特性；$\alpha = 1$ 时，传输特性则为升余弦滚降特性，此时的占用带宽为 $\omega = (1+\alpha)\omega_1$，频带利用率为 $2/(1+\alpha)$，传输特性为

$$H(\omega) = \begin{cases} \dfrac{T_s}{2}\left(1 + \cos\dfrac{\omega T_s}{2}\right), |\omega| \leqslant \dfrac{2\pi}{T_s} \\ 0, |\omega| > \dfrac{2\pi}{T_s} \end{cases}$$

此时，它的冲激响应

$$h(t) = \frac{1}{T_s} \frac{\sin\dfrac{\pi}{T_s}t}{\dfrac{\pi}{T_s}t} \frac{\cos\dfrac{\pi}{T_s}t}{\dfrac{4}{T_s^2}t^2}$$

显然，余弦滚降特性的时域信号不仅满足无码间串扰的条件，而且"拖尾"的衰减要快于理想低通特性，但是其频带利用率要低于理想低通特性。

综上所述，余弦滚降特性相比于理想低通特性的优点是，容易实现，响应曲线"拖尾"收敛快，摆幅小；缺点是，对定时要求严格，带宽大，频带利用率低。

本 章 小 结

本章 5.1 节介绍了数字基带信号的基本概念，由此引出了数字信号基带传输的方式，简要介绍了数字基带传输系统的构成和各部分的具体作用，并尝试用 MWORKS 软件对各部件进行建模仿真。

5.2 节详细介绍了数字基带信号的各种码型，并举例展示了如何通过利用 MWORKS.Syslab 将二进制信号转化为其他码型的信号，并对常用的波形使用 MWORKS.Syslab 进行了绘制。此外，还介绍了码型的功率谱定义，列举了一些常用码型的功率谱密度，并分析了码型的频谱特性。

5.3 节主要介绍了数字基带传输码间串扰的概念，以及实现无码间串扰的数字基带信号传输的条件及无码间串扰的传输特性的设计。

习 题 5

1. 数字基带信号的概念是什么？

2. 数字基带传输系统都由哪些部分构成？

3. 数字基带信号有哪些常用的码型？请分别写出一些码型的例子。

4. 在"0""1"等概率出现情况下，以下包含直流成分最大码是（　　）。

　A. 差分码　　B. AMI 码　　C. 单极性归零码　　D. HDB3 码

5. 数字基带信号的码型功率谱如何计算？

6. 为了传输码元速率为 10^3 波特的数字基带信号，现有两种系统可供选择，其频率响应分别用黑色线和灰色线画出，如图 5-11 所示。

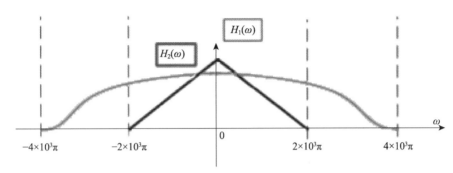

图 5-11 两个数字基带传输系统的频率响应

（1）分别求系统 $H_1(\omega)$ 和 $H_2(\omega)$ 的频谱使用效率。

（2）哪一种系统性能更好？为什么？

7. 什么是无码间串扰的数字基带信号传输？无码间串扰的条件是什么？

8. 无码间串扰的数字基带传输系统的最高频带利用率是多少？

第6章

通信系统的载波调制

载波调制是通信系统中至关重要的一步，它将信息信号调制到载波信号上，从而使信号传输到接收端时能够被更好地识别和理解。在现代社会中，载波调制技术已经广泛应用于无线电通信、卫星通信、无线局域网、蓝牙技术等领域。

在实际应用中，载波调制技术需要满足高效、稳定、可靠等要求。为了满足这些要求，载波调制技术需要不断地发展。随着科技的不断进步，载波调制技术也将不断地创新，为我们的生活和工作带来更多的便利和效益。

通过本章的学习，读者可以了解（或掌握）：
❖ 载波调制的概念。
❖ 载波调制的原理。
❖ 载波调制的类型。
❖ 载波调制的作用。

6.1 模拟调制

1. 模拟调制的概念

在自然界中，人类会感知到各种各样的信息，我们通常把这种信息称为自然信息。而为了更好地对这种自然信息进行操作，我们就会通过传感器把它们从自然信息转换成能进行操作的电信号，也将其称为数字信号。这些数字信号通常是频率很低的信号，不易被传输，我们通常把这些频谱分布在零频附近的低频信号称为基带信号。

学习视频

调制是一种信号处理技术。模拟调制的定义就是让载波的某一个或几个参数受到基带信号（又称为调制信号、被调信号）的控制，能够随其变化而变化。载波是一个物理概念，一般指由振荡器产生并且可以在模拟信道上传输的高频信号。调制是指在信号的发送端将较低频率分量的低通基带信号迁移到较高频段的信道通带内的过程。同时，解调是指在接收端将已迁移到给定信道内的信号还原为原始基带信号的过程。

调制系统一般包括四部分：调制信号 $m(t)$、载波信号 $c(t)$、已调信号 $s(t)$、调制系统（调制器）。根据调制信号 $m(t)$ 的种类，调制可分为模拟调制和数字调制。若调制信号 $m(t)$ 是模拟信号，则对其进行的调制称为模拟调制；若调制信号 $m(t)$ 是数字信号，则对其进行的调制称为数字调制。

模拟调制通常是指利用来自信源的模拟基带信号对某个载波波形的某个参数进行控制，载波波形是一个确知的周期性波形，其参数包括幅度、相位与频率，模拟调制就是使这些参数随调制信号变化。模拟调制一般包括幅度调制（Amplitude Modulation，AM）、频率调制（Frequency Modulation，FM）和双边带调制（Double Side Band，DSB）等。模拟调制是其他调制的基础。

2. 相干解调和非相干解调

相干解调（Coherent Demodulation）和非相干解调（Non-coherent Demodulation）是调制信号解调的两种方法。

在相干解调中，接收端需要恢复与调制载波严格同步的相干载波。这意味着接收端需要获取并跟踪调制信号中的载波频率和相位信息，以便进行解调操作。相干解调使用乘法器，将接收到的信号与调制载波同频同相的参考信号相乘，以提取原始基带信号。

相干解调适用于线性调制信号，如幅度调制（AM）、频率调制（FM）和相位调制（PM）。由于相干解调需要准确的载波同步，因此在实际应用中，常常需要使用相干载波恢复技术，如锁相环（PLL）技术，来跟踪和提取载波信息。

非相干解调则是一种不需要提取载波信息的解调方法，它不要求实现严格的载波同步，因此在一些特定场景下，如低信噪比环境或非线性调制信号中，非相干解调可以更容易地实现。非相干解调通常使用信号的包络或相位差等特征进行解调，而不涉及对载波的同步跟踪。

值得注意的是，相干和非相干这两个术语在不同的上下文中可能具有不同的含义。在通信系统和调制解调中，上述描述是相对于载波而言的。而在其他领域，相干和非相干可能指的是信号之间的相关性。

6.1.1 幅度调制

幅度调制是指使载波的振幅按照所需传输信号的变化规律而变化，但频率保持不变的调制方式，AM 信号的传输距离较远，但抗干扰能力较差。幅度调制可分为四种，分别是普通调幅（普通 AM）、双边带调幅（DSB-AM）、单边带调幅（SSB-AM）、残留边带调幅（VSB-AM）。

幅度调制的一般模型如图 6-1 所示。

在幅度调制中，载波信号的频率保持不变，采用的是固定频率的载波信号，保持载波信号的频率固定不变是为了确保调制信号的频率范围能够被正确地转移到调制后的信号中。而调制的过程是通过改变信号的幅度来传输信息，即信号幅度随传输信号的变化而变化。在普通调幅过程中，调制信号 $m(t)$ 先和直流量 A_0 相加，然后和高频载波相乘。因此普通调幅模型如图 6-2 所示。

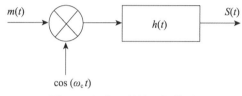

图 6-1 幅度调制的一般模型

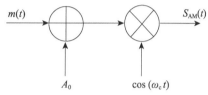

图 6-2 普通调幅模型

已调信号 $S_{\mathrm{AM}}(t)$ 表示为

$$S_{\mathrm{AM}}(t) = \left[A_0 + m(t) \right] \cos(\omega_c t) = A_0 \cos(\omega_c t) + m(t)\cos(\omega_c t)$$

普通幅度调制原理比较简单，其中直流信号 A_0 是外加的直流信号，ω_c 表示角频率，与载波频率 f_c 的关系可表示为 $\omega_c = 2\pi f_c$，而调制信号 $m(t)$ 既可以是随机信号，也可以是确知信号。当调制信号 $m(t)$ 为确知信号时，可以求解已调信号的频谱：

$$S_{\mathrm{AM}}(\omega) = \pi A_0 \left[\delta(\omega + \omega_c) + \delta(\omega - \omega_c) \right] + \frac{1}{2} \left[M(\omega + \omega_c) + M(\omega - \omega_c) \right]$$

在普通调幅的解调中，已调信号先经过信道传输，再和载波相乘，又经过低通滤波、隔直流之后被恢复为原始调制信号。由已调信号的频谱可知，已调信号的频谱如果被迁移到原点的位置，则可得到原始的调制信号的频谱，从而将原始信号恢复。

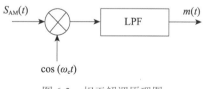

如图 6-3 所示，在相干解调中，产生一个与调制器同频同相位的载波是关键，如果这个条件得不到满足，恢复的原始信号将被破坏。

图 6-3 相干解调原理图

【例 6-1】设调制信号为 $m(t)$，直流信号 $A_0 = 1$，载波频率 $f_c = 1\mathrm{kHz}$，采样频率 $f_s = 5\mathrm{kHz}$。绘制调制信号的时域、频域波形，载波信号的时域、频域波形和已调信号的时域、频域波形，并绘制相干解调之后的时域、频域波形。

绘制调制信号的时域、频域波形，载波信号的时域、频域波形和已调信号的时域、频域波形，代码如下：

```
A0=1;
```

```
fc=1000;
fs=5000;
t0=1;
t=0:1/fs:t0-1/fs;
x=2*cos.(2*pi*100*t)+3*cos.(2*pi*500*t);
y1=cos.(2*pi*fc*t);
N=length(t);
X=fft(x);
Y1=fft(y1);
w=(-N/2:1:N/2-1)./t0;

figure(1)
subplot(211);
plot(t,x);
title("调制信号的时域波形");
subplot(212);
plot(w,(2/N)*abs.(fftshift(fft(x))));
title("调制信号的频域波形");

figure(2)
subplot(211);
plot(t,y1);
title("载波信号的时域波形");
subplot(212);
plot(w,(2/N)*abs.(fftshift(fft(y1))));
title("载波信号的频域波形");
y=(A0.+x).*y1;
Y=fft(y);

figure(3)
subplot(211);
plot(t,y);
title("已调信号的时域波形");
subplot(212);
plot(w,(2/N)*abs.(fftshift(Y)));
title("已调信号的频域波形");
```

运行程序，调制信号波形如图 6-4 所示，载波信号波形如图 6-5 所示，已调信号波形如图 6-6 所示。

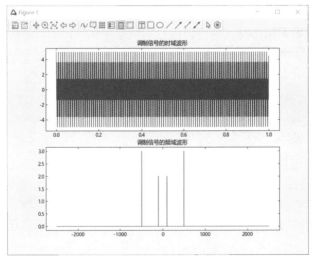

图 6-4　调制信号波形

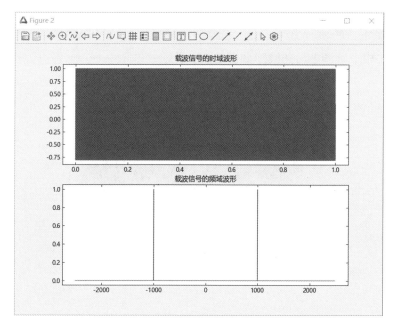

图 6-5　载波信号波形

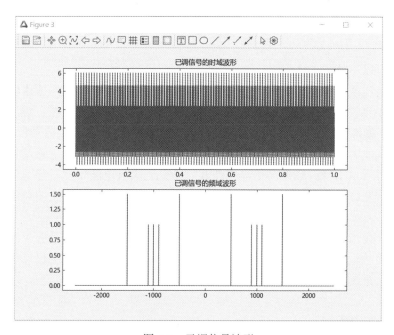

图 6-6　已调信号波形

绘制相干解调之后的时域、频域波形，代码如下：

```
y2=y.*y1;
Y2=fft(y2);
figure(4)
subplot(211);
plot(t,y2);
title("相干解调之后的时域波形");
subplot(212);
```

```
plot(w,(2/N)*abs.(fftshift(Y2)));
title("相干解调之后的频域波形");
```

运行程序，相干解调之后的波形如图6-7所示。

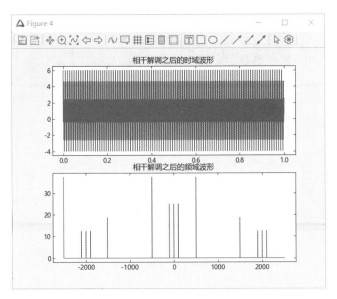

图6-7　相干解调之后的波形

幅度调制有以下特点。

（1）简单易实现：幅度调制可以采用线性幅度调制器实现，简单，成本低。

（2）传输距离较远：幅度调制后的信号传输距离较远，可通过中波、短波广播传输。

（3）适用于模拟信号传输：幅度调制适用于模拟信号的传输，如音频信号和传感器信号等。

（4）抗干扰能力较弱：幅度调制后的信号容易受到基础电路电容电感及附近电磁信号的干扰，导致信号质量下降；较低的信噪比使其容易受到大气电波干扰，导致信号失真。

（5）带宽较宽：幅度调制后的信号带宽较宽，效率较低，因此需要的频谱资源较大，耗能量也较大。

总而言之，幅度调制虽然简单易实现，但适用范围较窄，不适用于要求高保真度和抗干扰性较强的信号传输。但在某些特定场合下，如短波广播中，幅度调制仍然是一种可以实现较好传输效果的调制方式。

6.1.2　频率调制

频率调制是一种以载波的瞬时频率变化来表示信息的调制方式，直接的表现方式是调角。频率调制利用调制信号去控制高频载波的频率，使其瞬时频率在原来的基础上新增随调制信号线性变化的频率分量，具体来说，调制信号的幅度增大会导致载波频率的瞬时偏移变大，频率调制的范围也相应增加。

频率调制通常运用在高保真音乐和语音的无线电广播等领域。普通电视的音频模拟信号也是通过频率调制传输的。在频率调制过程中，频率用来承载调制信号的信息，调制信号与瞬时角频率偏移量呈线性关系，调制信号控制载波的频率，已调信号 $s(t)$ 的频率随着调制信号的变化而变化，已调信号的表达式如下：

$$s(t)=\cos\left[\omega_{c}t+2\pi K_{f}\int_{-\infty}^{t}m(\tau)\mathrm{d}\tau\right]$$

其中，K_{f} 为调频灵敏度，即单位调制信号的幅度变化量引起的已调信号的频率偏移常数，单位为 Hz/V，反映瞬时角频率偏移随着调制信号幅度的线性变化。

直接调频（Direct Frequency Modulation）可以通过将信号直接反馈到一个压控振荡器（Voltage-Controlled Oscillator，VCO）中实现。VCO 是一种电子振荡器，其输出频率可以由输入的电压控制。在直接调频中，调制信号的幅度直接影响 VCO 输出信号的频率。

VCO 的输出频率与输入电压成正比，通常通过调节输入电压来控制输出频率。因此，VCO 可以被看作一个带有控制输入的高频振荡器。

在直接调频中，调制信号 $m(t)$ 经过变容器件后，用于调节高频振荡器（如 VCO）的频率，从而输出调频波。

变容器件是一种具有可变电容的电子元件，其电容值可以通过外部电压进行调节。在直接调频中，变容器件的输出用于控制电压的输入，改变变容器件的电容值可改变控制电压，进而影响高频振荡器的频率输出。

图 6-8 直接调频原理图

直接调频原理图如图 6-8 所示。直接调频的基本原理是，调制信号 $m(t)$ 的幅度变化通过变容器件被转换为控制电压，该控制电压被加在高频振荡器电路中的关键位置，用于控制振荡器的谐振频率或振荡电路的元件参数。这样，高频振荡器的输出频率就会随着调制信号的变化而变化，实现了直接调频。

在调制晶体控制振荡器（Voltage-Controlled Crystal Oscillator，VCXO）时，可以使用信息信号生成调相信号，并通过倍频器产生调频波。这个过程称为间接调频（Indirect Frequency Modulation）。间接调频原理图如图 6-9 所示。

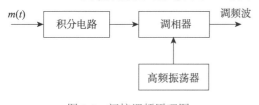

图 6-9 间接调频原理图

在间接调频中，调制信号 $m(t)$ 首先经过积分电路，积分电路对调制信号进行积分操作，将其转换为调相器所需的相位调制信号。调相器作用于高频振荡器的输出，高频振荡器是一个产生高频信号的振荡器，它的频率通常在调频波的频率范围内。积分后的信号作为高频振荡器的控制信号，调节振荡器的频率。调相器对高频振荡器的输出信号与载波信号进行相位调制，产生调频波。调相器输出的信号即为经过间接调频后得到的调频波，其频率受到调制信号 $m(t)$ 的影响。

晶体控制振荡器是一种特殊类型的振荡器，其频率由一个外部的电压控制信号调节。它的工作原理是，利用晶体谐振器作为基础振荡器，并通过调节晶体上的电荷来改变谐振频率。晶体控制振荡器在高频率稳定性方面具有优势，可以提供相对稳定和精确的频率输出，并常用于通信和计算机等领域。

【例 6-2】 给定调频的调制信号 $m(t)$，直流信号 $A_0 = 1$，采样频率 $f_s = 20000\text{Hz}$，且调制信号频率 f_m 为 100Hz，试绘制调制信号、载波信号、已调信号与经过非相干解调所得的信号的波形。

绘制调制信号、载波信号波形，代码如下：

```
fm = 100;
T = 2;
fs = 20000;
dt=1/fs;
N=T/dt;
t=(0:N-1)*dt;

A0=1;
mt=A0*cos.(2*pi*fm*t);
figure(1);
subplot(121);
plot(t,mt,linewidth=3);
xlabel("时间");
ylabel("幅度");
title("调制信号");
axis([0,0.1,-1.1,1.1]);

subplot(122);
fc=1000;
A0=1;
zaibo=A0*cos.(2*pi*fc*t);
plot(t,zaibo,"r",linewidth=3);
xlabel("时间");
ylabel("幅度");
title("载波信号");
axis([0,0.01,-1.1,1.1]);
```

运行程序，结果如图 6-10 所示。

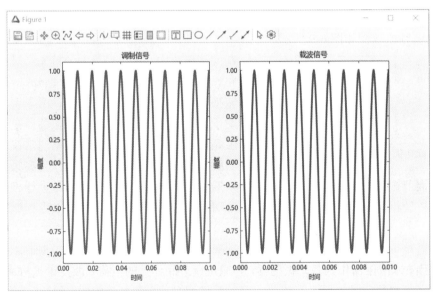

彩图

图 6-10　基带信号与载波信号波形

绘制已调信号波形，代码如下：

```
Kf=4000;
SFM=A0*cos.(2*pi*fc*t.+Kf*A0/2/pi/fm.*sin.(2*pi*fm*t));

figure(2);
subplot(111);
plot(t,SFM,linewidth=2);
title("FM 已调信号");
xlabel("时间");
ylabel("幅度");
axis([0,0.02,-2,2]);
```

运行程序，结果如图 6-11 所示。

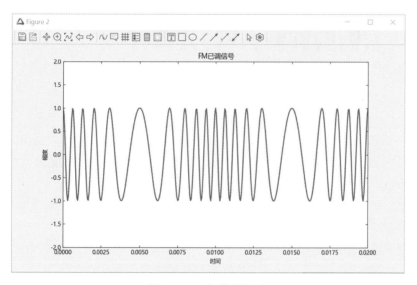

图 6-11　已调信号波形

绘制经过非相干解调所得的信号波形，代码如下：

```
#绘制经过非相干解调所得的信号波形
figure(3)
diff_SFM = (diff(SFM) ./ A .- 2 * pi * fc) ./ Kf;
subplot(111);
plot((1:N-1) * dt, diff_SFM, linewidth=2)
hold("on");
plot(t, mt, "r-", linewidth=2);
title("经过非相干解调所得的信号波形");
xlabel("时间");
ylabel("幅度");
axis([0 0.1 -1.1 1.1]);
```

运行程序，结果如图 6-12 所示。

频率调制有以下特点。

（1）抗干扰能力强：频率调制对常见的信噪比较高的干扰信号，如窄带噪声、多径干扰信号和电磁干扰信号等的抗干扰能力比较强。

（2）传输质量高：频率调制信号传输质量较高，能够保持信号的抗失真性、抗信道损耗性和声音还原性。

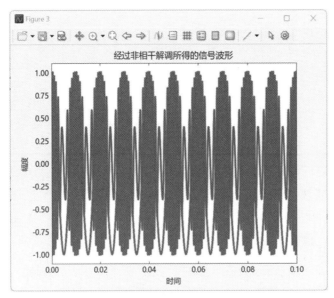

彩图

图 6-12 经过非相干解调所得的信号波形

（3）频率偏移与调制信号强度成正比：进行频率调制时，信号幅度是恒定的，频率偏移与调制信号的强度成正比，因此调制幅度变化大的信号时，频率调制信号的频率偏移也会较大。

（4）带宽较宽：频率调制信号的带宽较宽，需要的频谱资源较多，对于需求较高的无线通信场景，需要特别注意频段的选择和规划。

（5）调制电路复杂：频率调制要采用复杂的调制电路，电路制作难度和成本较高。

综上所述，频率调制适用于对抗干扰性能和传输质量要求比较高的场景，具有抗干扰能力强、传输质量高等特点，但是调制电路较为复杂，带宽较宽，需要进行合理的规划和设计。

6.1.3 双边带调制

在幅度调制信号中，信号由边带传输，载波分量并不携带信息。双边带（Double Side Baud，DSB）调制和幅度调制之间相差一个直流量，在双边带调制中，调制信号 $m(t)$ 和高频载波相乘实现双边带信号的调制。双边带调制的表达式如下：

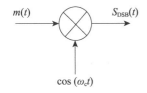

$$S_{\mathrm{DSB}}(t) = m(t)\cos(\omega_{\mathrm{c}}t)$$

双边带调制模型如图 6-13 所示。

双边带调制的原理比幅度调制更加简单，只需要调制信号 $m(t)$ 与载波信号 $c(t)=\cos(\omega_{\mathrm{c}}t)$ 直接相乘即可，得到的已调信号频谱中不含有载波，因此双边带调制又称为抑制载波双边带调制。双边带

图 6-13 双边带调制模型

已调信号的频谱表达式为

$$S_{\mathrm{DSB}}(\omega) = \frac{1}{2}\big[M(\omega+\omega_{\mathrm{c}}) + M(\omega-\omega_{\mathrm{c}})\big]$$

双边带已调信号是不带载波的信号，其带宽与 AM 信号相同，也为调制信号带宽的两倍，

公式如下：

$$B_{DSB} = 2B_m = 2f_H$$

式中，B_m 为调制信号的带宽，f_H 为调制信号的最高频率。

【例 6-3】设调制信号为 $m(t)$，载波频率 f_c 为 500Hz，调制信号频率 f_m 为 50Hz，试绘制调制信号、双边带已调信号的波形，离散系统幅频特性曲线和相频特性曲线，相干解调后的信号波形。

代码如下：

```
fs=1/0.001;
T=1/fs;
L=1000;
fm=50;
fc=500;
t=(0:L-1)*T;
m=2*cos.(2*pi*fm*t);
dsb=m.*cos.(2*pi*fc*t);
figure(1)

subplot(121);
plot(t,m);
title("调制信号");
xlabel("时间");
ylabel("幅度");

subplot(122);
plot(t,dsb);
title("DSB 已调信号");
xlabel("时间");
ylabel("幅度");

r=dsb.*cos.(2*pi*fc*t);
a=fir1(48,0.1);

(H,w)=freqz(a,1,-2*pi:pi/100:2*pi);
figure(2)
subplot(121)
plot(w/pi,abs.(H))
title("离散系统幅频特性曲线")
xlabel("pi");
ylabel("幅度")
grid("on")

subplot(122)
plot(w/pi,angle.(H))
xlabel("pi");
ylabel("幅度")
grid("on")
title("离散系统相频特性曲线")

rt=filter1(a,1,r);
rt=rt.*2;
figure(3)
plot(t,rt);
title("相干解调后的信号波形");
xlabel("时间");
ylabel("幅度")
```

运行程序，结果如图 6-14～图 6-16 所示。

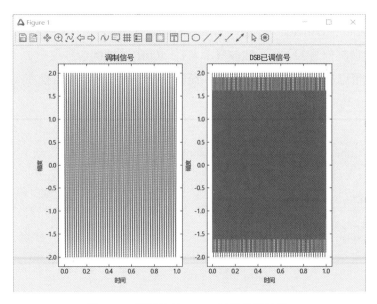

图 6-14　调制信号、DSB 已调信号波形

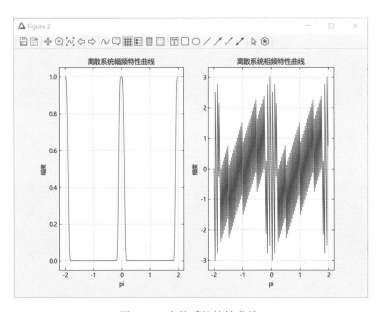

图 6-15　离散系统特性曲线

双边带调制有以下特点。

（1）载波抑制：双边带调制可以将载波信号抑制掉，只保留双边带信号，从而节约了频谱资源。

（2）实现简单：双边带调制可以采用简单的线性电路实现，成本低、制作简单。

（3）传输距离长：双边带已调信号具有较好的穿透能力，适用于较长距离的无线电信号传输。

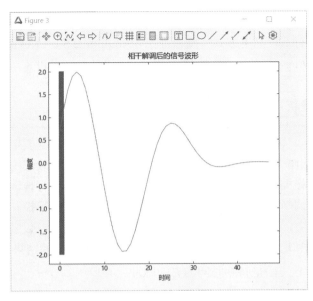

图 6-16   相干解调后的信号波形

（4）调制效率高：双边带调制比幅度调制效率要高一些，功率可以得到更好的利用。

（5）对环境变化不敏感：环境变化对双边带调制的调制效果影响较小，如传输距离、多径传播等对其调制质量的影响都相对较小。

（6）扰同频干扰能力差：因为双边带调制需要抑制载波信号，因此其在同频干扰抑制方面表现得不太好。

综上所述，双边带调制具有节约频谱资源、成本低、适用于较长距离传输、调制效率高等优点，但其抗同频干扰能力较差。

6.2 数字调制

6.1 节所述的是信号调制中的模拟调制，模拟调制用模拟信号控制载波参量的变化，在本节中，我们介绍数字调制。数字调制是指依据载波信号的某些离散状态来表示所传输的信息，将数字基带信号的频谱迁移到高频处，从而形成适合在信道中传输的带通信号。

数字调制有两种方法，一种是相乘法，就是利用模拟调制的方法；另一种是键控法，指利用数字信号离散曲直的特点，通过开关键控正弦载波的参量。

数字调制可分为二进制调制与多进制调制。在二进制调制中，载波的频率、相位和幅度只有两种可能的取值；在多进制调制中，可利用多进制数字基带信号去调制高频载波的参量，如相位、频率或幅度。与二进制调制相比，多进制基带有以下特点：一是在码元速率相同时，多进制调制的信息传输速率是二进制调制的多倍，多进制调制可以提高信息的传输速率，增大系统频带的利用率；二是在信息传输速率相同时，多进制调制的码元宽度是二进制调制的多倍，在此情况下，可以通过增加码元的能量来减小码间串扰影响，提高传输的可靠性。

键控法数字调制有三种基本方式：振幅键控（Amplitude Shift Keying，ASK）、频移键控（Frequency Shift Keying，FSK）、相移键控（Phase Shift Keying，PFK），下面分别进行介绍。

6.2.1 振幅键控

振幅键控（ASK）又称幅移键控，其调制方式相对简单，相当于模拟信号中的幅度调制，即将振幅作为变量，相位等作为常量。ASK 是利用基带信号控制载波的幅度变化来传输数字信息的，与载波信号相乘的是二进制码，信息通过载波的幅度进行传输。

当载波在二进制调制信号下通断时，这种调制方式称为通断键控，也称二进制振幅键控（2ASK）。在 2ASK 中，当数字的信息为 1 时，载波直接通过，当数字的信息为 0 时，载波不通过，2ASK 信号被认为是一个载波与一个矩形脉冲序列相乘的结果，其中 a_k 为矩形脉冲序列的取值，为 0 或 1，$g(t)$ 是持续时间为 T_s 的脉冲。

因此，ASK 信号的时域表达式为

$$s(t) = m(t)\cos(\omega_c t + \phi_c) = \sum_{k=-\infty}^{\infty} a_k g(t - kT_s)\cos(\omega_c t + \phi_c)$$

假设载波的初相位 ϕ_c 为 0，ASK 信号调制系统模型如图 6-17 所示。

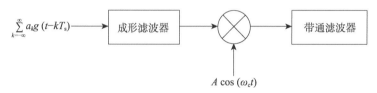

图 6-17 ASK 信号调制系统模型

ASK 信号的解调方式有两种，分别为相干解调与非相干解调，以下为相干解调的公式：

$$y(t) = s(t)\cos(\omega_c t + \phi_c) = m(t)\cos 2(\omega_c t + \phi_c) = \frac{1}{2}m(t)\left[1 + \cos(2\omega_c t + 2\phi_c)\right]$$

采用相干解调时，接收端必须提供一个与 ASK 信号同频同相位的载波，当相干解调的载波频率与 ASK 信号的载波频率不一致时，解调过程中可能出现其他差频分量。这些差频分量表示解调载波频率与 ASK 信号载波频率之间的频率差。这些差频分量可能会干扰解调过程中的滤波器，导致滤波器无法完全滤除这些差频分量。

因此，如果解调载波的频率与 ASK 信号的载波频率不一致，那么滤波器可能无法有效地滤除差频分量，从而影响解调的准确性。此外，如果解调载波的相位与 ASK 信号的相位不一致，恢复的基带信号的幅度也可能会发生改变。

为了避免这种问题，在实际应用中，常常采用包络检波法来实现 ASK 信号的解调。包络检波法通过提取 ASK 信号的包络（振幅）来恢复基带信号，不依赖相位信息。这种解调方式不需要与 ASK 信号同频同相位的载波，因此可以有效地克服频率和相位不一致的问题。

图 6-18 所示为 ASK 相干解调原理图。

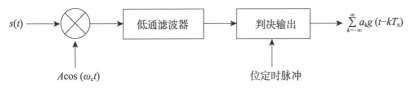

图 6-18　ASK 相干解调原理图

在非相干解调中，已调信号在经过信号转换变为直流信号后，由低通滤波器滤除基带的包络，而后通过判决输出模块，完成非相干解调。

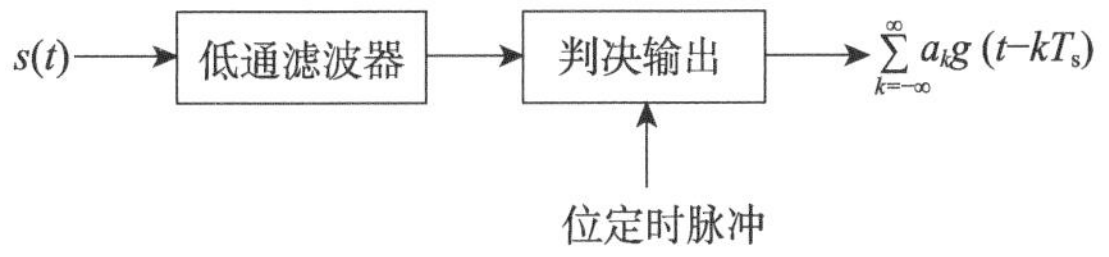

图 6-19 所示为 ASK 非相干解调原理图。

图 6-19　ASK 非相干解调原理图

【例 6-4】随机产生一个二进制序列，通过 2ASK 方式进行调制，绘制调制和解调过程中产生的波形。

绘制基带信号波形，代码如下：

```
M=15;
L=100;
Ts=0.001;
Rb=1/Ts;
dt=Ts/L;
SumT =M*Ts;
t=0:dt: SumT -dt;
Fs=1/dt;

Wav1=rand([0,1],1,M);
fz=ones(Int,1,L);
x1= Wav1[fz,:];
preinput =reshape(x1,1,L*M);

fc=10000;
zb=cos.(2*pi*fc*t);
ask2= preinput.*zb;
figure(1);
subplot(211);
plot(t, preinput,linewidth=2);
title("基带信号波形");
xlabel("时间/s");
ylabel("幅度");
axis([0, SumT,-0.1,1.1])
```

运行程序，结果如图 6-20 所示。

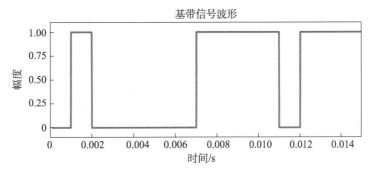

图 6-20　基带信号波形

绘制 2ASK 信号波形，代码如下：

```
subplot(212)
plot(t,ask2, linewidth=2);
title("2ASK 信号波形")
axis([0, SumT,-1.1,1.1]);
xlabel("时间/s");
ylabel("幅度");
```

运行程序，结果如图 6-21 所示。

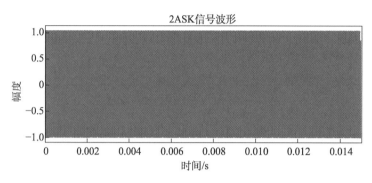

图 6-21　2ASK 信号波形

绘制乘以相干载波后的信号波形，代码如下：

```
tz=ask2.+20;
figure(2)
tz=tz.*zb;
subplot(211)
plot(t,tz, linewidth=2)
axis([0, SumT,-0.5,1.5]);
title("乘以相干载波后的信号波形")
xlabel("时间/s");
ylabel("幅度");
```

运行程序，结果如图 6-22 所示。

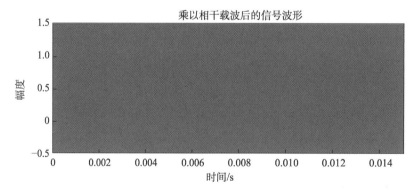

图 6-22　乘以相干载波后的信号波形

绘制低通滤波器的频谱，代码如下：

```
fp=2*Rb;
```

```
b=fir1(30, fp/Fs, chebwin(31));
h,w=freqz(b, 1,512);
lvbo=fftfilt(b,tz);
figure(3);
subplot(211);
plot(w/pi*Fs/2,20*log.(abs.(h)), linewidth=2);
title("低通滤波器的频谱");
xlabel("频率/Hz");
ylabel("幅度");
```

运行程序，结果如图 6-23 所示。

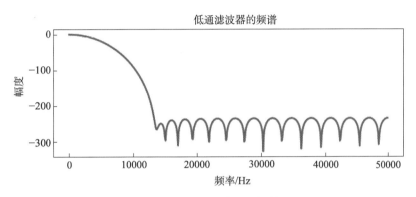

图 6-23　低通滤波器的频谱

绘制经过低通滤波器后的信号波形，代码如下：

```
subplot(212)
plot(t,lvbo, linewidth=2);
axis([0, SumT,-0.1,1.1]);
title("经过低通滤波器后的信号波形");
xlabel("时间/s");
ylabel("幅度");
```

运行程序，结果如图 6-24 所示。

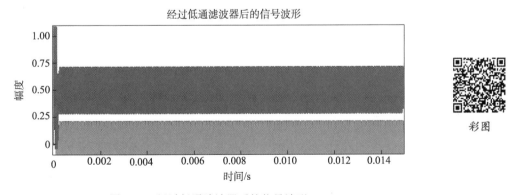

彩图

图 6-24　经过低通滤波器后的信号波形

2ASK 调制有以下特点。

（1）两个振幅：2ASK 调制采用两种振幅信号（通常为高振幅和低振幅）来表达数字信号。

（2）实现简单：2ASK 调制是一种比较简单的数字调制方式，只需要一组高低电平即可实现。

（3）高效性：2ASK 信号的传输效率高，它相对于 AM 调制来说，可以将信号带宽扩展和将功率提高。

（4）适用范围广：2ASK 调制在数字信号传输中得到广泛应用，如应用于通信、电视、广播、卫星等领域。

（5）非相干调制：2ASK 调制不需要知道本地载波相位，属于非相干调制方式。这也就意味着，2ASK 调制的接收端在解调时，也不需要知道本地载波信号的相位，能够更好地处理因信号衰落、多普勒效应等导致的相位变化。

综上所述，2ASK 调制是一种简单高效的数字调制方式，它在数字信号传输领域被广泛使用。

6.2.2　频移键控

频移键控（FSK）利用载波的频率变化来传输信息。FSK 调制解调器通过电话线路的方式来进行位传输。FSK 最简单的形式为二进制频移键控（2FSK），其中，每位被转换为一个频率，0 代表较低的频率，1 代表较高的频率。2FSK 调制的实现原理如图 6-25 所示。

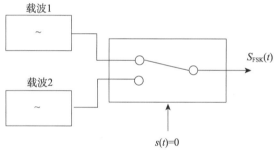

图 6-25　2FSK 调制的实现原理

根据 2FSK 的原理可知，2FSK 信号的时域表达式为

$$S_{2\mathrm{FSK}}(t) = \sum_n a_n g(t-nT_s) \cdot A\cos(\omega_1 t) + \sum_n \overline{a}_n g(t-nT_s) \cdot A\cos(\omega_2 t)$$

其中，$\overline{a}_n$ 为 a_n 的反码，即当 $\overline{a}_n$ 为 0 时，a_n 为 1。

2FSK 的解调分为相干解调与非相干解调两种，由于 2FSK 信号可以看作两个频率源交替传输的信号，所以 2FSK 接收端由两个并联的接收端组成。

图 6-26 所示为 2FSK 解调原理图。

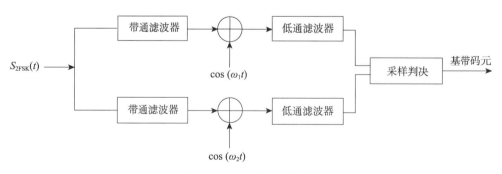

图 6-26　2FSK 解调原理图

【例 6-5】随机产生 0、1 序列，绘制出 2FSK 调制过程与测试信号抗噪性过程中的波形。绘制基带信号波形，代码如下：

```
fs=100
sample_num=15
Rb=fs/sample_num

len_sambol=22
N=len_sambol*sample_num
bits_per_sybol=1
len=len_sambol*bits_per_sybol
f1=Rb*4
f2=Rb*2

N=len_sambol*sample_num*10
dt=1/fs;
t0=0:dt:(N*2-1)*dt;
t=0:dt:(N/30-1)*dt;

st1=randi([0,1],1,len);
st2=-st1.+1;

g11=(ones(1,10))'*st1;
g1a=g11[:]';
g12=(ones(1,10))'*st2;
g2a=g12[:]';

figure(1);
subplot(211);
plot(g1a);
title("基带信号 st1");

axis([0,50,-1,2]);
subplot(212);
plot(g2a);
title("基带信号反码 st2");
```

运行程序，结果如图 6-27 所示。

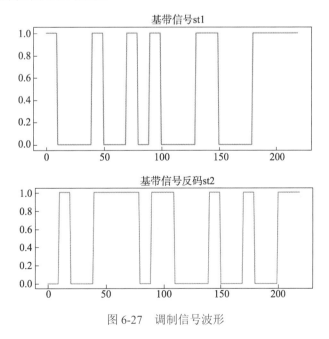

图 6-27　调制信号波形

193

绘制载波信号波形，代码如下：

```
axis([0,50,-1,2]);
s1=cos.(2*pi*f1*t);
s2=cos.(2*pi*f2*t);
figure(2)
subplot(211),plot(s1);
axis([0 500 -0.5 0.5]);
title("载波信号 s1");
subplot(212),plot(s2);
axis([0 50 -0.5 0.5]);
title("载波信号 s2");
```

运行程序，结果如图 6-28 所示。

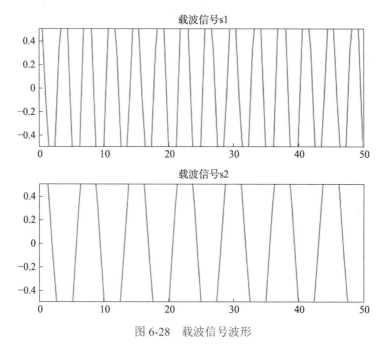

图 6-28 载波信号波形

绘制 2FSK 信号波形，代码如下：

```
F1=g1a.*s1;
F2=g2a.*s2;
figure(3);
subplot(411);
plot(F1);
axis([0 50 -0.5 0.5]);
title("F1=s1*st1");
subplot(412);
plot(F2);
axis([0 50 -0.5 0.5]);
title("F2=s2*st2");

e_fsk=F1+F2;
subplot(413);
plot(e_fsk);
axis([0 50 -0.5 0.5]);
title("2FSK 信号");
```

运行程序，结果如图 6-29 所示。

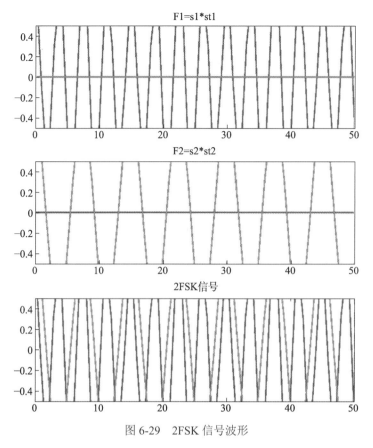

图 6-29　2FSK 信号波形

绘制加噪声后的信号波形，代码如下：

```
nosie=rand(1,len*10);
fsk=e_fsk.+nosie;
subplot(414);
plot(fsk);
axis([0 50 -0.5 0.5]);
title("加噪声后的信号波形")
```

运行程序，结果如图 6-30 所示。

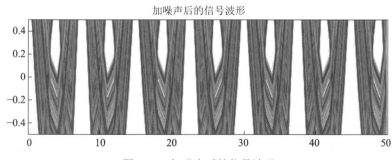

彩图

图 6-30　加噪声后的信号波形

绘制经过匹配滤波器后的加噪声后的信号波形，代码如下：

```
figure(4);
```

```
subplot(311);
plot(fsk);
axis([0 50 -5 5]);
title("经过匹配滤波器后的加噪声后的信号波形")
```

运行程序，结果如图 6-31 所示。

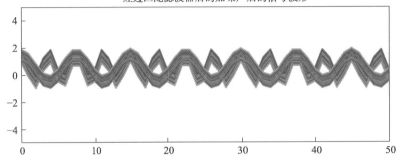

图 6-31　过匹配滤波器后的加噪声后的信号波形

彩图

绘制加噪声后的信号与 s1 相乘后的信号波形，代码如下：

```
st1=fsk.*s1;
st2=fsk.*s2;

subplot(312);
plot(t,st1);
axis([0 0.001 -15 15]);
title("加噪声后的信号与 s1 相乘后的信号波形");
```

运行程序，结果如图 6-32 所示。

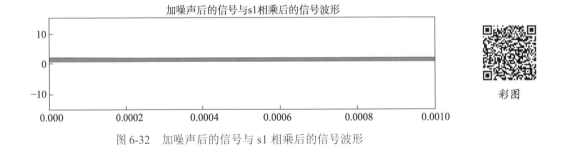

图 6-32　加噪声后的信号与 s1 相乘后的信号波形

彩图

绘制加噪声后的信号与 s2 相乘后的信号波形，代码如下：

```
subplot(313);
plot(t,st2);
axis([0 0.001 -15 15]);
title("加噪声后的信号与 s2 相乘后的信号波形");
```

运行程序，结果如图 6-33 所示。

FSK 调制有以下特点。

（1）两个频率：FSK 调制采用两个不同频率来表示数字信号。

彩图

图 6-33　加噪声后的信号与 s2 相乘后的信号波形

（2）抗噪性较强：与 ASK 调制和 PSK 调制相比，信道噪声对 FSK 调制的影响较小。

（3）信息容量较低：由于 FSK 调制通常只采用两个频率进行，因此相比于其他多进制数字调制方式，它的信息容量更低。

（4）适用范围广：FSK 调制在通信领域被广泛应用，如语音通信、数据传输、计算机网络等领域。

（5）调制信号带宽较宽：FSK 调制信号的带宽较宽，因此在无线通信中需注意频带资源的合理规划和设计。

（6）实现简单：FSK 调制是一种比较简单的数字调制方式，实现成本较低。

综上所述，FSK 调制是一种简单、抗噪性强且适用范围广的数字调制方式，但其信息容量较低，调制信号带宽较宽，需要注意频带资源的合理规划和设计。

6.2.3　相移键控

相移键控（PSK）通过利用载波的相位变化来传输数字信息，频率与振幅保持不变。对于二进制相移键控（2PSK）来说，两个载波的相位分别为 0 和 π，2PSK 信号的时域表达式为

$$S_{2\text{PSK}}(t) = \sum_n a_n g(t - nT_s) \cdot \cos(\omega_0 t)$$

式中，当发送二进制符号 0 时，a_n 取值为 1，$S_{2\text{PSK}}(t)$ 取 0 相位，反之，当发送二进制符号 1 时，a_n 取值为 –1，$S_{2\text{PSK}}(t)$ 取 π 相位。

2PSK 调制原理图如图 6-34 所示。

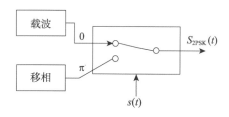

图 6-34　2PSK 调制原理图

在 2PSK 信号的解调过程中，信号经过信道传输，与载波相乘，而后经过低通滤波器，再经过采样判决就可以恢复出原始的基带信号。

【例 6-6】随机产生二进制序列，绘制 2PSK 调制过程中的波形。

绘制基带信号波形，代码如下：

```
M=15;
L=100;
Ts=0.001;
Rb=1/Ts;
dt=Ts/L;
SumT=M*Ts;
t=0:dt: SumT-dt;
Fs=1/dt;

Wav1=rand([0,1],1,M);
fz=ones(Int,1,L);
x1=Wav1[fz,:];
preinput=reshape(x1,1,L*M);

for n=1:length(preinput)
    if preinput[n]==1
        preinput[n]=1;
    else
        preinput[n]=-1;
    end
end

fc=2000;
zb=sin.(2*pi*fc*t);
psk= preinput.*zb;
figure(1);
subplot(211);
plot(t, preinput,linewidth=2);
title("基带信号波形");
xlabel("时间/s");
ylabel("幅度");
axis([0, SumT,-1.1,1.1])
```

运行程序，结果如图 6-35 所示。

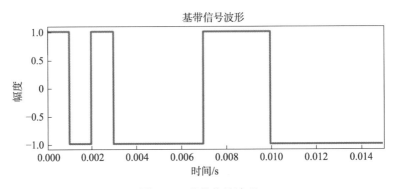

图 6-35　基带信号波形

绘制 2PSK 信号波形，代码如下：

```
subplot(212)
plot(t, psk, linewidth=2);
title("2PSK 信号波形")
axis([0, SumT,-1.1,1.1]);
xlabel("时间/s");
ylabel("幅度");
```

运行程序，结果如图 6-36 所示。

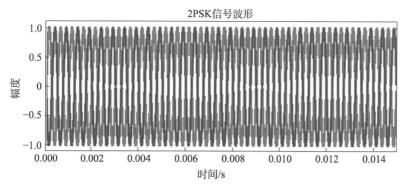

彩图

图 6-36　2PSK 信号波形

绘制乘以相干载波后的信号波形，代码如下：

```
tz=psk.+15;
tz=tz.*zb;
figure(2)
subplot(211)
plot(t,tz,linewidth=1)
axis([0, SumT,-1.5,1.5]);
title("乘以相干载波后的信号波形")
xlabel("时间/s");
ylabel("幅度");
```

运行程序，结果如图 6-37 所示。

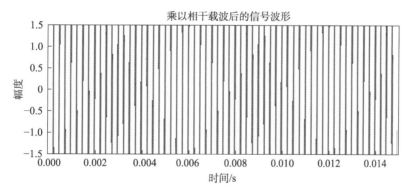

图 6-37　乘以相干载波后的信号波形

绘制低通滤波器的频谱，代码如下：

```
fp=2*Rb;
b=fir1(30, fp/Fs, chebwin(31));
h,w=freqz(b, 1,512);
lvbo=fftfilt(b,tz);
figure(3);
subplot(211);
plot(w/pi*Fs/2,20*log.(abs.(h)),linewidth=2);
title("低通滤波器的频谱");
xlabel("频率/Hz");
```

```
ylabel("幅度");
```

运行程序，结果如图 6-38 所示。

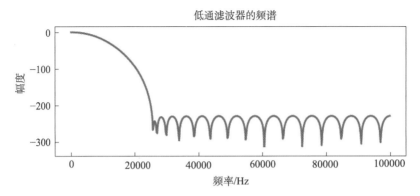

图 6-38　低通滤波器的频谱

绘制经过低通滤波器后的信号波形，代码如下：

```
subplot(212)
plot(t,lvbo, linewidth=2);
axis([0, SumT,-1.1,1.1]);
title("经过低通滤波器后的信号波形");
xlabel("时间/s");
ylabel("幅度");
```

运行程序，结果如图 6-39 所示。

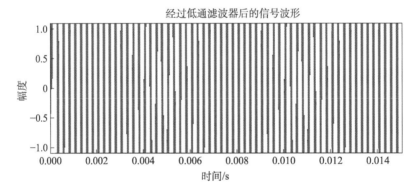

图 6-39　经过低通滤波器后的信号波形

PSK 调制有以下特点。

（1）简单有效：PSK 调制简单实用，比起其他调制方式，其噪声和误码率较低，能够有效抗干扰和高速传输信号。

（2）容易扩展：PSK 调制可以与多种码型及多路复用技术相结合，同时具备优秀的性能。

（3）需要精确的同步时钟：由于 PSK 调制涉及相位，因此发送端和接收端必须拥有精确的同步时钟，面对有干扰的情况，调制时通常需要建立相位连续性的条件。

（4）带宽效率高：PSK 调制能够很好地利用射频带宽，相比于 ASK 调制，其面对信号的较小变化只需要用更小的带宽来调制，具备较高的带宽效率。

综上所述，PSK 调制是一种理论上和实际上都很重要的技术，具有简单有效、容易扩展和带宽效率高的优点。

6.2.4 差分相移键控

差分相移键控（Differential Phase Shift Keying，DPSK）通过比较前后相邻符号的相位变化来编码数字信息，广泛应用于数字通信系统中。其中，不同的数字信息被编码为不同的相位变化。在通信原理中，绝对码和相对码是数字信号编码方式中的两种，主要用于二进制数据的传输。绝对码是直接表示原始二进制数字的代码，而相对码则是通过特定的算法规则相对于某个基准生成的代码。在 DPSK 中，通常会对绝对码进行差分编码，得到相对码，然后利用相对码来调制载波。解差分编码是处理差分编码后的信号的一个步骤，目的是恢复原始的信号或数据。差分编码是一种编码技术，通常用于数据传输或存储中，以减少错误率或简化同步过程。

DPSK 信号的时域表达式为

$$s(t) = A\cos\left[\varphi(t)\right]$$

式中，A 是载波的振幅，$\varphi(t)$是载波的相位，由输入的数字信息编码而来。DPSK 调制采用的编码策略是将相邻符号之间的相位差作为信号。

设 φ_k 表示第 k 个符号的相位，φ_{k-1} 表示第 $k-1$ 个符号的相位，则差分相位变化为

$$\Delta\varphi_k = \varphi_k - \varphi_{k-1}$$

在 DPSK 调制中，二进制数字序列被转换为一系列相位变化值 $\{\Delta\varphi_k\}$，每个相位变化对应一个符号。在 DPSK 中，编码器输出的相位变化值 $\Delta\varphi_k$ 被解调器接收，由解调器进行判决，以确定输入数字信息的正确性。由于每个符号的相位差为 $\Delta\varphi$，所以每个符号有两种可能的相位值：$\varphi_k = \varphi_{k-1} \pm \Delta\varphi$。通过比较前后相邻符号之间的相位差，解调器可以对数字信息进行较为准确的判决。

DPSK 调制原理图如图 6-40 所示。

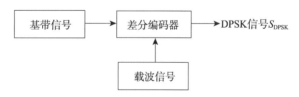

图 6-40　DPSK 调制原理图

DPSK 解调的优点在于其对传输过程中下降的信号质量有很好的抵抗能力，因为解调过程只需要计算相邻差分值即可，而不需要知道原始的信号强度。

【例 6-7】随机产生二进制序列，绘制 DPSK 调制和解调过程中的波形。

绘制绝对码信号波形，代码如下：

```
M=10;
L=100;
Ts=0.001;
Rb=1/Ts;
```

```
dt=Ts/L;
SumT=M*Ts;
t=0:dt: SumT -dt;
SumTt=(M+1)*Ts;
t2=0:dt: SumTt-dt;
Fs=1/dt;

Wav=randi([0,1],1,M);

Wavs=ones(Int,1,M+1);
for   k = 2:M+1
   Wavs[k] = xor(Wav[k-1], Wavs[k-1]);
end
fz=ones(Int,1,L);
x1= Wav[fz,:];
absign=reshape(x1,1,L*M);
x2= Wavs[fz,:];
preinput=reshape(x2,1,L*(M+1));

for n=1:length(preinput)
   if preinput[n]==1
      preinput[n]=1;
   else
      preinput[n]=-1;
   end
end

fc=2000;
zb=sin.(2*pi*fc*t2);
dpsk= preinput.*zb;
figure(1);
subplot(211);
plot(t, absign,linewidth=2);
title("绝对码信号波形");
xlabel("时间/s");
ylabel("幅度");
axis([0, SumT,-1.1,1.1])
```

运行程序，结果如图 6-41 所示。

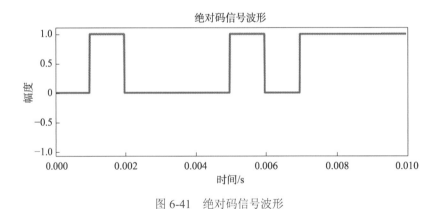

图 6-41 绝对码信号波形

绘制基带信号波形，代码如下：

```
subplot(212);
plot(t2, preinput, linewidth=2);
title("基带信号波形");
```

```
xlabel("时间/s");
ylabel("幅度");
axis([0, SumTt,-1.1,1.1])
```

运行程序，结果如图 6-42 所示。

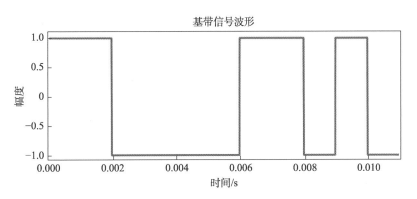

图 6-42　基带信号波形

绘制 DPSK 信号波形，代码如下：

```
figure(2)
subplot(211)
plot(t2,dpsk, linewidth=2);
title("DPSK 信号波形")
axis([0, SumTt,-1.1,1.1]);
xlabel("时间/s");
ylabel("幅度");
```

运行程序，结果如图 6-43 所示。

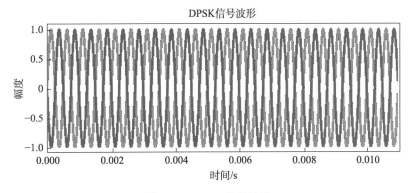

图 6-43　DPSK 信号波形

绘制低通滤波器的频谱，代码如下：

```
fp=2*Rb;
b=fir1(30, fp/Fs, chebwin(31));
h,w=freqz(b, 1,512);
lvbo=fftfilt(b,dpsk);
figure(3);
subplot(211);
```

```
plot(w/pi*Fs/2,20*log.(abs.(h)), linewidth=2);
title("低通滤波器的频谱");
xlabel("频率/Hz");
ylabel("幅度");
```

运行程序，结果如图 6-44 所示。

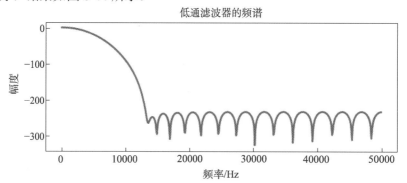

图 6-44　低通滤波器频谱

绘制经过低通滤波器后的信号波形，代码如下：

```
subplot(212)
plot(t2,lvbo, linewidth=2);
axis([0, SumTt/100,-0.5,0.5]);
title("经过低通滤波器后的信号");
xlabel("时间/s");
ylabel("幅度");
```

运行程序，结果如图 6-45 所示。

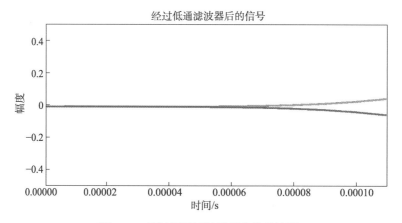

图 6-45　经过低通滤波器后的信号波形

绘制解差分编码后的码元波形，代码如下：

```
source=ones(Int,1,L*M);
for k=1:L*M-L
    source[k]=xor(source[k], source[k+L]);
end

for k=1:L*M-2
    if (source[k+1]!=source[k] && source[k+1]!=source[k+2])
        source[k+1]= source[k];
```

```
      end
end

figure(4)
subplot(211)
plot(t, source, linewidth=2)
axis([0, SumT,-0.1,1.1]);
title("解差分编码后的码元波形")
xlabel("时间/s");
ylabel("幅度");
```

运行程序，结果如图 6-46 所示。

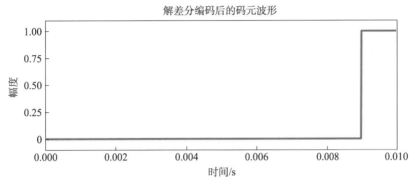

图 6-46　解差分编码后的码元波形

DPSK 调制有以下特点。

（1）具备差分编码特性：DPSK 调制不需要发送基带信号，而是利用差分编码，只发送相邻码元的差分值，使解调器在相位不稳定的情况下，依然能正确识别信号。

（2）抗干扰能力优越：DPSK 调制传输的是码元之间的相位差异，因此 DPSK 调制的抗干扰能力优越。相位相同或者相位差距相同时，其误译码的概率非常小。

（3）拓宽了 PSK 调制的应用范围：DPSK 调制克服了 PSK 调制需要高精度相位同步的问题，拓宽了 PSK 调制的应用范围，同时减小了 PSK 调制中噪声对传输质量的影响。

（4）需要较高的解调复杂度：由于差分编码带来的相邻码元的相关性只能在解调器进行检测时恢复，因此需要较高的解调复杂度和性能消耗。

综上所述，DPSK 调制不仅具备来自 PSK 的优秀特性，还具备更强的抗干扰能力，其在高速无线传输和光纤传输中得到广泛使用。

6.3　正交频分复用 ///////////////////

6.3.1　正交频分复用的基本原理

正交频分复用（Orthogonal Frequency Division Multiplexing，OFDM）是一种调制技术，它把高速数据流分成多个子信号，使每个子信号具有不同的频率，并在不同的频率上同时发送数据。它是数字调制技术和信号分析技术的组合体，具有高效、可靠的传输特性，它将多个窄带信号通过正交调制方式叠加在一起，从而实现高速数据传输并满足低信道容量的要求。

OFDM 的主要原理是将长时间序列数据分为多个子片段，并按固定间隔将它们映射到正交载波上。使用快速傅里叶变换（FFT）将时域信号转换成频域信号进行传输，在接收端，使用 IFFT 将频域信号转换为时域信号。

要想理解 OFDM，就要从以下三个关键词开始。

（1）Orthogonal：正交的。

（2）Frequency Division：频率划分的。

（3）Multiplexing：多路复用。

什么是正交？首先要说明 OFDM 的正交性。考虑最简单的情况，$\sin(t)$ 和 $\sin(2t)$ 是正交的，且 $\sin(t) \cdot \sin(2t)$ 在区间 $[0,2\pi]$ 上的积分为 0，而正弦函数又是波的最直观描述，因此我们就以此作为介入点，在 $[0,2\pi]$ 的区间内，采用最易懂的幅度调制方式传输信号：用 $\sin(t)$ 传输信号 a，因此发送 $a \cdot \sin(t)$，用 $\sin(2t)$ 传输信号 b，因此发送 $b \cdot \sin(2t)$。其中，$\sin(t)$ 和 $\sin(2t)$ 的作用是承载信号，是收发端预先规定好的信息，在本节中一律称为子载波；调制在子载波上的幅度信号 a 和 b，才是需要发送的信息。因此在信道中传输的信号为 $a \cdot \sin(t) + b \cdot \sin(2t)$。在接收端，分别对接收到的信号做关于 $\sin(t)$ 和 $\sin(2t)$ 的积分检测，就可以得到 a 和 b 了。

如果在数学上证明了两个信号的正交性，则只要按照数学的方法进行处理，它们就可以互不干扰地承载各自的信息了。

考虑时间有限的复指数信号 $\{e^{j2\pi f_k t}\}_{k=0}^{N-1}$，它表示 OFDM 信号中在 $f_k = k / T_{\text{sym}}$ 下不同的子载波，其中 $0 \leqslant t \leqslant T_{\text{sym}}$，如果这些信号在它们的基本周期内的积分为 0，则它们是正交的。

实际上，读者如果学过线性代数，并且理解线性基这个概念，那么可以将 $e^{j2\pi f_k t}$ 理解成非线性的基，正交性表述的就是这个基在区间积分意义下与其他基"相乘"的结果为 0。

频率划分的多路复用技术，即频分复用（FDM）。如何理解频分复用？在理想情况下，低通信道频带利用率为 2Baud/Hz；带通信道频带利用率在传输实数信号时为 1Baud/Hz，传输复数信号时为 2Baud/Hz（负频率和正频率都独立携带信号）。由于讨论低通信道时往往考虑的是实数信号，而讨论带通信道时通常考虑的是复数信号，因此可以简单认为，在理想情况下，信道的频带利用率为 2Baud/Hz。而在实际情况下，因为实际带宽 B 要大于奈奎斯特带宽 W，所以实际 FDM 系统的频带利用率会低于理想情况下的值。而 OFDM 的子载波间隔最低能达到奈奎斯特带宽，也就是说，在不考虑最旁边的两个子载波情况下，OFDM 达到了理想信道的频带利用率。

OFDM 的应用非常广泛，例如，在无线局域网中，OFDM 可以实现数据带宽的高速分配及调度；在数字广播中，OFDM 可以通过发射大量低功率的子载波，有效地广播音频或视频信号；在数字电视中，OFDM 可以传输高质量、高清晰度的视频信号。

6.3.2 正交频分复用的实现

OFDM 可以通过两种方式实现：模拟调制和 IDFT/DFT 调制。

模拟调制实现的基本原理是，在调制器中使用模拟信号进行多路复用。具体而言，就是使用多个载频振荡器（如正弦波振荡器）来调制包括数据、同步和校准等信息的多路信号。

正交幅度调制（Quadrature Amplitude Modulation，QAM）是一种常用的模拟调制技术，它对调制信号同时在振幅和相位方向上进行调制。在 QAM 中，一个符号代表多个位，并通过映射表将每个位组合成一个复数符号。

IDFT/DFT 调制实现的基本原理是使用 IDFT/DFT 实现多路信号的正交分解与合成。具体而言，就是将时域信号通过 DFT 变换为频域信号，然后将其乘以常值矩阵，实现数据的载荷，再进行 IDFT，将频域信号还原为时域信号。相比于模拟调制，该方法具有灵活性高、容错性好且与信道偏移相适应的优点，但是系统实现稍复杂，测试、同步和校准等问题的解决也有一定的难度。

两种 OFDM 的实现方式各有优缺点且适用于不同的场景。在实践应用中，实现方式的选取通常基于系统需求和设计限制。

【例 6-8】假设 OFDM 系统包含 4 个子载波，f_c=1kHz，子载波频率间隔为 1kHz，比较 OFDM 的两种实现方式：模拟调制与 IDFT/DFT 调制。

（1）模拟调制。

在模拟调制中，对 4 个子载波分别使用 4QAM 进行调制，调制过程如下。

对于每个 4QAM，使用如下映射表：

    00 -> +1+j1
    01 -> +1 –j1
    10 -> –1+j1
    11 -> –1 – j1

对每个子载波分别使用 4QAM 进行调制，得到以下调制结果：

    子载波 1：01 -> +1 –j1
    子载波 2：00 -> +1+j1
    子载波 3：10 -> –1+i1
    子载波 4：11 -> –1 –j1

将这些调制结果组合起来，就得到了 OFDM 信号。

实现代码如下。

首先绘制模拟调制的 OFDM 系统的时域信号：

```
n = 4;
fc = 1000;
fs = 10000;
T = 1/fs;
Ts = 2e-3;
f = (-n*2.5:n*2.5-1)*fs/n;
A = ones(Int,1,n);
phi = zeros(Int,1,n);

M = 4;
data = randi([0,M-1],n,1);
data_mod = qammod(data,M);

data_mod_bpsk = 2*real(data_mod).-1;

t = 0:T:Ts-T;
s = zeros(size(t));
for j = 1:length(t)
```

```
    for i = 1:n
        s[j]= s[j] + A[i]*cos(2*pi*fc*t[j]+i*2*pi*fs/n*t[j]+phi[i]).*data_mod_bpsk[i];
    end
end

subplot(2,1,1);
plot(t,s);
xlabel("时间/s");
ylabel("幅度");
title("模拟调制的 OFDM 系统的时域信号");
```

运行程序，结果如图 6-47 所示。

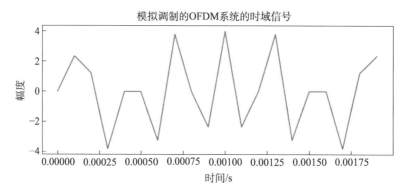

图 6-47　模拟调制的 OFDM 系统的时域信号

然后绘制模拟调制的 OFDM 系统的频域信号：

```
subplot(2,1,2);
stem(f,abs.(fftshift(fft(s))));
xlabel("频率/Hz");
ylabel("幅度");
title("模拟调制的 OFDM 系统的频域信号");
```

运行程序，结果如图 6-48 所示。

（2）IDFT/DFT 调制。

在基于 IDFT/DFT 的数字调制中，首先需要计算 IDFT（IFFT），将数据映射到频域中，然后将结果映射到各个子载波上，并进行 QAM，最后使用 DFT（FFT）将数据从频域转换回时域。

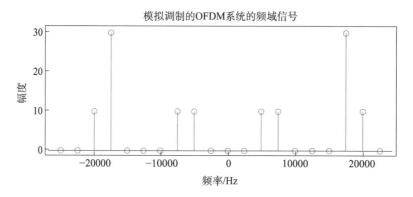

图 6-48　模拟调制的 OFDM 系统的频域信号

因为 OFDM 系统中子载波的数量为 4，则可以使用 4 点 DFT 或 4 点 FFT。

IDFT/DFT 调制的过程如下。

步骤 1：映射，将 4 个数据点映射为复平面上的 4 个点。

$$00 -> -1-j1$$
$$01 -> -1 +j1$$
$$10 -> +1-j1$$
$$11 -> +1+i1$$

步骤 2：进行 IDFT，对映射后的数据进行 4 点 IDFT。

$$-1-j1, -1+j1, +1-j1, +1+j1 -> 0, 0, 0, 0$$

步骤 3：映射到子载波上，将 IDFT 后的结果映射到各个子载波上。

$$子载波 1 -> -1 -j1$$
$$子载波 2 -> -1+ j1$$
$$子载波 3 -> +1 - j1$$
$$子载波 4 -> +1 + j1$$

步骤 4：进行 QAM，使用 4QAM 将每个子载波调制为数字。

$$-1 - j1 -> 01$$
$$-1 + j1 -> 00$$
$$+1 - j1 -> 10$$
$$+1 + 11 -> 11$$

步骤 5：进行 DFT，对调制后的数据进行 4 点 DFT，得到原始数据：

$$01, 00, 10, 11 -> -1-j1, -1+j1, +1-j1, +1+j1$$

因此，无论是使用模拟调制实现还是使用 IDFT/DFT 调制来实现，都可以得到相同的 OFDM 调制结果。

IDFT/DFT 调制的具体实现代码如下。

首先，绘制 IDFT 时域信号：

```
N = 4;
fc = 1000;
df = 1000;
fs = 2 * df;
M = 16;
Tsymbol = 2e-3;

msg = randi([0, M - 1], N, 1);
qam_sig = qammod(msg, M);
ifft_sig = ifft(qam_sig);
Ncp = Tsymbol * N / 4;
cp = ifft_sig[end-Ncp+1:end, :];
ifft_sig_cp = [cp; ifft_sig];
dft_sig = fft(ifft_sig_cp);
f = (-N/2:N/2-1) * df;

figure();
subplot(2, 1, 1);
t = (0:length(ifft_sig_cp)-1) / fs;
plot(t, real(ifft_sig_cp));
title("时域信号");
```

```
xlabel("时间/s");
ylabel("幅度");
```

运行程序，结果如图 6-49 所示。

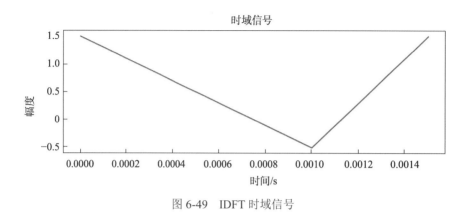

图 6-49　IDFT 时域信号

然后，绘制 DFT 频域信号：

```
subplot(2, 1, 2);
plot(f / 1000, abs.(fftshift(dft_sig)) / N);
title("频域信号");
xlabel("频率/kHz");
ylabel("幅度");
```

运行程序，结果如图 6-50 所示。

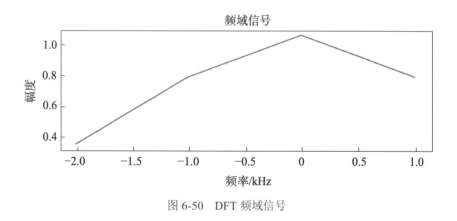

图 6-50　DFT 频域信号

综上所述，在 OFDM 系统中，模拟调制是指先将低速数据信号通过调制（如 QAM 等）变成复杂的调制信号，然后利用带通滤波器将调制信号限制在某个频带内，最后通过正交调制器将调制信号调制成多个正交的子载波信号。这些子载波信号的带宽通常很小，因此它们之间存在频率空隙，可用于同时传输多个数据信号。

模拟调制的优点是易于实现，但存在波形失真、非线性失真等问题，且其频谱效率较低，需要更多的带宽来传输相同的信息。

IDFT/DFT 调制是指将低速数据信号先用 IDFT 调制成一组复杂的时域信号，并将这些信号用正交的子载波进行组合，形成一组独立的 OFDM 信号，再使用 DFT 将 OFDM 信号从频域转换回时域。

IDFT/DFT 调制的优点是具有较高的频谱效率，可以在有限带宽内传输更多的信息，同时不存在波形失真等问题。由于 IDFT 和 DFT 是 FFT（快速傅里叶变换）算法的基础，因此可以使用 IFFT/FFT 来实现高效计算。

总的来说，IDFT/DFT 调制方式在 OFDM 系统中被广泛使用，是 OFDM 系统的核心技术之一。

本 章 小 结

通信系统的载波调制是指将信息信号嵌入载波信号中进行传输的过程。常用的载波调制方式包括模拟调制、数字调制和正交频分多路复用。

模拟调制是将模拟信号转换为模拟载波信号的过程，它包括幅度调制（AM）、频率调制（FM）和双边带（DSB）调制等方式。在模拟调制中，信息信号可以是任何连续的信号，包括声音、图像和视频等信号。

数字调制是将数字信号转换为数字载波信号的过程，它包括振幅键控（ASK）、频移键控（FSK）、相移键控（PSK）和差分相移键控（DPSK）等方式。数字调制通常用于数字通信系统中，如移动通信、卫星通信和数据通信等。

OFDM 是一种通过将一个高速数据信号拆分成多个低速子信号，然后将每个子信号调制到多个正交载波上同时传输的方法。OFDM 用于提高数据通信的传输效率，被广泛应用于数字通信系统中，如无线网络、移动通信和数字电视等。

习 题 6

1. 在幅度调制中，为什么要保持载波信号的频率固定不变？这种固定频率的载波信号有什么好处？

2. 在频率调制中，调制信号的幅度对载波频率有什么影响？请解释幅度变化对频率调制的作用。

3. 简述数字调制的基本原理，举例说明常用的数字调制方式。

4. 在数字通信中，为什么需要使用误码率指标来衡量通信质量？常用的误码率指标有哪些？

5. 请解释相干解调和非相干解调的区别。

6. 请简要描述振幅键控（ASK）调制的基本原理和关键技术，并说明它的应用场景和优缺点。

7. 请简要比较 FSK 调制和 PSK 调制的区别和优缺点，并说明它们在不同应用场景中的选择原则。

8. 简述正交频分多路复用（OFDM）的原理和应用。

9. 请实现以下功能：生成一个二进制序列，代表要调制的数字信号。将数字信号转换为 ASK 信号，绘制数字信号和 ASK 信号的时域波形，并将它们绘制在同一张图上进行比较，以便直观地观察它们之间的关系。

10. 编写代码，实现 OFDM 调制信号的生成和绘制。生成一个二进制序列，代表要调制的数字信号，将数字信号转化为 OFDM 调制信号，使用 16 个正交子载波进行调制，绘制数字信号和 OFDM 调制信号的时域波形，并将它们绘制在同一张图上进行比较，以便直观地观察它们之间的关系。

第 7 章
通信系统的应用开发实践案例

本章总体介绍通信系统在 MWORKS 中的应用，包括通信系统的设计与实现概述和 MIMO-OFDM 通信系统的设计与实现。7.1 节将介绍发射机和接收机的设计，并通过 MWORKS 进行通信系统的实现。7.2 节将介绍 MIMO 系统的原理及模型、MIMO-OFDM 通信系统及其 MWORKS 实现。

通过本章学习，读者可以了解（或掌握）：

❖ 通信系统中的发射机和接收机设计。

❖ 通信系统的 MWORKS 实现。

❖ MIMO 系统的原理及模型。

❖ MIMO-OFDM 通信系统及其 MWORKS 实现。

7.1 通信系统的设计与实现概述 /////////

7.1.1 通信系统的发射机设计

发射机是通信系统中的一个重要组成部分，它的主要任务是完成用低频信号对高频载波进行调制，将其变为在某一中心频率上具有一定带宽、适合通过天线发射的电磁波。发射机可以将信号转换为更适合在特定通道或介质中传输的信号，它使用调制技术将基带信号调制到高频、高功率载波上，之后发送信号，这样可以增加信号的抗干扰性和传输距离。发射机广泛应用于电视、广播、报警、雷达、遥控、遥测、电子对抗等民用、军用设备中。发射机按调制方式可分为调频（FM）发射机、调幅（AM）发射机、调相（PM）发射机和脉冲调制发射机四大类，它们又有模拟和数字之分。

发射机的设计需要考虑很多因素，如发射机的调制方式、发射频率的覆盖范围、传输距离、是否易于调制、是否高效、是否可靠且易于维护等。

1. 直接序列扩频通信系统发射机设计

直接序列扩频（DSSS）技术是一种用于生成扩频信号的技术。它的主要原理是将二进制输入序列转换为具有比特持续时间的波形，并将其与比输入数据速率更大的伪随机扩展序列波形相乘。这样，低速率的输入数据序列与高速率的伪随机扩展序列相乘的过程会产生占用带宽比输入数据带宽大得多的波形。

直接序列扩频技术是一类具有高保密性、灵活信道分配能力和较强抗多径、多址干扰能力的通信技术，在现代通信系统中被广泛地部署和应用，常见于个人通信网（PCN）、无线局域网（WLAN）、卫星通信和军事战术通信领域的通信系统中。

在设计直接序列扩频通信系统发射机时，需要考虑许多因素。例如，发射机必须具有合适的射频带宽、高射频稳定性，并易于调制、高效、可靠且易于维护，以满足波形设计要求。此外，其输出设备的预期寿命和成本必须可接受。我们还需要考虑法规要求、网络鲁棒性及与其他无线网络共存等外部因素，这些都要求我们对发射功率进行严格控制。

直接序列扩频通信系统的发射机原理框图如图 7-1 所示。

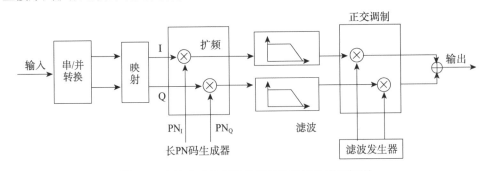

图 7-1　直接序列扩频通信系统的发射机原理框图

（1）串/并转换：本书采用正交调制方式，所以需要进行串/并转换，同时为了消除相位模糊，加入了差分编码。

（2）映射：差分编码后输出的 I、Q 两路数据是由 0 和 1 组成的，需要把 I 路和 Q 路数据联合映射到星座图的点上。

（3）扩频：将 I、Q 两路数据分别与长 PN 码生成器输出的伪随机码相乘，得到新的二进制基带数据（数据速率为伪码速率），起到扩展频谱的作用。

（4）滤波：数字信号在传输时需要一定的带宽。为了更有效地利用频带资源，我们希望信号占用的带宽尽可能窄，并且频谱间不会引起码间串扰，这就需要对数字信号进行频率成形滤波。

（5）正交调制：将 I、Q 两路信号分别与滤波发生器生成的两个正交的载波信号相乘，将频谱移到便于传输的中频段后，再将两者相加。

2. IS-95 前向链路通信系统发射机设计

IS-95 是一种支持蜂窝组网的多用户扩频通信码分多址（Code Division Multiple Access，CDMA）技术。在 IS-95CDMA 通信系统中，各种逻辑信道都是由不同的码序列来区分的，信号在信道中是以帧的形式来传输的，帧结构随着信道种类的不同和数据速率的不同而变化。在基站至移动台的传输方向（前向）上，设置了导频信道、同步信道、寻呼信道和正向业务信道；在移动台至基站的传输方向（反向）上，设置了接入信道和反向业务信道。

前向业务信道 9600bps 的帧结构如图 7-2 所示，其中 F 表示循环冗余校验的帧质量指标位，T 表示编码拖尾位。在 20ms 的帧持续时间内，正向业务信道可以发送 192 位数据（由 172 个信息位、12 个帧质量指标位和 8 个编码拖尾位组成）。帧质量指标位就是奇偶校验位，应用于循环冗余编码的系统检错方案中。

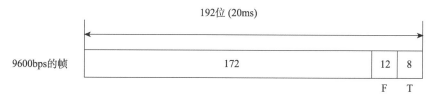

图 7-2　前向业务信道 9600bps 的帧结构

根据 IS-95 前向业务信道的帧结构，可得发射机的原理框图如图 7-3 所示。下面对系统中涉及的重要操作进行介绍。

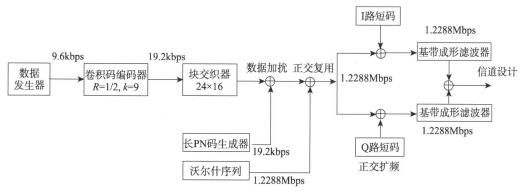

图 7-3　发射机的原理框图

215

1）卷积码编码

在设计发射机时，卷积码编码可以提高系统的抗干扰能力和增加数据的传输距离。我们在发送端对数据进行编码，在接收端对接收到的数据进行译码。我们可根据系统要求，选择不同的约束长度、生成多项式和译码算法来实现卷积码编码器不同的性能。

卷积码是由发送端发送的信息序列通过一个线性的、有限状态的移位寄存器产生的。通常，该移位寄存器由 k 级（每级 k 位）和 n 个线性的代数函数构成。二进制数据输入卷积码编码器后，沿着移位寄存器每次移动 k 位，每个 k 位的输入序列对应一个 n 位的输出序列。因此其编码效率为 $R=k/n$，参数 k 称为卷积码的约束长度。

从 IS-95 前向业务信道中可以看出，前向链路使用的卷积码编码效率为 1/2，约束长度 $k=9$。这种码的生成函数为

$$g_0 = (111101011) = (753)_0$$
$$g_1 = (101110001) = (561)_0$$

对输入编码器的每一位数据生成两个码符号。这些码符号应这样输出：由生成函数 g_0 编码的码符号 c_0 先输出，由生成函数 g_1 编码的码符号 c_1 后输出。初始化时，卷积码编码器应该处于全零状态。初始化后的第一个码符号应该由生成函数 g_0 编码。

2）块交织

交织是一种用于提高数字通信系统性能的技术。它通过重新排列数据块中的符号，使得连续的符号分散到不同的时间和频率上，从而减少连续错误的影响。交织技术可以有效地抵抗突发错误和衰落，提高系统的抗干扰能力和可靠性。

交织包括块交织和卷积交织两种类型。块交织器通常由两部分组成：交织器和解交织器。交织器将输入数据重新排列，解交织器将交织后的数据顺序还原为原始顺序。卷积交织器则通过在时间上对数据进行延迟来实现交织。

一个块交织器可用 (I,J) 来表示，其可以被看成一个 I 行 J 列的存储矩阵。数据按列写入，按行读出。符号从矩阵的左上角开始写入，从右下角开始读出。交织过程中，连续的数据处理要求由两个矩阵完成：一个用于数据写入，另一个用于数据读出。解交织过程也要求由两个矩阵完成，用于反转交织过程。

3）数据加扰

无线通信的一个主要问题是任何传输都可以被窃听者轻易地获得。为了加强 IS-95 前向链路传输的保密性，可采用数据加扰技术。在数据加扰过程中，需要将一串密码加到外发数据上。编码过程由称为长 PN 码的密钥来完成。只有知道正确的随机数初始值，接收机才能重建长 PN 码并解密信息。长 PN 码序列的传输速率为 1.2288Mbps，通过对每组 64 个 PN 码片进行一次采样，其传输速率降低为 19.2kbps。长 PN 码是用 42 阶移位寄存器产生的，周期是 $2^{42}-1 \approx 4.4 \times 10^{12}$ 码片（在 1.2288Mbps 的速率下可持续传输 41 天），其线性递归所依据的特征多项式为

$$p(x) = x^{42} + x^{35} + x^{33} + x^{31} + x^{27} + x^{26} + x^{25} + x^{22} + x^{21} + x^{19} +$$
$$x^{18} + x^{17} + x^{16} + x^{10} + x^7 + x^6 + x^5 + x^3 + x^2 + x + 1$$

4）正交复用

在 IS-95 前向链路中，每个信道都通过其专用的正交沃尔什序列来区别于其他信道。前

向链路的信道由导频信道、同频信道、寻呼信道和业务信道组成。导频信道令移动台迅速精确地捕获信道的定时信息，并提取相干载波进行信号的解调，同频信道用于同步调整，寻呼信道用于寻呼移动台和发出其他命令，业务信道用于业务通信。每个信道由信道特定的沃尔什序列调制，沃尔什序列记为 H_i，其中 $i = 0,1,\cdots,63$。IS-95 标准将 H_0 分配给导频信道，H_{32} 分配给同频信道，$H_1 \sim H_7$ 分配给寻呼信道，其余的 H_i 分配给业务信道。

沃尔什序列是维数为 2 的幂的哈达玛矩阵中的某一行，当两个沃尔什序列在一个周期长度上进行相关运算时，它们是正交的。$2N$ 阶哈达玛矩阵可以由递推公式产生：

$$H_1 = [1]$$

$$H_2 = \begin{bmatrix} 1 & 1 \\ 1 & -1 \end{bmatrix}$$

$$H_{2N} = \begin{bmatrix} H_N & H_N \\ H_N & \overline{H_N} \end{bmatrix}$$

这里规定 $\overline{H}_N$ 为 H_N 的负值（补值）。

在前向业务信道中，19.2kbps 的数据流中的每一位输入与指定的 64 阶沃尔什序列逐个进行模 2 加，并映射为 64 位的输出。因此，这个过程的输出速率为 1.2288Mbps。

5）正交扩频

正交扩频技术是一种无线通信技术，它通过将窄带频谱（低码片速率）扩展为宽带频谱（高码片速率）来实现。正交扩频技术与 CDMA 相辅相成，也是一种调制技术。在 CDMA 中，伪随机序列（PN 码）为特定的扩频码。

IS-95 使用了两个修正后的短 PN 序列，用于对四相相移键控（Quadrature Phase Shift Keying，QPSK）的同相与正交支路进行扩频。两个短 PN 码是由 15 阶移位寄存器产生的序列，并且每个周期在 PN 序列的特定位置上插入一个额外的 0。因此修正后的短 PN 码的周期为 $2^{15} = 32768$ 个码片。该序列称为引导 PN 序列，作用是识别不同的基站。不同的基站使用相同的引导 PN 序列，但是各自采用不同的相位偏置。

IS-95 采用在长为 $n-1$ 的扩频码后面插入一个 0 的方法，这样做有两个目的：一是使不同的基站使用的 PN 序列有一部分保持正交；二是使 15 阶 PN 序列发生器的周期变为 $2^{15} = 32768$ 个码片，这样当 PN 序列的时钟频率为 1.2288Mbps 时，每 2s 的间隔内 PN 序列发生器可以循环 75 次。

同相支路（I 路）所使用的短 PN 码的特征多项式为

$$p_I(x) = x^{15} + x^{13} + x^9 + x^8 + x^7 + x^5 + 1$$

正交支路（Q 路）所使用的短 PN 码的特征多项式为

$$p_Q(x) = x^{15} + x^{11} + x^{11} + x^{10} + x^6 + x^5 + x^4 + x^3 + 1$$

6）基带成形滤波

在现代数字通信系统中，数字化的数据信号必须经过连续脉冲成形后（将输入的连续信号转换成具有特定形状和频谱特性的脉冲信号）进行发射，以完成其在信道内的传输。如何使频谱在限定的频带内减少或消除码间串扰是基带波形设计的核心问题。

IS-95 使用的基带成形滤波器满足图 7-4 限制的频率响应 $S(f)$，即通带（ $0 \leqslant f \leqslant f_\mathrm{p} = 590\mathrm{kHz}$ ）波纹不大于 1.5dB，阻带（ $f > f_\mathrm{s} = 740\mathrm{kHz}$ ）衰减不大于 40dB。除了这些频域的限制，IS-95 还规定滤波器的冲激响应与响应为 $h(k)$ 的 48 抽头的 FIR（Finite Impulse Response，有限冲激响应）滤波器相近。

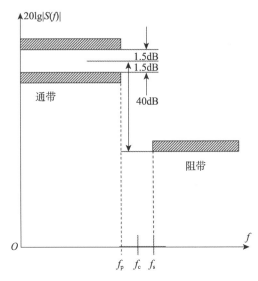

图 7-4　基带成形滤波器频率响应限制

7）信道设计

与其他通信信道相比，移动信道是最为复杂的。复杂、恶劣的传输条件是移动信道的特征，这是由在运动中进行无线通信这一方式本身决定的。

在数字通信信道中，用于分析的最简单的信道模型是加性高斯白噪声信道。在加性高斯白噪声信道中，假定除高斯白噪声外，不存在失真和其他影响。高斯白噪声是由接收机中的随机电子运动产生的热噪声。在如图 7-5 所示的模型中，发送信号 $s(t)$ 被加性高斯白噪声 $n(t)$ 影响，接收信号 $r(t)$ 可表示为

$$r(t) = s(t) + n(t)$$

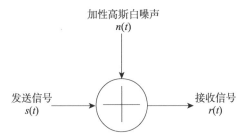

图 7-5　加性高斯白噪声信道模型

可以将使用如下方法产生的高斯分布随机变量作为噪声源。高斯分布的概率密度函数为

$$f(C) = \frac{1}{\sqrt{2\pi}\sigma} e^{-C^2/(2\sigma^2)}, -\infty < C < \infty$$

式中，σ^2 是 C 的方差。

概率分布函数 $F(C)$ 是在区间 $(-\infty, C)$ 内 $f(x)$ 所包围的面积，即

$$F(C) = \int_{-\infty}^{C} f(x)\mathrm{d}x$$

由概率论可知，服从概率分布函数为

$$F(R) = \begin{cases} 0, & R<0 \\ 1-e^{R^2/(2\sigma^2)}, & R \geqslant 0 \end{cases}$$

的瑞利分布的随机变量 R 与一对高斯随机变量 C 和 D 是通过变换

$$C = R\cos\theta$$

$$D = R\sin\theta$$

关联的。这里 θ 是在 $(0, 2\pi)$ 内均匀分布的变量，参数 σ^2 是 C 和 D 的方差。求 $F(R)$ 的逆函数，令

$$F(R) = 1 - e^{R^2/(2\sigma^2)} = A$$

则

$$R = \sqrt{2\sigma^2 \ln\left(\frac{1}{1-A}\right)}$$

式中，A 是在 $(0,1)$ 内均匀分布的变量。现在，如果产生了第二个均匀分布的随机变量 B，而定义：

$$\theta = 2\pi B$$

即可求出两个统计独立的高斯分布随机变量 C 和 D。

3. OFDM 通信系统发射机设计

OFDM 是一种特殊的多载波调制传输技术，它首先将频带划分为多个子信道并行传输数据，并将高速数据流分成多个并行的低速数据流，然后将它们调制到每个信道的子载波上进行传输。它能够将非平坦衰落的无线信道转化成多个正交平坦衰落的子信道，从而消除信道波形间的干扰，达到对抗多径衰落的目的。

OFDM 通信系统发射机原理框图如图 7-6 所示。下面对系统中涉及的重要操作进行介绍。

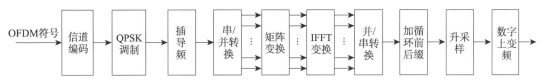

图 7-6　OFDM 通信系统发射机原理框图

1）信道编码

在 OFDM 通信系统发射机设计中，信道编码的目的是通过各种编码方式来应对信道对信号产生的不利影响，由于信道过差产生误码时，信道编码在一定程度上也能进行纠错。OFDM

通信系统发射机采用卷积码编码/交织编码进行信道级联编码。卷积码编码的编码效率为1/2，仿真时设置$k=1$，$\boldsymbol{G}=[1011011;1111001]$，其中，$k$是卷积码的约束长度，它表示卷积码编码器的状态转移机中的延迟长度，即考虑用多少个输入位来计算输出位。$\boldsymbol{G}$是卷积码的生成矩阵，生成矩阵定义了编码器如何根据输入位和当前状态生成输出位。输入的90个二进制数0、1经过卷积码编码后可以变为192个二进制数0、1。交织编码采用24行8列的矩阵进行，按行写入，按列读出，交织编码使系统可以有效抵抗突发干扰。

2）QPSK调制

QPSK是一种调制技术，它可用于OFDM发射机设计中。QPSK调制是将每个OFDM符号映射为两个不同的二进制码，并通过将两个二进制码映射到相位差分别为0°、90°、180°、270°的载波上，实现4种不同的状态。这种调制方式具有较高的频谱利用率及较强的抗干扰性，在电路实现上也较为简单，且具有较好的峰值平均功率比（Peak to Average Power Ratio，PAPR）抑制性能。

3）插导频

OFDM通信系统发射机设计中的插导频技术是一种在发送数据流中插入已知数据（导频符号）的方法。接收机将这些经过信道衰落后的已知数据与原始的导频符号进行比较，就得到了导频信号所在时刻和子载波上信道衰落的估计值。导频数据是在进行矩阵变换之前被插入有效数据的，在系统设计中，在每8个有效数据中插入一个导频数据，但是在有效数据中间位置不插入导频数据。在96个有效数据中插入10个导频数据之后，一帧数据的长度为106。

4）串/并转换

OFDM通信系统发射机设计中的串/并转换技术是一种数据流的转换技术，用于将串行数据流转换为并行数据流，或者将并行数据流转换为串行数据流。串/并转换技术在OFDM通信系统中起到了关键作用。它将串行的数据流分割成多个并行的子载波数据流，并将每个子载波数据流分配给相应的子载波进行传输。这样，每个子载波都可以独立地携带自己的数据，从而实现并行传输。

5）矩阵变换

OFDM通信系统发射机设计中的矩阵变换技术主要涉及DFT（FFT）和IDFT（IFFT）。接收机通过DFT把时域序列转换到频域，而发射机通过IDFT把频域序列转换到时域。矩阵变换可降低系统的峰值平均功率比（PAPR），这里的矩阵大小为106×128，滚降系数$\alpha=0.22$。通过这种方法可以显著改善OFDM通信系统的PAPR分布，大大降低峰值信号出现的概率及系统对功率放大器的要求，节约成本。在接收机上恢复原始信号时，只需要在DFT运算之后乘上一个发射机矩阵的逆矩阵即可。

6）IFFT变换

IFFT变换可以将频域的子载波信号转换回时域的OFDM符号，用于后续的调制和发射。首先需要准备输入数据，经过矩阵变换模块后，一帧数据的长度为128，由于子载波个数为256，因此需要在数据后面补上128个0。补0之后，考虑到频谱利用率的问题，需要对数据进行搬移（将索引为1～64的数据搬移到数据最后）。在接收到输入信号后，需要先进行IFFT处理器的初始化并设置IFFT的参数，再对数据进行IFFT变换得到输出时域信号。

7）加循环前后缀、升采样、数字上变频

加循环前后缀的目的是减少码间串扰，确保符号之间的正交性。具体操作是在每个 OFDM 符号的末尾添加一个与符号前半部分相同的副本，这个副本被称为循环前缀。循环前缀的持续时间通常是符号周期的 1/8～1/4，这样当符号通过无线信道传播时，前缀可以帮助接收机估计信道的时变特性，并使用这个估计来抵消码间串扰。

升采样的目的是确保 OFDM 信号的采样率满足奈奎斯特采样定理的要求，即采样率至少是信号最高频率分量的两倍。升采样通过在原始采样数据之间插入零值来实现。

数字上变频完成的功能是对基带信号进行线性频谱搬移，实质上就是让基带成形信号（I、Q 两路信号）乘以一个载波信号（同样分为 I、Q 两路，由数控振荡器 NCO 产生），再把两路信号相加。但为了抑制已调信号的带外辐射，在通向和正交支路上需要分别增加一个具有线性相位特性的低通成形滤波器，这里采用 FIR 滤波器。另外，为了使产生的基带信号与后面的采样频率相匹配，在进行正交调制前还必须通过内插滤波器对基带信号进行 20 倍升采样处理，这里采用级联积分梳状（Cascaded Integrator–Comb，CIC）滤波器作为内插滤波器。数字上变频模块的实现结构如图 7-7 所示。

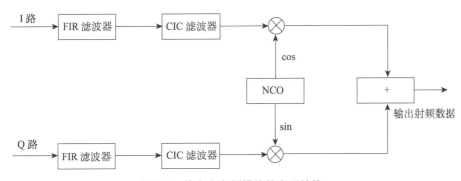

图 7-7　数字上变频模块的实现结构

（1）FIR 滤波器。由于在将基带信号送往数字上变频器中之前，需要经过 20 倍升采样，所以频谱会产生两次镜像，需要用一个基带滤波器滤除带外的杂散频率。此数字上变频模块中的基带低通成形滤波器采用 FIR 滤波器来实现。

（2）CIC 滤波器。由于射频的采样频率需要与射频段进行匹配，在上变频之前需要对数据进行 20 倍升采样。在这个阶段，升采样使用的是 CIC 滤波器，它是由 E.B.Hogenauer 首先提出的一种级联积分梳状滤波器，也称 Hogenauer 滤波器，主要用于高采样频率转换的滤波器设计中。

整个 CIC 滤波器的传输函数是所有梳状滤波器和积分滤波器共同作用的结果。N 级 CIC 滤波器的传输函数为

$$H(z) = H_I^N(z)H_C^N(z) = \frac{(1-z^{-RM})^N}{(1-z^{-1})^N} = \left(\sum_{k=0}^{RM-1} z^{-k} \right)^N$$

本书设计的 CIC 滤波器的参数取为 $R = 20, M = 1, N = 2$。

（3）数控振荡器（NCO）。数控振荡器采用直接数字频率合成器（Direct Digital Synthesis，

DDS）来实现。DDS 具有超高的频率转换速度、极高的频率分辨率和较低的相位噪声。在频率改变与调频时，DDS 能够保持相位的连续，因此很容易实现频率、相位和幅度调制。最后输出的射频（RF）数据指的是经过调制和处理后以射频信号形式输出到无线信道中的数据。

DDS 原理框图如图 7-8 所示。图中相位累加器可在每个时钟周期来临时将频率控制字所决定的相位增量 M 累加一次，如果计数值大于相位累加器位宽，则自动溢出，而只保留后面的 N 位数字于相位累加器中。正弦查询表 ROM 用于实现从相位累加器输出的相位值到正弦幅度值的转换，并将转换后的数据送到 D/A 转换模块中，D/A 转换模块将正弦幅度值的数字量转换为模拟量送入低通滤波器中，低通滤波器输出一个纯净的载波信号。

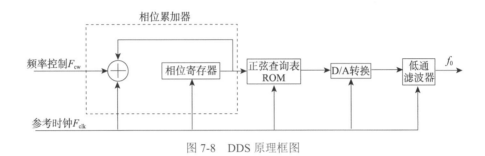

图 7-8　DDS 原理框图

7.1.2　通信系统的接收机设计

1. 直接序列扩频通信系统接收机设计

直接序列扩频通信系统利用扩频信号进行通信。扩频信号是一类伪随机宽带信号，其传输频率远远大于传输信息的速率，这一特性使得直接序列扩频通信系统能够对抗无线通信系统中存在的严重干扰。

图 7-9 展示了直接序列扩频通信系统的接收机原理框图。下面对系统中涉及的重要操作进行介绍。

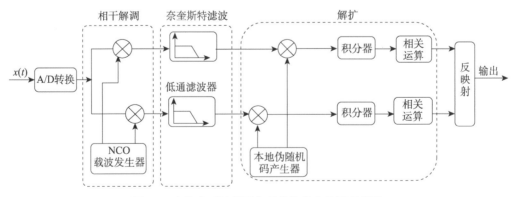

图 7-9　直接序列扩频通信系统的接收机原理框图

1）相干解调

模拟信号经过 A/D 转换模块被转换为数字信号后，首先要被恢复为原始的基带信号，直接序列扩频通信系统常利用相干解调的方式恢复基带信号，相干解调的实质是一种频谱搬移，即将位于载频位置的已调信号的频谱还原到原始基带位置，该过程利用乘法器，通过将已调信号和载波相乘来实现。

2）奈奎斯特滤波

由于数字电路中常存在脉冲信号的干扰，而脉冲信号等价于大量高次谐波叠加的结果，同时，在相干解调过程中，我们利用一个载波和已调信号进行了乘法运算，这样往往使得解调后的信号中多包含了一个高频成分，因此我们需要在相干解调后加入一个低通滤波器来过滤信号中的高频成分，还原原始的基带信号。

3）解扩

接收机利用和发射机相同的扩频函数（伪随机码）进行解扩，求解出原始基带信号中的传输数据。

4）反映射

解扩后的数据通过反映射（符号判决）可以重新对应为星座图上的点，再对应为由 0 和 1 表示的二进制数据。

2. IS-95 前向链路通信系统接收机设计

接收机从信道中接收发射信号，经过基带滤波、短码解扩、沃尔什（Walsh）解调、解扰、去交织和维特比（Veterbi）译码，输出解调后的信号。各个通信模块和发射机的相关模块设计原理类似。IS-95 前向链路通信系统 RAKE 接收机原理框图如图 7-10 所示，在 7.1.3 节中，我们将基于 IS-95 前向链路通信系统实现 RAKE 接收机的仿真。

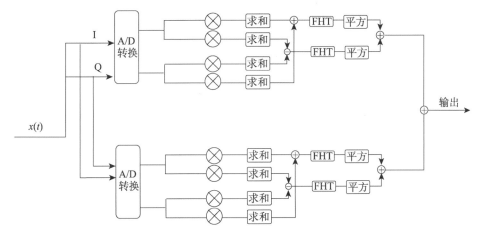

图 7-10　IS-95 前向链路通信系统 RAKE 接收机原理框图

3. OFDM 通信系统接收机设计

OFDM 通信系统的接收机相较于发射机增加了同频模块，其他的通信处理模块与发射机的相关模块功能相似。OFMD 通信系统接收机原理框图如图 7-11 所示。

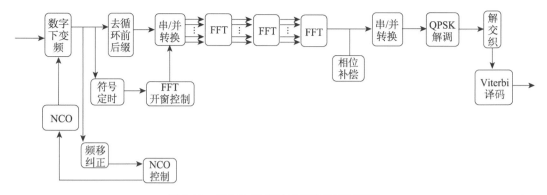

图 7-11　OFMD 通信系统接收机原理框图

数字下变频模块接收到发射机发送的高频信号后，首先需要依靠模块内的三个基本模块，数控振荡器（NCO）、乘法器和抽取滤波模块从高频信号中解调得到原始信号。数控振荡器和乘法器将数字信号分为两路，分别乘以余弦信号和正弦信号以得到同相信号和正交信号，完成混频过程，随后混频信号被送入抽取滤波模块，该模块的结构通常是级联积分梳状（CIC）滤波器和多级半带滤波器（HBF）相级联，通过该模块可以得到数字基带信号。

输出的数字基带信号被送入去循环前后缀模块，该模块移除发射机端的补 0、循环前缀（CP）和循环后缀（CS），完成去除后的信号被送入串/并转换模块和 FFT 模块。在进行解调前，通信系统需要进行信号同步，由于 OFDM 通信系统自身具有对相位旋转敏感的特性，因此我们需要进行相位补偿。相位补偿后的信号经过串/并转换模块和 QPSK 解调模块，再经过解交织模块，使传输过程中的突发性错误在时间上被分散。最后，Viterbi 译码模块利用纠错编码对信号进行纠错后将信号输出。

7.1.3　通信系统的 MWORKS 实现

下面给出一个基于 MWORKS 实现的 IS-95 前向链路通信系统的仿真程序。

```
include("init.jl")
#数据传输速率  = 9600 bps
clear()
rng = MT19937ar(1234)
global Zi, Zq, Zs, show1, R, Gi, Gq
show1 = 0;
SD = 0;            #选择软/硬判决接收
#主要的仿真参数设置
BitRate = 9600;
ChipRate = 1228800;
N = 184;
MFType = 1; #匹配滤波器类型(升余弦)
R = 5;
#沃尔什生成多项式
G_Vit = [1 1 1 1 0 1 0 1 1; 1 0 1 1 1 0 0 0 1];
K = size(G_Vit, 2);
L = size(G_Vit, 1);
#Walsh 矩阵代码
WLen = 64;
Walsh = reshape([1; 0] * ones(Int,1, Int(WLen / 2)), WLen, 1);
#Walsh = zeros(WLen ,1);
```

```
#扩频调制 PN 码的生成多项式
Gi_ind = [15 13 9 8 7 5 0]';
Gq_ind = [15 12 11 10 6 5 4 3 0]';
Gi = zeros(16, 1);
Gi[16 .- Gi_ind] = ones(size(Gi_ind));
Zi = [zeros(length(Gi) - 1, 1); 1];
#I 路信道长 PN 码生成器的初始状态
Gq = zeros(16, 1);
Gq[16 .- Gq_ind] = ones(size(Gq_ind));
Zq = [zeros(length(Gq) - 1, 1); 1];
#Q 路信道长 PN 码生成器的初始状态
#扰码生成多项式
Gs_ind = [42 35 33 31 27 26 25 22 21 19 18 17 16 10 7 6 5 3 2 1 0]';
Gs = zeros(Int,43, 1);
Gs[43 .- Gs_ind] = ones(Int,size(Gs_ind));
Zs = [zeros(Int,length(Gs) - 1, 1); 1];
#长 PN 码生成器的初始状态
#AWGN 信道
EbEc = 10 * log10(ChipRate / BitRate);
EbEcVit = 10 * log10(L);
EbNo = [-2:0.5:6.5;]'; #仿真信噪比范围(dB)
#实现主程序
ErrorsB = Int[];
ErrorsC = Int[];
NN = Int[];
if (SD == 1)
  println("SOFT Decision Viterbi Decoder")
else
  println("HARD Decision Viterbi Decoder")
end
for i = 1:lastindex(EbNo)
  global ErrorsB, ErrorsC, NN
  fprintf("\nProcessing %1.1f (dB)", EbNo[i])
  iter = 0
  ErrB = 0
  ErrC = 0
  while (ErrB < 300) && (iter < 150)
    #drawnow
    #+发射机实现
    TxData = (randn(rng, N, 1) .> 0)
    #传输速率为 19.2kbps
    TxChips, Scrambler = PacketBuilder(TxData, G_Vit, Gs)
    #传输速率为 1.2288Mbps
    x, PN, MF = Modulator(TxChips, MFType, Walsh)
    #实现信道代码
    noise =
      1 / sqrt(2) *
      sqrt(R / 2) *
      (randn(rng, size(x)) + im * randn(rng, size(x))) *
      10^(-(EbNo[i] - EbEc) / 20)
    r = x + noise
    #实现接收机代码
    RxSD = Demodulator(r, PN, MF, Walsh) #软判决，传输速率为 19.2kbps
    RxHD = (RxSD .> 0)                 #定义接收码片的硬判决
    if Bool(SD)
      RxData, Metric = ReceiverSD(RxSD, G_Vit, Scrambler) #软判决
    else
      RxData, Metric = ReceiverHD(RxHD, G_Vit, Scrambler) #硬判决
    end
    if Bool(show1)
      subplot(311)
      plot(RxSD, "-o")
```

```
        title("Soft Decisions")
        subplot(312)
        plot((TxChips .⌣ RxHD), "-o")
        title("Chip Errors")
        subplot(313)
        plot((TxData .⌣ RxData), "-o")
        title(["Data Bit Errors. Metric = ", num2str(Metric)])
    end
    if (mod(iter, 50) == 0)
        print(".")
        save("TempResults.jld2"; ErrB, ErrC, N, iter)
    end
    ErrB = ErrB + sum((RxData .⌣ TxData))
    ErrC = ErrC + sum((RxHD .⌣ TxChips))
    iter = iter + 1
    end
    ErrorsB = [ErrorsB; ErrB]
    ErrorsC = [ErrorsC; ErrC]
    NN = [NN; N * iter]
    save("SimData.jld2")
end
#实现误码率计算
PerrB = ErrorsB ./ NN;
PerrC = ErrorsC ./ NN;
Pbpsk = @. 1 / 2 * erfc(sqrt(10^(EbNo / 10)));
PcVit = @. 1 / 2 * erfc(sqrt(10^((EbNo - EbEcVit) / 10)));
Pc = @. 1 / 2 * erfc(sqrt(10^((EbNo - EbEc) / 10)));
#实现性能仿真显示代码
figure();
semilogy(EbNo[1:length(PerrB)], PerrB, "b-*");
hold("on");
xlabel("信噪比/dB");
ylabel("误码率");
grid("on");
```

在 init.jl 文件内，给出了 Viterbi 编码、数据调制等模块函数的引入、初始化设置代码，具体如下：

```
include("Demodulator.jl")
include("Modulator.jl")
include("PacketBuilder.jl")
include("PNGen.jl")
include("ReceiverHD.jl")
include("ReceiverSD.jl")
include("SoftVitDec.jl")
include("VitDec.jl")
include("VitEnc.jl")
using TyCommunication
using TyMath
using TyBase
using TyStatistics
using TyPlot
```

在 Demodulator.jl 文件内，实现了基于 RAKE 接收机的 IS-95 前向链路通信系统数据包的解调模块，具体如下：

```
function Demodulator(RxIn, PN, MF, Walsh)
    #此函数实现基于 RAKE 接收机的 IS-95 前向链路通信系统数据包的解调
    #RxIn 为输入信号
    #PN 为长 PN 码（用于解扩）
    #MF 为匹配滤波器参数
```

```
    #Walsh 为用于解调的沃尔什序列
    #SD 为 RAKE 接收机的软判决输出
    N = length(RxIn) / R
    L = length(MF)
    L_2 = floor(Int, L / 2)
    rr = conv(reverse(conj(MF), dims = 1), RxIn)
    rr = rr[(L_2+1):(end-L_2)]
    Rx = sign.(real(rr[1:R:end])) + im * sign.(imag(rr[1:R:end]))
    len = Int(N/64)
    Rx = reshape(Rx, 64, len)
    Walsh = ones(len, 1) * sign.(Walsh' .- 1 / 2)
    PN = reshape(PN, 64, len)'
    PN = PN .* Walsh
    #输入速率 = 1.2288 Mpbs，输出速率 = 19.2 kbps
    SD = PN * Rx
    SD = real(diag(SD))
    return SD
end
```

在 Modulator.jl 文件内，实现了 IS-95 前向链路通信系统数据调制模块，具体如下：

```
function Modulator(chips, MFType, Walsh)
    #此函数用于实现 IS-95 前向链路通信系统的数据调制
    #chips 为发送的初始数据
    #MFType 为低通成形滤波器的类型选择
    #Walsh 为沃尔什序列
    #TxOut 为调制输出信号序列
    #PN 为用于扩频调制的长 PN 码
    #MF 为匹配滤波器参数
    N = length(chips) * length(Walsh)
    #输入速率 = 19.2 kbps，输出速率 = 1.2288 Mbps
    global Zi, Zq, show1, R, Gi, Gq

    tmp = sign.(Walsh .- 1 / 2) * sign.(chips' .- 1 / 2)
    chips = reshape(tmp, prod(size(tmp)), 1)
    PNi, Zi = PNGen(Gi, Zi, N)
    PNq, Zq = PNGen(Gq, Zq, N)
    PN = @. sign(PNi - 1 / 2) + im * sign(PNq - 1 / 2)
    chips_out = chips .* PN
    chips = [chips_out zeros(N, R - 1)]
    chips = reshape(transpose(chips), N * R, 1)
    #低通成形滤波器
    if MFType == 1
        #升余弦滤波器
        L = 25
        L_2 = floor(Int, L / 2)
        n = [(-L_2):L_2;]'
        B = 0.7
        MF = sinc.(n / R) .* (cos.(pi * B * n / R) ./ (1 .- (2 * B * n / R) .^ 2))
        MF = MF / sqrt(sum(MF .^ 2))
    elseif MFType == 2
        #矩形滤波器
        L = R
        L_2 = floor(Int, L / 2)
        MF = ones(L, 1)
        MF = MF / sqrt(sum(MF .^ 2))
    elseif MFType == 3
        #汉明滤波器
        L = R
        L_2 = floor(Int, L / 2)
        MF = hamming(L)
```

```
        MF = MF / sqrt(sum(MF .^ 2))
    end
    MF = vec(MF)
    TxOut = sqrt(R) * conv(MF, chips) / sqrt(2)
    TxOut = TxOut[(L_2+1):(end-L_2)]
    if Bool(show1)
        figure()
        subplot(211)
        plot(MF, "-o")
        title("Matched Filter")
        grid("on")
        subplot(212)
        psd(TxOut, 1024, 1e3, 113)
        title("Spectrum")
    end
    return TxOut, PN, MF
end
```

在 PacketBuilder.jl 文件内，实现了 IS-95 前向链路通信系统的数据包发送模块，具体如下：

```
function PacketBuilder(DataBits, G, Gs)
    #此函数用于进行 IS-95 前向链路通信系统的数据包发送
    #DataBits 为发送数据（二进制形式）
    #G 为 Viterbi 编码生成多项式
    #Gs 为长序列生成多项式（扰码生成多项式）
    #ChipsOut 为输入调制器的码序列（二进制形式）
    #Scrambler 为扰码
    global Zs
    K = size(G, 2)
    L = size(G, 1)
    N = 64 * L * (length(DataBits) + K - 1)#码片数（9.6 kbps -> 1.288 Mbps）
    chips = VitEnc(G, [DataBits; zeros(Int,K - 1, 1)])#Viterbi 编码
    #实现交织编码
    INTERL = reshape(chips, 24, 16)#IN：列，OUT：行
    chips = reshape(INTERL', length(chips), 1)  #速率=19.2 kbps
    #产生扰码
    LongSeq, Zs = PNGen(Gs, Zs, N)
    Scrambler = LongSeq[1:64:end]
    ChipsOut = (chips .⊻ (Scrambler))
    return ChipsOut, Scrambler
end
```

在 PNGen.jl 文件内，含有一个用于生成伪随机序列的模块，，具体如下：

```
function PNGen(G, Zin, N)
    #此函数根据生成多项式和输入状态产生长度为 N 的伪随机序列
    #G 为生成多项式
    #Zin 为移位寄存器初始化参数
    #N 为长 PN 码长度
    #y 为生成的长 PN 码
    #Z 为移位寄存器的输出状态
    L = length(G)
    Z = Int.(Zin)      #移位寄存器的初始化
    y = zeros(Int,N, 1)
    G = Int.(G)
    for i = 1:N
        y[i] = Z[L]
        Z = ((G * Z[L]) .⊻ (Z))
        Z = [Z[L]; Z[1:(L-1)]]
    end
    return y, Z
```

end

在 ReceiverHD.jl 文件内，实现了输入基于 Viterbi 译码的接收机，具体如下：

```
function ReceiverHD(HDchips, G, Scrambler)
    #此函数用于实现基于 Viterbi 译码的硬判决接收机
    #SDchips 为硬判决 RAKE 接收机输入符号
    #G 为 Viterbi 编码生成多项式矩阵
    #Scrambler 为扰码序列
    #DataOut 为接收数据（二进制形式）
    #Metric 为 Viterbi 译码最佳度量
    #if (nargin == 1)
    # G = [1 1 1 1 0 1 0 1 1 ; 1 0 1 1 1 0 0 0 1]
    #end
    #传输速率=19.2 kbps
    HDchips = (HDchips .⁻ Int.(Scrambler))
    INTERL = reshape(HDchips, 16, 24)
    HDchips = reshape(INTERL', length(HDchips), 1)
    DataOut, Metric = VitDec(G, HDchips, 1)
    return DataOut, Metric
end
```

在 ReceiverSD.jl 文件内，实现了利用 Viterbi 译码恢复发送数据的模块，具体如下：

```
function ReceiverSD(SDchips, G, Scrambler)
    #此函数用于实现基于 Viterbi 译码的发送数据的恢复
    #SDchips 为软判决 RAKE 接收机输入符号
    #G 为 Viterbi 编码生成多项式矩阵
    #Scrambler 为扰码序列
    #DataOut 为接收数据（二进制形式）
    #Metric 为 Viterbi 译码最佳度量
    #if (nargin == 1)
    # G = [1 1 1 1 0 1 0 1 1 ; 1 0 1 1 1 0 0 0 1]
    #end
    #传输速率=19.2 kbps
    SDchips = SDchips .* sign.(1 / 2 .- Scrambler)
    INTERL = reshape(SDchips, 16, 24)
    SDchips = reshape(INTERL', length(SDchips), 1)    #传输速率=19.2 kbps
    DataOut, Metric = SoftVitDec(G, SDchips, 1)
    return DataOut, Metric
end
```

在 SoftVitDec.jl 文件内，实现了软判决输入的 Viterbi 译码模块，具体如下：

```
function SoftVitDec(G, y, ZeroTail)
    #此函数实现软判决输入的 Viterbi 译码
    #G 为生成多项式的矩阵
    #y 为输入的待译码序列
    #ZeroT 为判断是否包含'0'尾
    #xx 为 Viterbi 译码输出序列
    #BestMetric 为最后的最佳度量
    L = size(G, 1)      #输出码片数
    K = size(G, 2)      #生成多项式的长度
    N = 2^(K - 1)       #状态数
    T = Int(length(y) / L)    #最大栅格深度
    OutMtrx = zeros(N, 2 * L)
    for s = 1:N
        in0 = ones(L, 1) * [0; [parse(Int, c) for c in dec2bin((s - 1), (K - 1))]]'
        in1 = ones(L, 1) * [1; [parse(Int, c) for c in dec2bin((s - 1), (K - 1))]]'
        out0 = mod.(sum((G .* in0)'; dims = 1), 2)
        out1 = mod.(sum((G .* in1)'; dims = 1), 2)
```

```julia
      OutMtrx[s, :] = [out0 out1]
  end
  OutMtrx = sign.(OutMtrx .- 1 / 2)
  PathMet = [100; zeros((N - 1), 1)]          #初始状态数 = 100
  PathMetTemp = PathMet[:, 1]
  Trellis = zeros(Int, N, T)
  Trellis[:, 1] = [0:(N-1);]
  y = reshape(y, L, Int(length(y) / L))
  Trellis = [Trellis zeros(Int, size(Trellis, 1))]
  for t = 1:T
      yy = y[:, t]
      for s = 0:Int(N / 2 - 1)
          B0, ind0 = ty_maximum(
              PathMet[1 .+ [2 * s, 2 * s + 1]] .+ [
                  OutMtrx[1+2*s, 0 .+ [1:L;]'] * yy
                  OutMtrx[1+(2*s+1), 0 .+ [1:L;]'] * yy
              ],
          )
          B1, ind1 = ty_maximum(
              PathMet[1 .+ [2 * s, 2 * s + 1]] .+ [
                  OutMtrx[1+2*s, L.+[1:L;]'] * yy
                  OutMtrx[1+(2*s+1), L.+[1:L;]'] * yy
              ],
          )
          PathMetTemp[1 .+ [s, s + Int(N / 2)]] = [B0; B1]
          Trellis[1 .+ [s, s + Int(N / 2)], t+1] =
              [2 * s + (ind0 - 1); 2 * s + (ind1 - 1)]
      end
      PathMet = copy(PathMetTemp)
  end
  xx = zeros(Int, T, 1)
  if Bool(ZeroTail)
      BestInd = 1
  else
      Mycop, BestInd = ty_maximum(PathMet)
  end
  BestMetric = PathMet[BestInd]
  xx[T] = floor(Int, (BestInd - 1) / (N / 2))
  NextState = Trellis[BestInd, (T+1)]
  for t = T:-1:2
      xx[t-1] = floor(Int, NextState / (N / 2))
      NextState = Trellis[(NextState+1), t]
  end
  if Bool(ZeroTail)
      xx = xx[1:(end-K+1)]
  end
  return xx, BestMetric
end
```

在 VitDec.jl 文件内，实现了硬判决输入的 Viterbi 译码模块，具体如下：

```julia
function VitDec(G, y, ZeroTail)
    #此函数实现硬判决输入的 Viterbi 译码
    #G 为生成多项式的矩阵
    #y 为输入的待译码序列
    #Zer 为判断是否包含'0'尾
    #xx 为 Viterbi 译码输出序列
    #BestMetric 为最后的最佳度量
    L = size(G, 1)       #输出码片数
    K = size(G, 2)       #生成多项式长度
    N = 2^(K - 1)        #状态数
    T = Int(length(y) / L)   #最大栅格深度
    OutMtrx = zeros(N, 2 * L)
```

```
    for s = 1:N
        in0 = ones(L, 1) * [0; [parse(Int, c) for c in dec2bin((s - 1), (K - 1))]]'
        in1 = ones(L, 1) * [1; [parse(Int, c) for c in dec2bin((s - 1), (K - 1))]]'
        out0 = mod.(sum((G .* in0)'; dims = 1), 2)
        out1 = mod.(sum((G .* in1)'; dims = 1), 2)
        OutMtrx[s, :] = [out0 out1]
    end
    PathMet = [0; 100 * ones((N - 1), 1)]
    PathMetTemp =@views PathMet[:, 1]
    Trellis = zeros(Int, N, T)
    Trellis[:, 1] = [0:(N-1);]
    y = reshape(y, L, Int(length(y) / L))
    Trellis = [Trellis zeros(Int, size(Trellis, 1))]
    for t = 1:T
        yy = y[:, t]'
        for s = 0:Int(N / 2 - 1)
            B0, ind0 = ty_minimum(
                PathMet[1 .+ [2 * s, 2 * s + 1]] .+ [
                    sum(abs.(OutMtrx[1+2*s, 0 .+ [1:L;]'] - yy) .^ 2; dims = 2)
                    sum(abs.(OutMtrx[1+(2*s+1), 0 .+ [1:L;]'] - yy) .^ 2; dims = 2)
                ],
            )
            B1, ind1 = ty_minimum(
                PathMet[1 .+ [2 * s, 2 * s + 1]] .+ [
                    sum(abs.(OutMtrx[1+2*s, L.+[1:L;]'] - yy) .^ 2; dims = 2)
                    sum(abs.(OutMtrx[1+(2*s+1), L.+[1:L;]'] - yy) .^ 2; dims = 2)
                ],
            )
            PathMetTemp[1 .+ [s; s + Int(N / 2)]] = [B0; B1]
            Trellis[1 .+ [s; s + Int(N / 2)], t+1] =
                [2 * s + (ind0 - 1); 2 * s + (ind1 - 1)]
        end
        PathMet = copy(PathMetTemp)
    end
    xx = zeros(Int, T, 1)
    if Bool(ZeroTail)
        BestInd = 1
    else
        Mycop, BestInd = ty_minimum(PathMet)
    end
    BestMetric = PathMet[BestInd]
    xx[T] = floor(Int, (BestInd - 1) / (N / 2))
    NextState = Trellis[BestInd, (T+1)]
    for t = T:-1:2
        xx[t-1] = floor(Int, NextState / (N / 2))
        NextState = Trellis[(NextState+1), t]
    end
    if Bool(ZeroTail)
        xx = xx[1:(end-K+1)]
    end
    return xx, BestMetric
end
```

在 VitEnc.jl 文件内，实现了 Viterbi 编码模块，具体如下：

```
function VitEnc(G, x)
    #此函数根据生成多项式进行 Viterbi 编码
    #G 为生成多项式的矩阵
    #x 为输入数据（二进制形式）
    #y 为 Viterbi 编码输出序列
    K = size(G, 1)
    L = length(x)
    yy = Int.(conv2(G, x'))
    yy =@views yy[:, 1:L]
```

```
y = reshape(yy, K * L, 1)
y = mod.(y, 2)
return y
end
```

运行程序后，得到 IS-95 前向链路通信系统仿真结果，如图 7-12 所示。

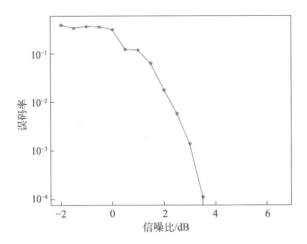

图 7-12　IS-95 前向链路通信系统仿真结果

7.2　MIMO-OFDM通信系统设计与实现

　　MIMO（Multiple-Input Multiple-Output，多输入多输出）和 OFDM（Orthogonal Frequency Division Multiplexing，正交频分复用）是两个在现代无线通信系统中广泛应用的关键技术。MIMO 技术通过利用多个发射天线和接收天线之间的空间自由度，显著提高了系统的数据传输速率、可靠性和频谱效率。而 OFDM 技术则将高速数据流分割成多个低速子载波，并在频域上对它们进行并行传输，有效地抵抗了由多径衰落和频率选择性衰落引起的干扰，提高了系统的抗干扰性和频谱利用率。随着无线通信技术的不断发展和应用需求的不断增加，MIMO-OFDM 通信系统成了一种理想的选择，其结合了 MIMO 和 OFDM 技术的优势，具备更高的数据传输速率和更好的抗干扰性能。MIMO-OFDM 通信系统已经在诸多应用领域取得了巨大成功，如无线局域网（WLAN）、移动通信系统（如 LTE 和 5G）及室内无线通信系统等。

　　首先，本节将详细介绍 MIMO 系统的原理，在 MIMO 系统中，多个数据流可以同时传输，并且在接收端可以通过信号处理算法对信号进行恢复。通过利用多个天线之间的独立传输路径，MIMO 系统可以显著提高系统的数据传输速率和可靠性。此外，MIMO 系统还可以提高频谱效率，即在给定频带宽度内传输更多的数据。

　　其次，我们将介绍 MIMO 系统模型，包括发送端和接收端的信号模型、信道模型及接收端的信号处理算法等。通过深入介绍 MIMO 系统的原理和模型，为后续的 MIMO-OFDM 系统设计奠定坚实的基础。

　　然后，我们重点讨论 MIMO-OFDM 通信系统的设计与实现。在 MIMO-OFDM 通信系统中，MIMO 技术被应用于每个子载波，以提高系统性能。MIMO-OFDM 通信系统的设计涉及子载波分配、功率分配、调制方案选择等方面。此外，为了进一步提高系统性能，我们还可以采用一些优化技术，这些技术可以进一步增强系统的抗干扰性能和容错能力。

最后，我们讨论 MIMO-OFDM 通信系统在实际应用中的一些问题和挑战，并提出可能的解决方案。

7.2.1 MIMO 系统的原理及模型

MIMO 的核心思想是通过同时利用多个发射天线和接收天线来传输和接收多个独立的数据流，从而增加无线通信系统容量，提高频谱效率、可靠性和抗干扰性。

1. MIMO 系统的特点

相比于传统的 SISO 系统，MIMO 系统引入了多个发射天线和接收天线，充分利用了信号在传输过程中的多径效应，在空间上呈现出多个不同的传输路径，以改善通信性能。

MIMO 系统具有以下特点。

（1）有多个发射天线和接收天线。MIMO 系统至少包含两个以上的发射天线和接收天线。这些天线可以是物理上独立的实体天线，也可以是由天线阵列构成的虚拟天线。多个发射天线和接收天线的引入扩展了通信系统的空间自由度，使系统能够在空间上呈现多个不同的传输路径。在传统的 SISO 系统中，只有一个发射天线和一个接收天线，并且数据通过单一的信道进行传输。这种简单的系统结构无法充分利用信道的特性和资源，限制了数据传输的速率和可靠性。而 MIMO 系统通过引入多个发射天线和接收天线，打破了传统的单一信道传输的限制，允许多个独立的数据流同时传输。

（2）空间自由度的利用。MIMO 系统通过利用多个发射天线和接收天线之间的空间自由度，可以在同一时间和频率资源上同时传输多个独立的数据流。每个发射天线可以发送独立的信号，而每个接收天线可以接收到多个发射天线发送的信号。这种并行传输的方式大幅提高了系统的吞吐量和频谱效率，从而实现更高的数据传输速率。

（3）多径效应的利用。MIMO 系统利用多个发射天线和接收天线之间的多径效应，对接收到的多个传输路径上的信号进行处理，提高信号的接收质量和可靠性。通过利用多径效应，MIMO 系统可以减少多径衰落对信号质量的影响，提高信号的抗干扰性和覆盖范围。MIMO 系统的性能提升主要来自多径效应。在传输过程中，信号会经历多个路径的反射、折射和散射，导致其在空间上呈现多个不同的传输路径。这些传输路径可以被视为独立的信道，每个信道都具有不同的特性，如传输延迟、幅度衰落和相位变化等。通过在接收端使用多个天线接收这些多径传播的信号，可以对它们进行合理的组合，从而提高系统的性能。

（4）空间分集和空间复用。MIMO 系统通过空间分集和空间复用技术，将多个数据流并行传输。空间分集是指利用多个发射天线发送相同的信号，通过不同的传输路径提高信号的可靠性。空间复用是指利用多个发射天线发送不同的信号，实现多个独立数据流的传输。通过空间分集和空间复用，MIMO 系统可以充分利用信道的特性和资源，增加系统容量并提高频谱效率。

（5）抗干扰性的改善。MIMO 系统通过在空间上分离信号，减少了同频干扰和多径干扰对系统性能的影响。MIMO 系统通过多个发射天线发送不同的信号，并在接收端利用信号处理算法将这些信号分离出来，可以有效地降低干扰对系统性能的影响，提高系统的抗干扰性。

综上所述，MIMO 系统相比于传统的 SISO 系统，能够增加系统容量、提高数据传输速率、提高信号可靠性、提高频谱效率（资源利用率）、实现信号分离。此外，其能提供空时编码和多样性增益及实现自适应调制和功率分配等。这些优势使得 MIMO 系统成为现代无线通信系统中不可或缺的关键技术。随着人们对高速、高质量无线通信需求的不断增长，MIMO 系统的重要性进一步凸显，并在各种应用场景中发挥重要作用。

在设计和实现 MIMO 系统时，我们需要考虑多个因素，包括天线数量、天线配置、信道条件等。此外，我们还需要使用适当的信号处理和编码技术，以优化 MIMO 系统的性能。

2. MIMO 系统的设计和编码

在设计 MIMO 系统时，需要考虑天线的布局和位置，以最大限度地利用空间自由度。合理的天线布局可以提高信号的独立性，降低天线之间的相关性，从而增加系统容量并提高信号的可靠性。此外，还需要选择适当的编码技术，如空时编码（Space-Time Coding，STC）和空分多址编码（Space-Division Multiple Access，SDMA）等，以实现多个数据流的同时传输和接收。

1）空时编码

空时编码是一种利用时域和空域的编码技术。在传统的单天线通信系统中，信号在传输过程中容易受到多径效应、噪声和干扰等影响，从而导致信号质量下降和传输性能下降。空时编码技术通过在不同的天线上发送不同的编码符号，利用多径传播的特性来提高系统的性能。

空时编码技术的优势如下。

（1）提高抗干扰性。可以利用空间多样性来减少信号受到干扰的影响，提高系统的抗干扰性。采用空时编码技术，即使在信道存在衰落和多径效应的情况下，接收端仍然可以有效地恢复原始数据。

（2）提高信号的可靠性。利用多径传播的特性，采用空时编码可以增加信号的冗余度，从而提高信号的可靠性，即使在信道质量较差的情况下，接收端仍有可能恢复原始数据，从而提供更可靠的通信服务。

（3）提高数据传输速率。通过在多个天线上同时发送不同的编码符号，可以提高数据的传输速率。多个天线之间的并行传输可以提高系统的频谱效率，使系统充分利用可用的带宽资源。

需要注意的是，空时编码技术需要在发送端和接收端进行相应的信号处理和译码操作。发送端需要根据编码算法对数据进行编码，将编码后的符号分配到不同的天线上进行发送。接收端则需要根据相应的译码算法对接收到的信号进行译码，以还原原始数据。

空时编码技术在现代通信系统中得到广泛应用，包括无线局域网（WLAN）、移动通信系统（如 3G、4G 和 5G）、卫星通信系统等，为高速、可靠的无线通信提供了重要的支持。

其中，在无线局域网中，空时编码技术可提高数据传输速率和覆盖范围，满足用户对高速数据传输的需求，改善无线信号在室内和室外环境中的传播性能。在移动通信系统中，在多天线的基站和用户设备之间，空时编码技术对支持高速移动、大容量数据传输和提供无缝覆盖的移动通信系统至关重要。在卫星通信系统中，信号需要经过大气层和空间传播，受到干扰和衰落的影响，空时编码技术利用多天线的空间多样性，提高信号的抗干扰性和可靠性，对于提供稳定、高质量的卫星通信服务非常重要。

除了上述应用领域，空时编码技术还在其他通信系统中得到了广泛应用。例如，无线传感器网络、无线电频谱感知和分配、车联网等领域都受益于空时编码技术的应用。需要指出的是，空时编码技术的实现需要考虑多个因素，包括天线配置、编码算法、解调和译码算法等。针对不同的应用场景和系统要求，可能需要采用不同的空时编码方案。因此，研究人员在空时编码技术的设计和优化方面仍然有很多的工作要做。

一种常见的空时编码技术是空时分组编码（STBC），其是一种利用多个天线进行数据编码的 MIMO 技术。STBC 技术在每个传输时间段内对多个数据流按照一定的规则进行编码，从而实现数据的传输。STBC 技术的基本原理是将多个数据流分组成块，并在每个块内进行编码。在编码过程中，需要令每个数据流与一组特定的编码矩阵相乘，得到编码后的信号。在接收端，通过对接收到的信号进行译码处理，恢复出原始的数据流。

2）空分多址编码

空分多址编码（SDMA）将多个用户分别映射到不同的天线上，并采用特定的调度算法传输数据。SDMA 技术可实现多用户之间的并行传输，其原理是通过在空间上分离不同的用户，使得每个用户可以在相同的频率资源上进行独立的并行传输。在发送端，SDMA 技术根据用户的位置和信道状态信息，利用多个天线对不同的用户信号进行编码和传输。在接收端，通过对接收到的信号进行处理和译码，可以同时获得多个用户的信息。

SDMA 技术在 MIMO 系统中具有以下优势。

（1）增加系统容量。SDMA 技术通过在空间上分离不同的用户，实现多用户之间的并行传输。这样可以增加系统容量，允许更多的用户同时进行数据传输，从而满足日益增长的通信需求。

（2）提高频谱利用率。SDMA 技术可以在相同的频率资源上进行多用户的并行传输。通过利用多个天线对不同的用户信号进行分离和传输，SDMA 技术可以提高频谱利用率，实现更高的数据吞吐量。

（3）支持空间分集。SDMA 技术可以实现空间分集，即利用多个天线接收不同的传输路径上的信号。通过对接收到多个传输路径上的信号进行信号处理，SDMA 技术可以减少多径衰落对信号质量的影响，提高信号的接收质量和覆盖范围。

（4）增强抗干扰能力。SDMA 技术通过在空间上分离不同的用户和信号，可以降低多用户环境下的干扰水平；通过利用多个天线进行接收和信号处理，可以将干扰信号从目标信号中分离出来，提高系统的抗干扰能力。

（5）灵活适应用户分布。SDMA 技术可以根据用户的位置和信道状态信息，灵活地调整天线的发射和接收参数。这使得 SDMA 技术能够适应用户分布不均匀的情况，提供更好的数据传输服务。

（6）增大系统覆盖范围。SDMA 技术通过利用多个天线接收不同传输路径上的信号，克服多径衰落和信号弱化的问题，从而增大系统的覆盖范围。这使得 SDMA 技术在无线通信系统中具有较好的应用前景。

综上所述，MIMO 技术中的空时编码和空分多址编码是常见的编码技术。它们利用多个天线进行数据编码和传输，以增加系统容量、提高信号的可靠性和系统的频谱利用率。它们在无线通信领域中扮演着重要的角色，为高速数据传输、抗干扰和多用户并行传输等方面提供了有效的解决方案。

3. MIMO 系统模型

考虑一个点对点的 MIMO 系统，它具有 n_T 个发射天线和 n_R 个接收天线。我们使用离散时间的复基带线性系统模型来描述该系统的工作原理。在这个模型中，我们可以使用一个 $n_T \times 1$ 的列向量 x 表示每个符号周期内的发射信号。其中，第 i 个元素 x_i 表示第 i 个天线上的发射信号。

在这个 MIMO 系统模型中，发送端通过发射天线将信号传输到接收端的接收天线中。每个发射天线上的信号经过信道传输到对应的接收天线上。接收端收到来自各个接收天线的信号，并通过信号处理算法来译码和恢复原始信息。

MIMO 系统模型的结构框图如图 7-1 所示。这个框图表示了信号在发射天线和接收天线之间的传输过程。每个发射天线对应一个接收天线，它们之间通过信道进行连接。

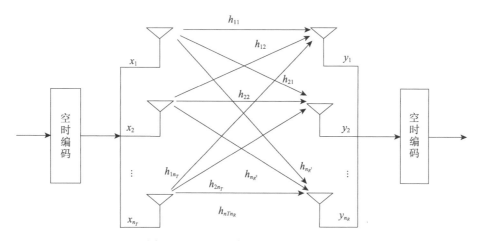

图 7-13　MIMO 系统模型的结构框图

在发送端，每个发射天线上的信号经过调制和编码处理后，形成了待传输的符号序列。这些符号序列按照天线的数量进行排列，形成了列向量 x。每个符号在不同的天线上进行传输，从而实现了空间上的多路复用。

在接收端，接收天线接收到经过信道传输和可能受到噪声干扰的信号。接收端通过接收天线上的信号处理算法，对接收到的信号进行译码和恢复原始信息。这些算法可以利用接收到的信号在不同接收天线之间的差异来提取出原始信息。

在高斯信道中，根据信息论，发射信号的最佳分布是高斯分布。因此，我们可以假设发射信号中的每个元素都是零均值、独立同分布的高斯变量。发射信号的协方差矩阵可以表示为

$$R_{xx} = E\left(xx^H \right)$$

其中，$E(\ )$表示期望运算函数；$\boldsymbol{A}^{\mathrm{H}}$表示矩阵$\boldsymbol{A}$的厄米特（Hermitian）转置，即$\boldsymbol{A}$的复共扼转置，不管发射天线数量$n_{\mathrm{T}}$为多少，将总的发射功率限制为$P$，可以表示为

$$P = \mathrm{tr}\left(\boldsymbol{R}_{xx}\right)$$

这里，$\mathrm{tr}(\ )$表示矩阵的迹运算函数，用于计算矩阵的主对角线上元素的和。换句话说，我们可以通过控制发射信号的协方差矩阵来满足总的发射功率限制。通过调整协方差矩阵的参数，如信号的方差或相关性，可以达到所需的总功率。

假设在发送端未知信道状态信息（Channel State Information，CSI）的情况下，每个发射天线上发射的信号具有相同的功率P/n_{T}。这意味着每个发射天线上的信号功率都为P除以发射天线的数量n_{T}。协方差矩阵表示信号的功率和相关性，对发射信号而言，协方差矩阵中的元素表示两个天线之间的相关性。由于发送端的天线之间是独立的，因此协方差矩阵可以表示为P/n_{T}乘以单位矩阵。单位矩阵$\boldsymbol{I}_{n_{\mathrm{T}}}$是一个$n_{\mathrm{T}} \times n_{\mathrm{T}}$的矩阵，对角线上的元素为1，其余元素为0。因此，发射信号的协方差矩阵可以表示为

$$\boldsymbol{R}_{xx} = \frac{P}{n_{\mathrm{T}}}\boldsymbol{I}_{n_{\mathrm{T}}}$$

接收端的噪声用一个$n_{\mathrm{R}} \times 1$的列向量$\boldsymbol{n}$来表示，其中$\boldsymbol{n}$中的元素是统计独立的复高斯随机变量，具有零均值和独立的、方差相等的实部和虚部。接收噪声的协方差矩阵可以表示如下：

$$\boldsymbol{R}_{nn} = \sigma^2 \boldsymbol{I}_{n_{\mathrm{R}}}$$

其中，σ^2表示噪声的方差，$\boldsymbol{I}_{n_{\mathrm{R}}}$表示$n_{\mathrm{R}} \times n_{\mathrm{R}}$的单位矩阵。

根据线性模型，接收信号可以表示为

$$\boldsymbol{y} = \boldsymbol{H}\boldsymbol{x} + \boldsymbol{n}$$

其中，$\boldsymbol{y}$是一个$n_{\mathrm{R}} \times 1$的列向量；$\boldsymbol{H}$是一个$n_{\mathrm{R}} \times n_{\mathrm{T}}$的复矩阵，其中$h_{ij}$表示矩阵$\boldsymbol{H}$第$i$行第$j$列的元素，代表从第$j$个发射天线到第$i$个接收天线之间的信道衰落系数；$\boldsymbol{x}$是一个$n_{\mathrm{T}} \times 1$的列向量，表示发射信号；$\boldsymbol{n}$是接收端的噪声向量。

接收信号的协方差矩阵可以定义为$E\left(\boldsymbol{y}\boldsymbol{y}^{\mathrm{H}}\right)$，根据上述线性模型，我们可以得到接收信号的协方差矩阵为

$$\boldsymbol{R}_{xx} = \boldsymbol{H}\boldsymbol{R}_{xx}\boldsymbol{H}^{\mathrm{H}} + \boldsymbol{R}_{nn}$$

而总接收信号功率可以表示为协方差矩阵的迹，它是一个衡量信号功率的重要指标。

$$P = \mathrm{tr}\left(\boldsymbol{R}_{yy}\right)$$

以上是对给定假设下的 MIMO 系统的信号模型和协方差矩阵的推导。MIMO 系统模型描述了信道衰落、发射信号、接收噪声之间的关系。这种模型在无线通信系统中具有广泛的应用，尤其在多天线系统中，其可以通过优化发射信号的设计，提高系统的性能和容量。

在实际应用中，MIMO 系统可以采用不同的传输方案和接收算法来优化系统性能。例如，空时编码可以提高系统的可靠性，最大比例传输（Maximum Ratio Transmission）可以最大化接收信号质量。此外，还可以通过使用预编码（Precoding）和波束成形（Beamforming）等技术来进一步优化传输性能。

总而言之，MIMO技术是无线通信系统设计的一个重要组成部分。通过正确地使用MIMO技术，我们可以设计出高性能的无线通信系统，满足现代通信应用的需求。MIMO系统是一种利用多个发射天线和接收天线之间的空间自由度的通信系统。它通过同时利用多个发射天线和接收天线来传输和接收多个独立的数据流，增加无线通信系统的容量，提高系统的频谱利用率、可靠性和抗干扰性。MIMO系统已经被广泛应用于多种无线通信系统中，并在现代通信领域中发挥着重要作用。随着通信技术的不断发展，MIMO技术将继续推动无线通信的进步。未来的无线通信系统将面临更高的数据需求、更严苛的信道环境和更复杂的应用场景。通过不断改进和创新，MIMO技术可以为这些挑战提供解决方案，并为实现更高速率、更可靠的通信提供支持。

7.2.2 MIMO-OFDM 通信系统

在上一节中，我们介绍了MIMO系统的原理及模型。MIMO系统能充分利用空间资源，通过多个天线实现多发多收，在不增加频谱资源和天线发射功率的情况下，成倍地增加系统信道容量，显示出明显的优势，被视为下一代移动通信的核心。

一个基于空间复用的MIMO-OFDM系统能够同时利用MIMO技术和OFDM技术的能力，增加系统的容量、提高信号传输的速率。该系统通过多路数据流在发送天线的同时发射，实现在相同带宽情况下的多路空间中的并行信道。这样的系统不仅发挥了MIMO技术和OFDM技术的优势，而且有效地利用了空间的并行性和频率选择性。

1. 发射分集技术和空间复用技术

广义的MIMO技术涉及广泛，主要包括发射分集技术和空间复用技术。其中发射分集技术是指在不同的天线上发射包含同样信息的信号（信号可能并不相同），从而达到空间分集的效果。

无线通信环境存在多径衰落、多普勒频移和信道快速时变等许多不利因素，如何克服这些不利因素，是移动通信始终都需要研究的问题。目前，为保证无线信道的可靠传输，人们已经提出了很多方法，主要用于补偿信道衰落损耗的分集技术就是其中一种有效的方法。分集技术，是指在通信的过程中，系统要能够提供发送信号的副本，使得接收机能进行更加准确的判断。根据获得独立路径信号的方法不同，分集技术可分为时间分集、频率分集和空间分集等。

在三种分集技术中，空间分集技术没有时延和环境的限制，能够获得更好的系统性能。这种分集技术可分为接收分集和发送分集。相较来说，接收分集实现比较麻烦，在这种接收方式中，接收机要对它收到的多个衰落特性互相独立但携带同一信息的信号进行特定处理，以降低信号电平的起伏，这会导致接收机的复杂度提高。

所有发射分集技术本质上都具有一个共同点，那就是使各个发射天线中的信号到达接收天线时，是相互独立的，而且无论采用什么方法，接收机必须能够区别出来自不同天线的信号，将它们合并在一起，从而获得分集增益。

空间复用技术与发射分集不同，它在不同的天线上发射的是不同的信息，空间复用技术真正体现了MIMO系统的本质。贝尔实验室的V BLAST是空间复用技术的典型应用，它使用了称为垂直分层空时码的技术。

2. MIMO 信道

在研究 MIMO 技术的过程中，MIMO 信道的建模是个非常重要的问题。如果基于一个不合理的信道模型来进行研究，就会使研究结果变得毫无意义。在描述 SISO 信道特点时，时延扩展和多普勒扩展是需要考虑的两个最重要的因素。目前，在 MIMO 系统的研究中，通常为了简便，采用不相关信道模型，也就是说，一个发射天线与接收天线之间的信道与另一个发射天线与接收天线之间的信道完全不相关。但实际上，在 MIMO 系统中，天线之间的相关性通常是存在的，而且是一个非常重要的、值得考虑的因素。若相关系数比较高(如大于 0.7)，则发射分集或者空间复用的增益就会明显降低，当相关系数达到 1 时，甚至会完全没有增益。根据测量和分析，一般情况下，如果恰当地配置发射天线和接收天线，相关系数可以降到比较低的水平，在 0.1～0.5 之间。

3. MIMO-OFDM 通信系统

因为 OFDM 技术能有效对抗频率选择性衰落，克服信号的码间干扰，所以一个自然而然的想法就产生了，即把 OFDM 技术和 MIMO 技术结合起来，从而实现高速数据传输。

在未来的宽带无线通信系统中，存在两个严峻的挑战：多径衰落信道和频谱效率。OFDM 技术通过将频率选择性多径衰落信道在频域内转变成平坦信道，从而减小了多径衰落的影响，而 MIMO 技术能够在空间中产生独立的并行信道同时传输多路数据流，有效增加了系统的传输速率，即由 MIMO 提供的空间复用技术能够在不增加系统带宽的情况下增加频谱效率。这样，如果我们将 OFDM 和 MIMO 两种技术结合，就能达到两种效果：一种是系统具有很高的传输速率，另一种是系统通过分集达到很高的可靠性。同时，在 MIMO-OFDM 系统中加入合适的数字信号处理算法，能更好地增加系统的稳定性。

MIMO-OFDM 通信系统发送端的原理框图如图 7-14 所示，可以看出，输入的信号比特流经过一个复用器变成多路数据流，以实现多天线的输出。对于每一路信号，都要经过一次信号映射。这里的信号映射，不仅包括了对输入数据流的星座映射，而且涉及编码调制等。同时，映射后的信号又会变成子载波数量的数据流作为接下来的 IFFT 的输入。插入循环前缀的目的是在每个符号间加上保护间隔，减小 OFDM 系统的码间串扰。

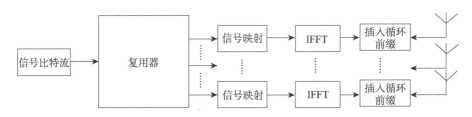

图 7-14　MIMO-OFDM 通信系统发送端的原理框图

MIMO-OFDM 通信系统接收端的原理框图如图 7-15 所示，在接收端，接收到的 OFDM 数据流首先要经过一个去除循环前缀的处理，把符号中的有用部分提取出来，用于 FFT 变换。然后由于每个 FFT 变换产生的第 i 路数据流中包含相同发送端的输入信息，所以对这样的数据流用相同的空间多路检测器进行检测判决。最后数据流通过一个解复用器被送入解调器。

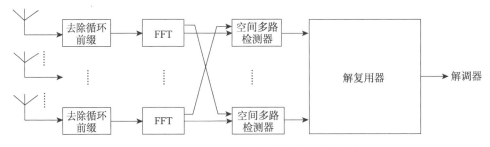

图 7-15　MIMO-OFDM 通信系统接收端的原理框图

目前，已经有测试结果表明，一个具有两个发射天线和两个接收天线的 MIMO-OFDM 通信系统能提供几十到一百兆比特/秒的数据传输速率，达到与单天线系统相比大得多的系统容量增益。

7.2.3　MIMO-OFDM 通信系统的 MWORKS 实现

下面给出 MIMO-OFDM 通信系统的 MWORKS 仿真程序。

```
using TyCommunication
using TyMath
using TyBase
using TyStatistics
using TyPlot

function Demodulator(RxIn, PN, MF, Walsh)
    #此函数实现基于 RAKE 接收机的 IS-95 前向链路通信系统的数据包解调
    #RxIn 为输入信号
    #PN 为长 PN 码（用于解扩）
    #MF 为匹配滤波器参数
    #Walsh 为用于解调的沃尔什序列
    #SD 为 RAKE 接收机的软判决输出
    N = length(RxIn) / R
    L = length(MF)
    L_2 = floor(Int, L / 2)
    rr = conv(reverse(conj(MF), dims = 1), RxIn)
    rr = rr[(L_2+1):(end-L_2)]
    Rx = sign.(real(rr[1:R:end])) + im * sign.(imag(rr[1:R:end]))
    len = Int(N/64)
    Rx = reshape(Rx, 64, len)
    Walsh = ones(len, 1) * sign.(Walsh' .- 1 / 2)
    PN = reshape(PN, 64, len)'
    PN = PN .* Walsh
    #输入速率 = 1.2288 Mbps, 输出速率 = 19.2 kbps
    SD = PN * Rx
    SD = real(diag(SD))
    return SD
end

function Modulator(chips, MFType, Walsh)
    #此函数用于实现 IS-95 前向链路通信系统的数据调制
    #chips 为发送的初始数据
    #MFType 为低通成形滤波器的类型选择
    #Walsh 为沃尔什序列
    #TxOut 为调制输出信号序列
    #PN 为用于扩频调制的长 PN 码
```

```
#MF 为匹配滤波器参数
N = length(chips) * length(Walsh)
#输入速率 = 19.2 kbps, 输出速率 = 1.2288 Mbps
global Zi, Zq, show1, R, Gi, Gq

tmp = sign.(Walsh .- 1 / 2) * sign.(chips' .- 1 / 2)
chips = reshape(tmp, prod(size(tmp)), 1)
PNi, Zi = PNGen(Gi, Zi, N)
PNq, Zq = PNGen(Gq, Zq, N)
PN = @. sign(PNi - 1 / 2) + im * sign(PNq - 1 / 2)
chips_out = chips .* PN
chips = [chips_out zeros(N, R - 1)]
chips = reshape(transpose(chips), N * R, 1)
#低通成形滤波器
if MFType == 1
    #升余弦滤波器
    L = 25
    L_2 = floor(Int, L / 2)
    n = [(-L_2):L_2;]'
    B = 0.7
    MF = sinc.(n / R) .* (cos.(pi * B * n / R) ./ (1 .- (2 * B * n / R) .^ 2))
    MF = MF / sqrt(sum(MF .^ 2))
elseif MFType == 2
    #矩形滤波器
    L = R
    L_2 = floor(Int, L / 2)
    MF = ones(L, 1)
    MF = MF / sqrt(sum(MF .^ 2))
elseif MFType == 3
    #汉明滤波器
    L = R
    L_2 = floor(Int, L / 2)
    MF = hamming(L)
    MF = MF / sqrt(sum(MF .^ 2))
end
MF = vec(MF)
TxOut = sqrt(R) * conv(MF, chips) / sqrt(2)
TxOut = TxOut[(L_2+1):(end-L_2)]
if Bool(show1)
    figure()
    subplot(211)
    plot(MF, "-o")
    title("Matched Filter")
    grid("on")
    subplot(212)
    psd(TxOut, 1024, 1e3, 113)
    title("Spectrum")
end
return TxOut, PN, MF
end

function PacketBuilder(DataBits, G, Gs)
    #此函数用于进行 IS-95 前向链路通信系统的数据包发送
    #DataBits 为发送数据（二进制形式）
    #G 为 Viterbi 编码生成多项式
    #Gs 为长序列生成多项式（扰码生成多项式）
    #ChipsOut 为输入调制器的码序列（二进制形式）
    #Scrambler 为扰码
    global Zs
    K = size(G, 2)
    L = size(G, 1)
    N = 64 * L * (length(DataBits) + K - 1)#码片数 (9.6 kbps -> 1.288 Mbps)
```

```
    chips = VitEnc(G, [DataBits; zeros(Int,K - 1, 1)])#Viterbi 编码
    #实现交织编码
    INTERL = reshape(chips, 24, 16)#IN：列, OUT：行
    chips = reshape(INTERL', length(chips), 1)   #速率=19.2 kbps
    #产生扰码
    LongSeq, Zs = PNGen(Gs, Zs, N)
    Scrambler = LongSeq[1:64:end]
    ChipsOut = (chips .Y (Scrambler))
    return ChipsOut, Scrambler
end

function PNGen(G, Zin, N)
    #此函数根据生成多项式和输入状态产生长度为 N 的伪随机序列
    #G 为生成多项式
    #Zin 为移位寄存器初始化
    #N 为长 PN 码长度
    #y 为生成的长 PN 码
    #Z 为移位寄存器的输出状态
    L = length(G)
    Z = Int.(Zin)      #移位寄存器的初始化
    y = zeros(Int,N, 1)
    G = Int.(G)
    for i = 1:N
        y[i] = Z[L]
        Z = ((G * Z[L]) .Y (Z))
        Z = [Z[L]; Z[1:(L-1)]]
    end
    return y, Z
end

function ReceiverHD(HDchips, G, Scrambler)
    #此函数用于实现基于 Viterbi 译码的硬判决接收机
    #SDchips 为硬判决 RAKE 接收机输入符号
    #G 为 Viterbi 编码生成多项式矩阵
    #Scrambler 为扰码序列
    #DataOut 为接收数据（二进制形式）
    #Metric 为 Viterbi 译码最佳度量
    #if (nargin == 1)
    #     G = [1 1 1 1 0 1 0 1 1; 1 0 1 1 1 0 0 0 1]
    #end
    #速率=19.2 kbps
    HDchips = (HDchips .Y Int.(Scrambler))
    INTERL = reshape(HDchips, 16, 24)
    HDchips = reshape(INTERL', length(HDchips), 1)
    DataOut, Metric = VitDec(G, HDchips, 1)
    return DataOut, Metric
end

function ReceiverSD(SDchips, G, Scrambler)
    #此函数用于实现基于 Viterbi 译码的发送数据的恢复
    #SDchips 为软判决 RAKE 接收机输入符号
    #G 为 Viterbi 编码生成多项式矩阵
    #Scrambler 为扰码序列
    #DataOut 为接收数据（二进制形式）
    #Metric 为 Viterbi 译码最佳度量
    #if (nargin == 1)
    # G = [1 1 1 1 0 1 0 1 1; 1 0 1 1 1 0 0 0 1]
    #end
    #传输速率=19.2 kbps
    SDchips = SDchips .* sign.(1 / 2 .- Scrambler)
    INTERL = reshape(SDchips, 16, 24)
```

```
        SDchips = reshape(INTERL', length(SDchips), 1)    #传输速率=19.2 kbps
        DataOut, Metric = SoftVitDec(G, SDchips, 1)
        return DataOut, Metric
end

function SoftVitDec(G, y, ZeroTail)
    #此函数实现软判决输入的 Viterbi 译码
    #G 为生成多项式的矩阵
    #y 为输入的待译码序列
    #ZeroT 为判断是否包含'0'尾
    #xx 为 Viterbi 译码输出序列
    #BestMetric 为最后的最佳度量
    L = size(G, 1)          #输出码片数
    K = size(G, 2)          #生成多项式的长度
    N = 2^(K - 1)           #状态数
    T = Int(length(y) / L)  #最大栅格深度
    OutMtrx = zeros(N, 2 * L)
    for s = 1:N
        in0 = ones(L, 1) * [0; [parse(Int, c) for c in dec2bin((s - 1), (K - 1))]]'
        in1 = ones(L, 1) * [1; [parse(Int, c) for c in dec2bin((s - 1), (K - 1))]]'
        out0 = mod.(sum((G .* in0)'; dims = 1), 2)
        out1 = mod.(sum((G .* in1)'; dims = 1), 2)
        OutMtrx[s, :] = [out0 out1]
    end
    OutMtrx = sign.(OutMtrx .- 1 / 2)
    PathMet = [100; zeros((N - 1), 1)]              #初始状态 = 100
    PathMetTemp = PathMet[:, 1]
    Trellis = zeros(Int, N, T)
    Trellis[:, 1] = [0:(N-1);]
    y = reshape(y, L, Int(length(y) / L))
    Trellis = [Trellis zeros(Int, size(Trellis, 1))]
    for t = 1:T
        yy = y[:, t]
        for s = 0:Int(N / 2 - 1)
            B0, ind0 = ty_maximum(
                PathMet[1 .+ [2 * s, 2 * s + 1]] .+ [
                    OutMtrx[1+2*s, 0 .+ [1:L;]'] * yy
                    OutMtrx[1+(2*s+1), 0 .+ [1:L;]'] * yy
                ],
            )
            B1, ind1 = ty_maximum(
                PathMet[1 .+ [2 * s, 2 * s + 1]] .+ [
                    OutMtrx[1+2*s, L.+[1:L;]'] * yy
                    OutMtrx[1+(2*s+1), L.+[1:L;]'] * yy
                ],
            )
            PathMetTemp[1 .+ [s, s + Int(N / 2)]] = [B0; B1]
            Trellis[1 .+ [s, s + Int(N / 2)], t+1] =
                [2 * s + (ind0 - 1); 2 * s + (ind1 - 1)]
        end
        PathMet = copy(PathMetTemp)
    end
    xx = zeros(Int, T, 1)
    if Bool(ZeroTail)
        BestInd = 1
    else
        Mycop, BestInd = ty_maximum(PathMet)
    end
    BestMetric = PathMet[BestInd]
    xx[T] = floor(Int, (BestInd - 1) / (N / 2))
    NextState = Trellis[BestInd, (T+1)]
    for t = T:-1:2
```

```
        xx[t-1] = floor(Int, NextState / (N / 2))
        NextState = Trellis[(NextState+1), t]
    end
    if Bool(ZeroTail)
        xx = xx[1:(end-K+1)]
    end
    return xx, BestMetric
end

function t_y(Nt, carrier_count)
    #此函数用于产生训练符号
    Wk = cis((-2 * pi / carrier_count))
    t_y = [
        1.00000000000000 + 0.00000000000000im
        0.00000000000000 - 1.00000000000000im
        0.00000000000000 - 1.00000000000000im
        1.00000000000000 + 0.00000000000000im
        -1.00000000000000 + 0.00000000000000im
        0.00000000000000 + 1.00000000000000im
        0.00000000000000 + 1.00000000000000im
        -1.00000000000000 + 0.00000000000000im
        1.00000000000000 + 0.00000000000000im
        0.00000000000000 - 1.00000000000000im
        0.00000000000000 - 1.00000000000000im
        1.00000000000000 + 0.00000000000000im
        -1.00000000000000 + 0.00000000000000im
        0.00000000000000 + 1.00000000000000im
        0.00000000000000 + 1.00000000000000im
        -1.00000000000000 + 0.00000000000000im
        1.00000000000000 + 0.00000000000000im
        0.00000000000000 - 1.00000000000000im
        0.00000000000000 - 1.00000000000000im
        1.00000000000000 + 0.00000000000000im
        -1.00000000000000 + 0.00000000000000im
        0.00000000000000 + 1.00000000000000im
        0.00000000000000 + 1.00000000000000im
        -1.00000000000000 + 0.00000000000000im
        1.00000000000000 + 0.00000000000000im
        0.00000000000000 - 1.00000000000000im
        0.00000000000000 - 1.00000000000000im
        1.00000000000000 + 0.00000000000000im
        -1.00000000000000 + 0.00000000000000im
        0.00000000000000 + 1.00000000000000im
        0.00000000000000 + 1.00000000000000im
        -1.00000000000000 + 0.00000000000000im
        1.00000000000000 + 0.00000000000000im
        0.00000000000000 - 1.00000000000000im
        0.00000000000000 - 1.00000000000000im
        1.00000000000000 + 0.00000000000000im
        -1.00000000000000 + 0.00000000000000im
        0.00000000000000 + 1.00000000000000im
        0.00000000000000 + 1.00000000000000im
        -1.00000000000000 + 0.00000000000000im
        1.00000000000000 + 0.00000000000000im
        0.00000000000000 - 1.00000000000000im
        0.00000000000000 - 1.00000000000000im
        1.00000000000000 + 0.00000000000000im
        -1.00000000000000 + 0.00000000000000im
        0.00000000000000 + 1.00000000000000im
        0.00000000000000 + 1.00000000000000im
        -1.00000000000000 + 0.00000000000000im
        1.00000000000000 + 0.00000000000000im
        0.00000000000000 - 1.00000000000000im
        0.00000000000000 - 1.00000000000000im
```

```
      1.00000000000000 + 0.00000000000000im
     -1.00000000000000 + 0.00000000000000im
      0.00000000000000 + 1.00000000000000im
      0.00000000000000 + 1.00000000000000im
     -1.00000000000000 + 0.00000000000000im
      1.00000000000000 + 0.00000000000000im
      0.0000000000000 - 1.00000000000000im
      0.0000000000000 - 1.00000000000000im
      1.0000000000000 + 0.00000000000000im
     -1.00000000000000 + 0.00000000000000im
      0.0000000000000 + 1.00000000000000im
      0.0000000000000 + 1.00000000000000im
     -1.00000000000000 + 0.00000000000000im
      1.0000000000000 + 0.00000000000000im
      0.00000000000000 - 1.00000000000000im
      0.0000000000000 - 1.00000000000000im
      1.00000000000000 + 0.00000000000000im
     -1.00000000000000 + 0.00000000000000im
      0.0000000000000 + 1.00000000000000im
      0.0000000000000 + 1.00000000000000im
     -1.00000000000000 + 0.00000000000000im
      1.0000000000000 + 0.00000000000000im
      0.00000000000000 - 1.00000000000000im
      0.00000000000000 - 1.00000000000000im
      1.0000000000000 + 0.00000000000000im
     -1.00000000000000 + 0.00000000000000im
      0.00000000000000 + 1.00000000000000im
      0.00000000000000 + 1.00000000000000im
     -1.00000000000000 + 0.00000000000000im
      1.00000000000000 + 0.00000000000000im
      0.0000000000000 - 1.00000000000000im
      0.0000000000000 - 1.00000000000000im
      1.0000000000000 + 0.00000000000000im
     -1.00000000000000 + 0.00000000000000im
      0.00000000000000 + 1.00000000000000im
      0.00000000000000 + 1.00000000000000im
     -1.00000000000000 + 0.00000000000000im
      1.00000000000000 + 0.00000000000000im
      0.00000000000000 - 1.00000000000000im
      0.00000000000000 - 1.00000000000000im
      1.00000000000000 + 0.00000000000000im
     -1.00000000000000 + 0.00000000000000im
      0.00000000000000 + 1.00000000000000im
      0.00000000000000 + 1.00000000000000im
     -1.00000000000000 + 0.00000000000000im
      1.00000000000000 + 0.00000000000000im
      0.00000000000000 - 1.00000000000000im
      0.00000000000000 - 1.00000000000000im
      1.00000000000000 + 0.00000000000000im
    ]
    tx_t_y = ComplexF64[]
    for ii = 1:carrier_count
        t_y_buf = ComplexF64[]
        for jj = 1:Nt
            t_y_buf = [t_y_buf... Wk^(-floor(Int,carrier_count / Nt) * (jj - 1) * ii) * t_y[ii, 1]]
        end
        if ii == 1
            tx_t_y = t_y_buf
        else
            tx_t_y = [tx_t_y; t_y_buf]
        end
    end
    return tx_t_y
end
```

```
function VitDec(G, y, ZeroTail)
    #此函数实现硬判决输入的 Viterbi 译码
    #G 为生成多项式的矩阵
    #y 为输入的待译码序列
    #Zer 为判断是否包含'0'尾
    #xx 为 Viterbi 译码输出序列
    #BestMetric 为最后的最佳度量
    L = size(G, 1)          #输出码片数
    K = size(G, 2)          #生成多项式长度
    N = 2^(K - 1)           #状态数
    T = Int(length(y) / L)  #最大栅格深度
    OutMtrx = zeros(N, 2 * L)
    for s = 1:N
        in0 = ones(L, 1) * [0; [parse(Int, c) for c in dec2bin((s - 1), (K - 1))]]'
        in1 = ones(L, 1) * [1; [parse(Int, c) for c in dec2bin((s - 1), (K - 1))]]'
        out0 = mod.(sum((G .* in0)'; dims = 1), 2)
        out1 = mod.(sum((G .* in1)'; dims = 1), 2)
        OutMtrx[s, :] = [out0 out1]
    end
    PathMet = [0; 100 * ones((N - 1), 1)]
    PathMetTemp =@views PathMet[:, 1]
    Trellis = zeros(Int, N, T)
    Trellis[:, 1] = [0:(N-1);]
    y = reshape(y, L, Int(length(y) / L))
    Trellis = [Trellis zeros(Int, size(Trellis, 1))]
    for t = 1:T
        yy = y[:, t]'
        for s = 0:Int(N / 2 - 1)
            B0, ind0 = ty_minimum(
                PathMet[1 .+ [2 * s, 2 * s + 1]] .+ [
                    sum(abs.(OutMtrx[1+2*s, 0 .+ [1:L;]']' - yy) .^ 2; dims = 2)
                    sum(abs.(OutMtrx[1+(2*s+1), 0 .+ [1:L;]']' - yy) .^ 2; dims = 2)
                ],
            )
            B1, ind1 = ty_minimum(
                PathMet[1 .+ [2 * s, 2 * s + 1]] .+ [
                    sum(abs.(OutMtrx[1+2*s, L.+[1:L;]']' - yy) .^ 2; dims = 2)
                    sum(abs.(OutMtrx[1+(2*s+1), L.+[1:L;]']' - yy) .^ 2; dims = 2)
                ],
            )
            PathMetTemp[1 .+ [s; s + Int(N / 2)]] = [B0; B1]
            Trellis[1 .+ [s; s + Int(N / 2)], t+1] =
                [2 * s + (ind0 - 1); 2 * s + (ind1 - 1)]
        end
        PathMet = copy(PathMetTemp)
    end
    xx = zeros(Int, T, 1)
    if Bool(ZeroTail)
        BestInd = 1
    else
        Mycop, BestInd = ty_minimum(PathMet)
    end
    BestMetric = PathMet[BestInd]
    xx[T] = floor(Int, (BestInd - 1) / (N / 2))
    NextState = Trellis[BestInd, (T+1)]
    for t = T:-1:2
        xx[t-1] = floor(Int, NextState / (N / 2))
        NextState = Trellis[(NextState+1), t]
    end
    if Bool(ZeroTail)
        xx = xx[1:(end-K+1)]
    end
```

```
        return xx, BestMetric
    end

    function VitEnc(G, x)
        #此函数根据生成多项式进行 Viterbi 编码
        #G 为生成多项式的矩阵
        #x 为输入数据（二进制形式）
        #y 为 Viterbi 编码输出序列
        K = size(G, 1)
        L = length(x)
        yy = Int.(conv2(G, x'))
        yy =@views yy[:, 1:L]
        y = reshape(yy, K * L, 1)
        y = mod.(y, 2)
        return y
    end


    rng = MT19937ar(1234)
    IFFT_bin_length = 512;          #傅里叶变换采样点数目
    carrier_count = 100;            #子载波数目
    symbols_per_carrier = 66;        #符号数/载波
    cp_length = 10;          #循环前缀长度
    addprefix_length = IFFT_bin_length + cp_length;
    M_psk = 4;
    bits_per_symbol = Int(log2(M_psk)); #位数/符号
    #[x1 x2;-x2* x1*]  二天线发送矩阵
    #O=[1 2;-2+im 1+im];
    #[x1 -x2 -x3;x2* x1* 0;x3* 0 x1*;0 -x3* x2*]  三天线发送矩阵
    O = [1 -2 -3; 2+im 1+im 0; 3+im 0 1+im; 0 -3+im 2+im];
    co_time = size(O, 1);
    Nt = size(O, 2);        #发射天线数目
    Nr = 2;                 #接收天线数目


    #发射机
    println("--------------start-------------------");
    num_X = 1;
    for cc_ro = 1:co_time
        global num_X
        for cc_co = 1:Nt
            num_X = max(num_X, abs(real(O[cc_ro, cc_co])))
        end
    end
    delta = zeros(4, 3)
    epsilon = zeros(Int,4, 3)
    co_x = zeros(Int,num_X, 1);
    eta1 = zeros(Int,3,3)
    coj_mt = zeros(4,3)
    for con_ro = 1:co_time
        for con_co = 1:Nt        #用于确定矩阵 O 中元素的位置、符号及共轭情况
            if abs(real(O[con_ro, con_co])) != 0
                delta[con_ro, abs(real(O[con_ro, con_co]))] = sign(real(O[con_ro, con_co]))
                epsilon[con_ro, abs(real(O[con_ro, con_co]))] = con_co
                co_x[abs(real(O[con_ro, con_co])), 1] =
                    co_x[abs(real(O[con_ro, con_co])), 1] + 1
                eta1[abs(real(O[con_ro, con_co])), co_x[abs(real(O[con_ro, con_co])), 1]] =
                    con_ro
                coj_mt[con_ro, abs(real(O[con_ro, con_co]))] = imag(O[con_ro, con_co])
            end
        end
    end

    eta1 = transpose(eta1);
```

```
eta1 = sort(eta1;dims = 1);
eta1 = transpose(eta1);

#坐标:   (1 to 100) + 14=(15:114)
carriers =
  (1:carrier_count)' .+ (floor(Int, IFFT_bin_length / 4) .- floor(Int, carrier_count / 2));
#坐标: 256 - (15:114) + 1= 257 - (15:114) = (242:143)
conjugate_carriers = @. IFFT_bin_length - carriers + 2;
tx_t_y = t_y(Nt, carrier_count);
baseband_out_length = carrier_count * symbols_per_carrier;

snr_min = 3;                      #最小信噪比
snr_max = 15;                     #最大信噪比
graph_inf_bit = zeros(snr_max - snr_min + 1, 2, Nr);     #绘图信息存储矩阵
graph_inf_sym = zeros(snr_max - snr_min + 1, 2, Nr);

for SNR = snr_min:snr_max
  clc()
  println("Wait until SNR=")
  println(snr_max)
  println("SNR=")
  println(SNR)
  n_err_sym = zeros(1, Nr)
  n_err_bit = zeros(1, Nr)
  Perr_sym = zeros(1, Nr)
  Perr_bit = zeros(1, Nr)
  re_met_sym_buf = zeros(carrier_count, symbols_per_carrier, Nr)
  re_met_bit = zeros(baseband_out_length, bits_per_symbol, Nr)

  #生成随机数用于仿真
  baseband_out = round.(Int,rand(rng,baseband_out_length, bits_per_symbol), RoundNearestTiesAway)
  #二进制数向十进制数转换
  de_data = bi2de(baseband_out)
  #PSK 调制
  data_buf = pskmod(de_data, M_psk, 0)
  carrier_matrix = reshape(data_buf, carrier_count, symbols_per_carrier)
  #取数为空时为编码做准备，此处每次取每个子载波上连续的两个数
  for tt = 1:Nt:symbols_per_carrier
    data = ComplexF64[]
    for ii = 1:Nt
      tx_buf_buf = carrier_matrix[:, tt+ii-1]
      data = [data; tx_buf_buf]
    end

    XX = zeros(ComplexF64,co_time * carrier_count, Nt)
    for con_r = 1:co_time                    #进行空时编码
      for con_c = 1:Nt
        if abs(real(O[con_r, con_c])) != 0
          if imag(O[con_r, con_c]) == 0
            XX[((con_r-1)*carrier_count+1):(con_r*carrier_count), con_c] =
              data[
                ((abs(real(O[con_r, con_c]))-1)*carrier_count+1):(abs(
                  real(O[con_r, con_c]),
                )*carrier_count),
                1,
              ] * sign(real(O[con_r, con_c]))
          else
            XX[((con_r-1)*carrier_count+1):(con_r*carrier_count), con_c] =
              conj(
                data[
                  ((abs(real(O[con_r, con_c]))-1)*carrier_count+1):(abs(
                    real(O[con_r, con_c]),
                  )*carrier_count),
```

```
                    1,
                  ],
                ) * sign(real(O[con_r, con_c]))
        end
      end
    end
  end                          #空时编码结束

XX = [tx_t_y; XX]            #添加训练序列

rx_buf = zeros(ComplexF64, 1, addprefix_length * (co_time + 1), Nr)
for rev = 1:Nr
  for ii = 1:Nt
    tx_buf = reshape(XX[:, ii], carrier_count, co_time + 1)
    IFFT_tx_buf = zeros(ComplexF64, IFFT_bin_length, co_time + 1)
    @views IFFT_tx_buf[carriers, :] = tx_buf[1:carrier_count, :]
    IFFT_tx_buf[conjugate_carriers, :] = conj(tx_buf[1:carrier_count, :])
    time_matrix = ty_ifft(IFFT_tx_buf)
    time_matrix = [
        time_matrix[(IFFT_bin_length-cp_length+1):IFFT_bin_length, :]
        time_matrix
    ]
    tx = vec(time_matrix)'
    #信道
    #d=randint(1,4,[1,7]);               #4 多径信道模拟
    #a=randint(1,4,[2,7])/10;
    tx_tmp = copy(tx)
    d = [4 5 6 2; 4 5 6 2; 4 5 6 2; 4 5 6 2]
    a = [0.2 0.3 0.4 0.5;0.2 0.3 0.4 0.5;0.2 0.3 0.4 0.5;0.2 0.3 0.4 0.5]
    for jj = 1:size(d, 2)
      cp = zeros(ComplexF64,size(tx))
      for kk = (1+d[ii, jj]):length(tx)
        @views cp[kk] = a[ii, jj] * tx[kk-d[ii, jj]]
      end
      tx_tmp = tx_tmp + cp
    end
    txch = awgn(rng,tx_tmp, SNR, "measured")        #添加高斯白噪声
    rx_buf[1, :, rev] =@views rx_buf[1:1, :, rev] + txch
  end

  #接收机
  rx_spectrum = reshape(rx_buf[1, :, rev], addprefix_length, co_time + 1)
  rx_spectrum = rx_spectrum[(cp_length+1):addprefix_length, :]
  FFT_tx_buf = zeros(ComplexF64, IFFT_bin_length, co_time + 1)
  FFT_tx_buf = ty_fft(rx_spectrum)
  spectrum_matrix = squeeze(FFT_tx_buf[carriers, :])
  Y_buf = @views(spectrum_matrix[:, 2:(co_time+1)])
  Y_buf = conj(Y_buf')

  spectrum_matrix1 = spectrum_matrix[:, 1]
  Wk = cis((-2 * pi / carrier_count))
  L = 10

  p = zeros(ComplexF64,L * Nt, 1)
  for jj = 1:Nt
    for l = 0:(L-1)
      for kk = 0:(carrier_count-1)
        @views p[l+(jj-1)*L+1, 1] =
            p[l+(jj-1)*L+1, 1] +
            spectrum_matrix1[kk+1, 1] *
            conj(tx_t_y[kk+1, jj]) *
            Wk^(-(kk * l))
      end
```

```
        end
    end

    h = p / carrier_count
    H_buf = zeros(ComplexF64,carrier_count, Nt)
    for ii = 1:Nt
        for kk = 0:(carrier_count-1)
            for l = 0:(L-1)
                @views H_buf[kk+1, ii] = H_buf[kk+1, ii] + h[l+(ii-1)*L+1, 1] * Wk^(kk * l)
            end
        end
    end
    H_buf = conj(H_buf')

    RRR = ComplexF64[]
    r_til = zeros(ComplexF64,4,1,3)
    a_til = zeros(ComplexF64,4, 1, 3)
    for kk = 1:carrier_count
        Y = Y_buf[:, kk]
        H = H_buf[:, kk]
        for co_ii = 1:num_X
            for co_tt = 1:size(eta1, 2)
                if eta1[co_ii, co_tt] != 0
                    if coj_mt[eta1[co_ii, co_tt], co_ii] == 0
                        r_til[eta1[co_ii, co_tt], :, co_ii] = Y[eta1[co_ii, co_tt], :]
                        a_til[eta1[co_ii, co_tt], :, co_ii] =
                            conj(H[epsilon[eta1[co_ii, co_tt], co_ii], :])
                    else
                        r_til[eta1[co_ii, co_tt], :, co_ii] =
                            conj(Y[eta1[co_ii, co_tt], :])
                        a_til[eta1[co_ii, co_tt], :, co_ii] =
                            H[epsilon[eta1[co_ii, co_tt], co_ii], :]
                    end
                end
            end
        end

        RR = zeros(ComplexF64,num_X, 1)
        for iii = 1:num_X              #接收数据的判决统计
            for ttt = 1:size(eta1, 2)
                if eta1[iii, ttt] != 0
                    RR[iii, 1] =
                        RR[iii, 1] +
                        r_til[eta1[iii, ttt], 1, iii] *
                        a_til[eta1[iii, ttt], 1, iii] *
                        delta[eta1[iii, ttt], iii]
                end
            end
        end
        if kk == 1
            RRR = conj(RR')
        else
            RRR = [RRR; conj(RR')]
        end
    end
    r_sym = pskdemod(RRR, M_psk, 0)
    re_met_sym_buf[:, tt:(tt+Nt-1), rev] = r_sym
    end
end
re_met_sym = zeros(baseband_out_length, 1, Nr)

for rev = 1:Nr
    re_met_sym_buf_buf = re_met_sym_buf[:, :, rev]
    @views re_met_sym[:, 1, rev] = re_met_sym_buf_buf[:]
```

```
      re_met_bit[:, :, rev] = de2bi(re_met_sym[:, 1, rev])

   for con_dec_ro = 1:baseband_out_length
      if re_met_sym[con_dec_ro, 1, rev] != de_data[con_dec_ro, 1]
         n_err_sym[1, rev] = n_err_sym[1, rev] + 1
         for con_dec_co = 1:bits_per_symbol
            if re_met_bit[con_dec_ro, con_dec_co, rev] !=
               baseband_out[con_dec_ro, con_dec_co]
               @views n_err_bit[1, rev] = n_err_bit[1, rev] + 1
            end
         end
      end
   end
   #误码率计算
   graph_inf_sym[SNR-snr_min+1, 1, rev] = SNR
   graph_inf_bit[SNR-snr_min+1, 1, rev] = SNR
   Perr_sym[1, rev] = n_err_sym[1, rev] / (baseband_out_length)
   graph_inf_sym[SNR-snr_min+1, 2, rev] = Perr_sym[1, rev]
   Perr_bit[1, rev] = n_err_bit[1, rev] / (baseband_out_length * bits_per_symbol)
   graph_inf_bit[SNR-snr_min+1, 2, rev] = Perr_bit[1, rev]
   end
end

#性能仿真图
for rev = 1:Nr
   x_sym = graph_inf_sym[:, 1, rev]
   y_sym = graph_inf_sym[:, 2, rev]
   subplot(Nr, 1, rev)
   semilogy(x_sym, y_sym, "b-*")
   axis([2 16 0.0001 1])
   xlabel("信噪比/dB")
   ylabel("误码率")
   grid("on")
end
```

运行程序，结果如图 7-4 所示。

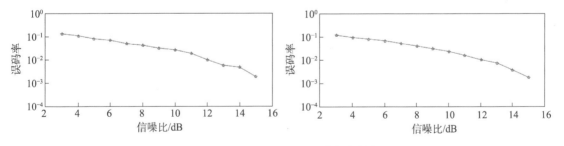

图 7-17　MIMO-OFDM 通信系统仿真结果

本 章 小 结

本章介绍了通信系统的经典应用实践案例，包括通信系统的设计与实现和 MIMO-OFDM 通信系统设计与实现。

在 7.1 节中，介绍了发射机和接收机的设计，并使用 MWORKS 进行了仿真。发射机与接收机的设计方法包括三种，分别是直接序列扩频通信系统设计、IS-95 前向链路通信系统设计和 OFDM 通信系统设计。

在 7.2 节中，首先介绍了 MIMO 系统的原理及模型，讲解了 MIMO 系统的特点及相关技术并给出了 MIMO 系统模型的结构框图，根据框图对 MIMO 系统进行了进一步介绍。接着介绍了 MIMO-OFDM 系统。最后使用 MWORKS 对 MIMO-OFDM 系统进行了 MWORKS 仿真实现。

习题 7

1. MIMO 系统如何提高无线通信系统的频谱效率？

2. 空时编码（STC）和空时分组编码（STBC）是 MIMO 系统中常见的数据编码技术，请分别说明它们的原理和优点。

3. MIMO 系统如何利用多径效应来提高信号的接收质量和可靠性？

4. 假设一个系统带宽是 20MHz，需要留 2MHz 作为保护带宽，剩余带宽用于数据传输。同时，假设子载波间隔为 15kHz，每个子载波均采用 16QAM 调制，且经填充时钟脉冲信号（CP）后，1ms 能发送 14 个 OFDM 符号。请问：

（1）做 IFFT 或者 FFT 的点数是多大？

（2）系统的信息传输速率是多少？

附录 A
MWORKS.Sysplorer 2023b 教育版安装与配置

A.1 概述 ///////////////////////////////////

MWORKS.Sysplorer 是面向多领域工业产品的系统建模与仿真验证环境，全面支持多领域统一建模规范 Modelica，按照产品实际物理拓扑结构的层次化组织，支持物理建模、框图建模和状态机建模等多种可视化建模方式，提供嵌入代码生成功能，支持设计、仿真和优化的一体化，是国际先进的系统建模仿真通用软件。

MWORKS.Sysplorer 内置机械、液压、气动、电池、电机等高保真专业模型库，支持用户扩展、积累个人专业库，支持工业设计知识的模型化表达和模块化封装，以知识可重用、系统可重构方式，为工业企业的设计知识积累与产品创新设计提供了有效的技术支撑，对及早发现产品设计缺陷、快速验证设计方案、全面优化产品性能、有效减少物理验证次数等具有重要价值，为数字孪生、基于模型的系统工程以及数字工程等应用提供全面支撑。

MWORKS.Sysplorer 建模环境的布局如图 A-1 所示，用户可以根据需要通过窗口菜单来决定显示哪些子窗口。

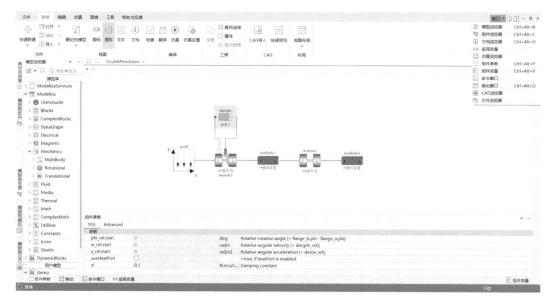

图 A-1　MWORKS.Sysplorer 建模环境的布局

A.1.1　安装激活须知

（1）一个激活码仅可使用一次，用完即毁。

（2）使用许可有效期 180 天。

（3）如果账户已有软件许可且在有效期内，不可重复申请。

（4）激活码包含 Syslab 和 Sysplorer 教育版许可，支持同时激活两款软件，也支持分次按需激活。

（5）同一个使用许可只能在 3 台设备中使用。

A.1.2　运行环境

MWORKS. Sysplorer 2023b 运行环境要求如表 A-1 所示。

表 A-1　MWORKS. Sysplorer 2023b 运行环境要求

配置类型	最低规格	推荐规格	备注
CPU	1GHz，2 核	2GHz，4 核	主频越高，软件运行速度越快
内存	2GB	8GB	实际需要的内存取决于模型的规模和复杂度
存储	10GB	100GB	用于存储模型及其仿真结果
GPU	显存 128MB OpenGL2.0	显存 1GB OpenGL3.3+	使用二维动画功能需要显卡及对应的显卡驱动
显示分辨率	1024×768	2560×1440	尚未完美适配 4K 高分辨率屏，部分场景可能出现显示异常
操作系统	Windows 7 64 位（SP1）	Windows 10 64 位 Windows 11 64 位	—

A.1.3　安装包文件

MWORKS. Sysplorer 安装包为 iso 光盘镜像文件，内部包含如图 A-2 所示的文件。

MWORKS.Sysplorer 2023b-x64-5.3.4-Setup.exe

图 A-2　MWORKS. Sysplorer 安装程序

A.2　软件安装

特别提示，为确保 Windows 环境下 MWORKS.Sysplorer 正确部署，安装 MWORKS. Sysplorer 时优先在管理员权限下进行，如图 A-3 所示。

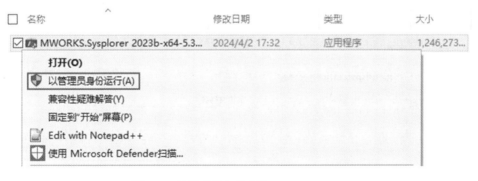

图 A-3　以管理员身份安装 MWORKS.Sysplorer

A.2.1　首次安装

安装时选择安装语言，此处选择中文，如图 A-4 所示。

图 A-4　选择安装语言

进入 MWORKS.Sysplorer 安装向导，如图 A-5 所示。

图 A-5　MWORKS.Sysplorer 安装向导

选择安装路径，如图 A-6 所示。

图 A-6　选择安装路径

系统默认将安装文件夹设为 C:\Program Files\MWORKS\Sysplorer 2023b，如果要安装在其他文件夹中，单击 📁 选择文件夹即可。建议 MWORKS.Sysplorer 所在磁盘的空闲空间不少于 10GB。

选择组件，图 A-7 所示为系统默认安装内容。MWORKS.Sysplorer 主程序为必须安装内容，其他组件建议用户全部安装。

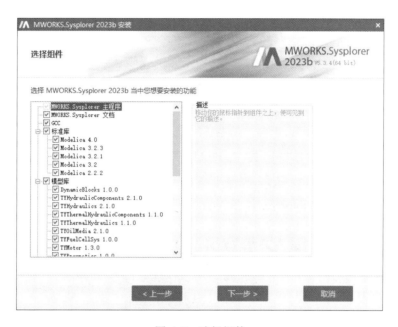

图 A-7　选择组件

若单击"取消"按钮，则弹出取消本次安装对话框信息，如图 A-8 所示。

图 A-8　取消安装

在安装过程中，会检测系统必需组件是否存在，若不存在，则弹出如图 A-9 所示的界面，需勾选"我同意许可条款和条件"复选框，安装该组件；若存在，则自动跳过该步骤。若不安装该组件，软件会启动失败。

图 A-9　安装必需的系统组件

正在安装 MWORKS.Sysplorer，如图 A-10 所示。

图 A-10　正在安装 MWORKS.Sysplorer

进行文件关联时，选择需要关联到 MWORKS.Sysplorer 的文件，如图 A-11 所示。软件支持关联 4 种文件：.mo 文件、.mef 文件、.mol 文件和.moc 文件。

图 A-11　设置文件关联

安装完成，如图 A-12 所示。安装完成后在桌面上生成快捷方式 MWORKS.Sysplorer(x64)，并在 Windows 系统的"开始"程序组中生成 MWORKS.Sysplorer 程序组，其中有 MWORKS.Sysplorer(x64)和 uninstall(x64)两个快捷方式，分别用于启动 MWORKS.Sysplorer 及卸载 MWORKS.Sysplorer。

图 A-12　安装完成

至此，MWORKS.Sysplorer 在 Windows 系统上安装完毕。

A.2.2　升/降级安装

系统支持更新本机 MWORKS.Sysplorer 程序到其他版本（高版本或低版本），可直接在原安装目录下覆盖。如果选择不同的安装目录，则多个版本可以共存，但.mo、.mef、.mol 和.moc 文件关联的是最后一次安装的版本。

A.3 授权申请

A.3.1 未授权状态

MWORKS.Sysplorer 在未授权状态下运行时，主窗口标题文字中显示[演示版]字样，如图 A-13 所示。此时仅可使用软件基础功能且方程数量限制在 500 个以内，无法使用软件工具箱、模型库等高级功能。

图 A-13　软件未授权状态

A.3.2 账号注册

在软件授权申请之前，需要先登录同元账号（若无同元账号，则需要注册），以便后续授权申请与授权激活。单击软件右上角"登录"按钮，如图 A-14 所示，打开登录界面。

图 A-14　登录方式 1

也可以依次单击用户界面"工具"-"使用许可"选项，在打开的对话框中的"许可类型"区域选择"同元账号"选项，单击"登录"按钮，如图 A-15 所示，会弹出用户登录窗口，如图 A-16 所示。

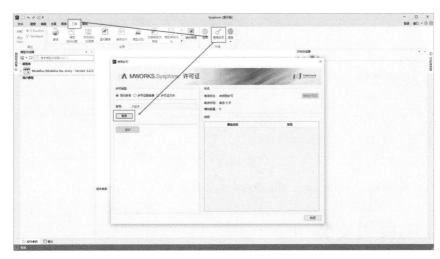

图 A-15　登录方式 2

图 A-16　用户登录窗口

若已有同元账号，则可以直接在输入账号密码或者使用邮箱验证码登录。

若还未注册同元账号，则在用户登录窗口中单击"立即注册"按钮，即可进行账号注册，注册过程如图 A-17 所示。

图 A-17　账号注册过程

注册时，账号与密码由用户自定义，密码必须包含数字，且必须包含字母或其他符号，单击"获取验证码"按钮，所填邮箱会收到如图 A-18 所示的验证码，填写相关验证码，完成账号注册。

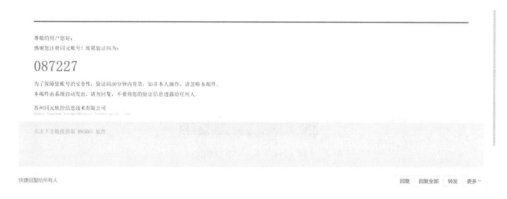

图 A-18　验证码

至此，账号注册完成，用户可通过输入账号密码或邮箱验证方式登录，登录成功后可管理与账号关联的许可信息。

A.3.3　许可激活

若无与账号关联的有效许可证，窗口左下角会提示没有与账号关联的许可证，如图 A-19 所示。

图 A-19　使用许可界面

单击"管理许可信息"按钮，跳转到许可申请界面，单击"前往兑换"按钮，如图 A-20 所示。

图 A-20　许可兑换

打开激活许可证页面，如图 A-21 所示，根据图中的步骤输入书籍封底涂层中的激活码，然后选择需要激活的软件，单击"立即激活"按钮。激活成功页面如图 A-22 所示。

图 A-21　激活许可证页面

图 A-22　激活成功页面

激活说明：

（1）激活许可证后，软件仅限当前账号使用，若想为其他账号激活，请单击"退出登录"按钮后，登录其他账号。

（2）当前账号中已有许可证时，不支持重复激活。

（3）激活码支持同时激活 MWORKS.Syslab 和 MWORKS.Sysplorer 教育版两款软件，也支持分次按需激活。

查看我的许可，如图 A-23 所示，可以看到新增的 MWORKS.Sysplorer 许可信息。

图 A-23　查看我的许可

若在图 A-19 所示的界面，单击"激活"按钮，会看到激活剩余时间与激活模块数量，如图 A-24 所示。

图 A-24　激活状态

至此，MWORKS.Sysplorer 软件激活完成。

A.3.4　授权模块清单

软件授权激活后，可解锁如图 A-25 所示的全部模块。

功能模块	个人版	教育版	企业版
Sysplorer建模仿真环境	✓	✓	✓
Sysblock建模仿真环境	✓	✓	✓
后处理基础模块	✓	✓	✓
数字仪表工具	✓	✓	✓
命令与脚本工具	✓	✓	✓
三维动画工具	—	✓	✓
模型加密工具	—	✓	✓
FMI接口（导入）	—	✓	✓
FMI接口（导出）	—	✓	✓
求解算法扩展接口	—	✓	✓
功能扩展接口	—	✓	✓
报告生成	—	✓	✓
模型试验	—	✓	✓
敏感度分析	—	✓	✓
参数估计	—	✓	✓
响应优化	—	✓	✓
基于模型的控制器设计工具箱	—	✓	✓
半物理仿真接口工具	—	✓	✓
半物理仿真管理工具	—	✓	✓
Sysplorer嵌入式代码生成	—	✓	✓
静态代码检查工具	—	✓	✓
Sysplorer CAD工具箱	—	✓	✓
SysMLToModelica接口工具箱	—	✓	✓
Simulink导入工具	—	✓	✓
模型降阶及融合仿真工具	—	✓	✓
机械系列模型库	—	✓	✓
流体系列模型库	—	✓	✓
电气模型库	—	✓	✓
车辆模型库	—	✓	✓

图 A-25　授权模块清单

A.4　首次使用MWORKS.Sysplorer

A.4.1　C/C++编译器设置

为了仿真模型，设置编译器是必要的。一般情况下，系统会自动指定一个编译器。若对编译器有要求，或者指定的编译器不存在，则可以单击"工具"-"选项"按钮，在打开的对话框中选择"仿真"-"C 编译器"选项卡，并进行设置，如图 A-26 所示。

图 A-26　设置编译器

图中：

（1）内置 Gcc：表示默认内置的 GCC 编译器。

（2）自定义 Gcc：表示设置 GCC 编译器目录。

（3）自动检测到的 VC：表示自动检测列出本机已有的 Visual Studio 编译器版本。

（4）自定义 VC：表示设置 Visual Studio 编译器目录。通过单击"浏览"按钮可以选择编译器所在目录。

（5）"校验"按钮用于校验编译器是否设置成功。

MWORKS.Sysplorer 支持以下的编译器：

- Microsoft Visual C++ 2019
- Microsoft Visual C++ 2017
- Microsoft Visual C++ 2015
- Microsoft Visual C++ 2013
- Microsoft Visual C++ 2012
- Microsoft Visual C++ 2010
- Microsoft Visual C++ 2008
- Microsoft Visual C++ 6.0
- GCC（GNU Compiler Collection）

A.4.2　设置界面选项

MWORKS.Sysplorer 提供诸多界面选项，如图 A-27 所示，用于对系统功能进行定制，这些选项对应的配置文件位于安装目录\MWORKS.Sysplorer\Setting 下，首次启动软件后，配置文件自动生成在 C:\Users\(CurrentUser)\AppData\Local\MWORKS2024\setting 中，此后需修改该目录下的配置文件才可生效。

图 A-27　选项设置

A.4.3　帮助文档

单击工具栏中的按钮 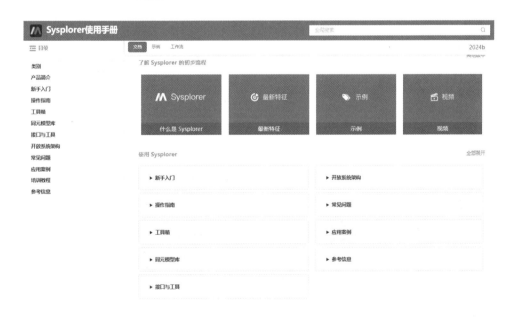 可打开使用手册（帮助文档），如图 A-28 所示。

图 A-28　使用手册（帮助文档）

A.5 卸载MWORKS.Sysplorer

A.5.1 快捷程序卸载

通过快捷程序卸载 MWORKS.Sysplorer 是最简单的方式。安装 MWORKS.Sysplorer 之后创建了两个卸载程序的快捷方式：

（1）程序组 MWORKS.Sysplorer 中包含的 uninstall(x64)快捷方式。

（2）MWORKS.Sysplorer 安装文件夹（如 C:\Program Files\MWORKS.Sysplorer）中包含的 uninstall(x64)快捷方式。

双击运行 uninstall(x64)程序，即可卸载 MWORKS.Sysplorer。此时 MWORKS.Sysplorer 安装文件夹中所有内容都被删除。

A.5.2 通过控制面板卸载

打开控制面板，单击"程序"-"卸载程序"选项，选择 MWORKS.Sysplorer(x64)软件，单击"卸载/更改"按钮，卸载 MWORKS.Sysplorer。

A.6 常见问题与解决方案

A.6.1 软件启动失败

如果软件启动失败，请确认是否安装了如图 A-29 所示的软件的必要组件 Microsoft Visual C++ 2017 Redistributable。

图 A-29　在控制面板中查看是否安装了必要组件

检查方法：在"控制面板"-"程序"-"程序和功能"中查找是否有 Microsoft Visual C++ 2017 x64 Redistributable 或 Microsoft Visual C++ 2017 x86 Redistributable。启动 32 位的 MWORKS.Sysplorer，需安装 Microsoft Visual C++ 2017 x86 Redistributable，启动 64 位的 MWORKS.Sysplorer，需安装 Microsoft Visual C++ 2017 x64 Redistributable。

若 Microsoft Visual C++ 2017 Redistributable 未安装，则需要卸载 MWORKS.Sysplorer，重新安装。

A.6.2 软件仿真失败

软件仿真失败，请确认是否安装了 C 编译器，在软件中单击"工具"-"选项"选项，在弹出的对话框中，选择"仿真"-"C 编译器"选项卡，选择"内置 Gcc"选项后单击"校验"按钮，检测是否正确安装 C 编译器，正确安装的结果如图 A-30 所示。

图 A-30　C 编译器校验

A.6.3 无法检测到本地 VC 编译器

在软件中单击"工具"-"选项"选项，在弹出的对话框中，选择"仿真"-"C 编译器"选项卡，选择"自动检测到的 VC"选项，在下拉菜单中若缺少本地 VC 编译器的某些版本或使用检测到的 VC 编译器无法仿真，则采用如下解决方法。

解决方法：在系统命令提示符窗口中，使用命令

%Sysplorer 安装目录%\Bin64\vswhere.exe" -legacy -prerelease -format json
查看是否能检测到本地 VC 编译器，如图 A-31 所示。

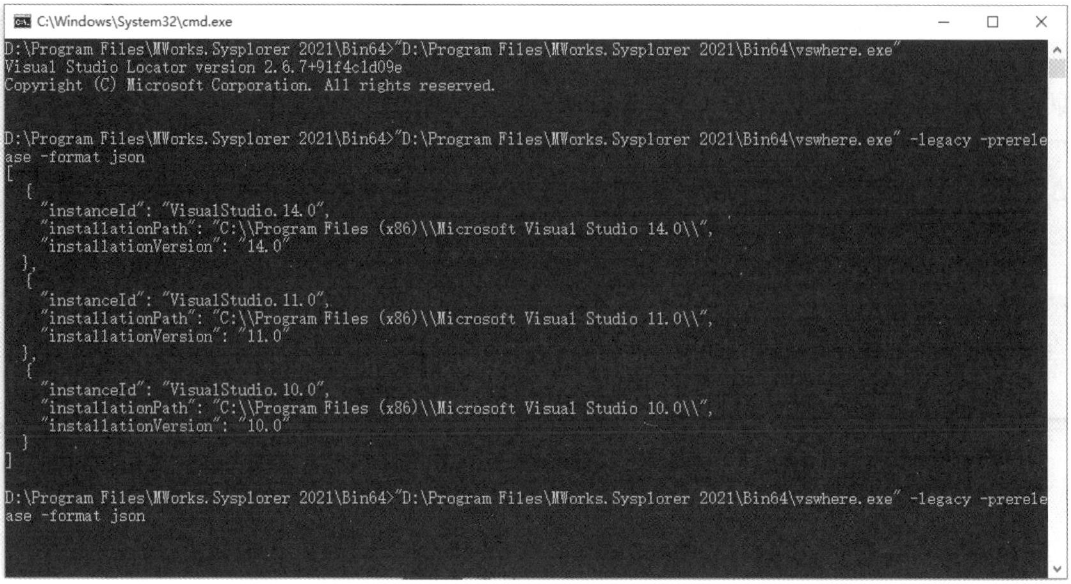

图 A-31　在系统命令提示符窗口中检测本地 VC 编译器

若无法找到本地 VC 编译器，则可以检查本地 VC 文件夹内是否有文件损坏或 VC 编译器没有安装成功，重新安装 VC 编译器后重试。

若可以找到本地 VC 编译器，但使用该 VC 编译器无法进行仿真，则可以在"仿真"-"C 编译器"选项卡中校验该编译器，查看本地 VC 编译器是否缺少与仿真所选平台位数相同的版本，例如，仿真平台为 64 位的，本地 VC 编译器为 32 位的。